数字通信技术

主　编　祝瑞玲　韩国栋　杨　敏
副主编　管志鹏　张卫东　杨晓东　王国栋

东南大学出版社
SOUTHEAST UNIVERSITY PRESS
·南京·

内容简介

本书共分为八个模块，较系统全面地介绍了数字通信的基础理论及关键技术。内容包括通信的基本概念、数字通信系统的组成、信源编码、数字复接技术、信道编码、数字信号的基带传输、数字信号的频带传输以及定时与同步技术等。力求做到概念清晰、叙述准确、通俗易懂、深入浅出。注重实际应用和实践能力的培养，各模块配有1～3项技能实训。使用丰富的图表、框图和实例，更加形象生动地阐述数字通信的基本理论，有助于读者更快、更好地掌握数字通信技术。每个模块都有知识点的逻辑思维导图，并附有基础训练和技能实训，便于读者学习使用。

本书适合作为高职高专院校电子类、通信类专业及相近专业数字通信原理课程的教材，还可作为相关工程技术人员的参考用书。

图书在版编目(CIP)数据

数字通信技术 / 祝瑞玲，韩国栋，杨敏主编.
南京：东南大学出版社，2024.10. -- ISBN 978-7
-5766-1673-6

Ⅰ. TN914.3

中国国家版本馆CIP数据核字第202405213L号

责任编辑：弓　佩　　责任校对：韩小亮　　封面设计：顾晓阳　　责任印制：周荣虎

数字通信技术

Shuzi Tongxin Jishu

主　　编：祝瑞玲　韩国栋　杨敏
出版发行：东南大学出版社
出 版 人：白云飞
社　　址：南京市四牌楼2号　邮编：210096　电话：025-83793330
网　　址：http://www.seupress.com
经　　销：全国各地新华书店
排　　版：南京布克文化发展有限公司
印　　刷：广东虎彩云印刷有限公司
开　　本：787 mm×1092 mm　1/16
印　　张：12.5
字　　数：283千
版 印 次：2024年10月第1版第1次印刷
书　　号：ISBN 978-7-5766-1673-6
定　　价：48.00元

本社图书如有印装质量问题，请直接与营销部联系(电话：025－83791830)。

Preface 前言

数字通信技术迅速发展，给通信领域带来了日新月异的变化。如今数字通信已深入人们日常生活的方方面面。更多的人希望了解和学习数字通信原理，电子类、通信类专业的学生更应打好、夯实数字通信原理的基础。随着我国大力发展高等职业教育，为实现培养高端技能型专门人才的目标，选择适合高职高专教育特点的教材显得尤为重要。为此，特编写《数字通信技术》一书。

本书在编写过程中，采用“教、学、做一体化”的编写思路，同时兼顾非通信类学生的自学需求，侧重论述数字通信系统的基本概念、基本原理和基本分析方法，同时注重培养学生爱岗敬业、精益求精的工匠精神，训练科学思维方法，提高正确认识问题、分析问题和解决问题的能力，把价值引领、知识学习和能力培养融合到一起；力求做到概念清晰、叙述准确、通俗易懂、深入浅出；注重实际应用和实训动手能力的培养；使用大量的图表、框图和实例，更加形象生动地阐述数字通信的基本理论，有助于学生更快地对数字通信系统有一个全面的认识和理解，更好地掌握数字通信技术。

山东传媒职业学院祝瑞玲、杨敏、张卫东老师联合山东广播电视台韩国栋、王国栋、杨晓东、管志鹏等同志共同编写了本书。全书按数字通信系统各部分功能把课程内容划分为八个模块，将每个模块需重点掌握的知识点画出逻辑思维导图，并附有基础练习，为加强实训动手能力，各模块配有1～3项技能实训。模块一为数字通信概述，主要介绍了数字通信的基本概念、基本组成及主要性能指标；模块二为信源编码，主要讨论了语音信号的PCM编码、常用的压缩编码方法；模块三为数字复接技术，重点介绍了多路复用、数字复接的基本概念，数字复接的方式和原理；模块四为信道编码，讨论了差错控制编码的基本原理，分析了常用的简单编码及线性分组码、循环码、卷积码的构成原理，介绍了数据交织技术的基本概念；模块五为数字信号的基带传输，主要介绍了基带信号的传输码型、数字基带传输系统，分析了基带信号波形及频谱特性、无失真传输条件、加解扰技术、均衡原理和眼图；模块六为数字信号的频带传输，着重讲述了数字信号频带传输系统的组成、数字调制解调原理及各种调制方式的主要性能比较，介绍了数字信号的再生中继；模块七为定时与同步，主要讲述了定时与同步的基本概念、载波同步、位同步、群(帧)同步和通信网同步技术；模块八为数字通信系统应用，着重介绍了数字微波通信系统、数字光纤通信系统的组成与特点。

教学课时建议：

模块一	数字通信概述	6 学时	模块五	数字信号的基带传输	14 学时
模块二	信源编码	12 学时	模块六	数字信号的频带传输	10 学时
模块三	数字复接技术	8 学时	模块七	定时与同步	8 学时
模块四	信道编码	18 学时	模块八	数字通信系统应用	4 学时

由于编者水平有限，书中难免存在疏漏和错误之处，恳请广大读者批评指正。

编者

2023 年 10 月

Contents 目录

模块一　数字通信概述

模块二　信源编码

模块三 数字复接技术

模块四 信道编码

模块五　数字信号的基带传输

模块六 数字信号的频带传输

模块七 定时与同步

模块八 数字通信系统应用

模块一

数字通信概述

【教学目标】

知识目标：

1. 掌握通信的基本概念；
2. 掌握数字通信系统的基本组成；
3. 掌握数字通信系统的主要性能指标；
4. 理解数字通信的主要优缺点。

能力目标：

能熟练使用常用仪器设备。

教学重点：

1. 通信的基本概念及数字通信系统的基本组成；
2. 数字通信系统的主要性能指标。

教学难点：

1. 信息的概念及度量；
2. 码元速率与信息速率的关系。

通信的目的是传递信息。在当今信息化社会，信息是人们的重要资源。如何迅速、有效、可靠地进行信息的交流与传递是人们研究的不朽的课题。随着数字技术的发展，数字通信已成为通信技术的支柱。本模块将系统介绍数字通信的基本原理及其应用。

1.1 通信技术的发展概况

1.1.1 通信技术的发展历程

人类进行通信的历史可以追溯到远古时期。早在古代，人们就寻求各种方法传递消息。从最早的击鼓、烽火传信，到信鸽、旗语、驿站、竹信等传送信息的方法。这些信息传递的基本方式多是依靠人的视觉与听觉。

人类通信史上革命性的变化，是从把电作为信息载体后发生的。19 世纪，人们开始研究如何利用电信号传送信息。

1837 年，美国人莫尔斯发明了著名的莫尔斯电码，开始了有线电报通信。

1864 年，英国物理学家麦克斯韦发表了电磁场理论，为现代通信奠定了理论基础。

1876 年，苏格兰青年亚历山大·贝尔发明了电话，直接将声信号转变为电信号沿导线传送。

1887 年，德国物理学家赫兹在实验室证实了电磁波的存在，这标志着实现了从“有线电通信”向“无线电通信”的转折。

1896 年，俄国的波波夫、意大利的马可尼分别发明了无线电报，实现了信息的无线电传播。

1906 年，美国物理学家德·福雷斯特发明了具有放大能力的真空三极管，使电子学真正进入实用阶段并作为一门新兴科学而崛起。

1918 年，调幅无线电广播、超外差接收机问世，这标志着广播事业的开始。

1925 年，多路通信和载波电话问世。

1936 年，英国、美国先后开始了黑白电视广播，开创了电子电视的新时代。

1937 年，里弗斯提出脉冲编码调制这一概念。

1940—1945 年，雷达、微波通信线路研制成功。

1946 年，世界上第一台电子计算机在美国研制成功，标志着电子计算机通信时代的开始。

1947 年，美国贝尔实验室的巴丁和肖克莱、布拉坦发明了晶体管。

1948 年，香农提出了信息论，建立了通信统计理论。

1950 年，时分多路通信应用于电话。

1957 年，苏联发射了第一颗人造地球卫星，它不仅标志着航天时代的开始，而且意味着一个利用卫星进行通信的时代即将到来。

1958 年，美国的基尔比研制成世界上第一块集成电路，微电子技术从此诞生了。

1960—1970 年，开始了使用卫星通信，出现了电缆电视、激光通信、计算机网络和数字技术、光电处理等。模拟通信开始向数字通信过渡。

1970—1980 年，大规模集成电路、商用卫星通信、程控数字交换机、光纤通信、微处理机等迅猛发展，这标志着数字电话的全面使用和数字通信新时代的到来。

1980—1990 年，各种信息业务应用增多，超大规模集成电路、移动通信、光纤通信广泛应用，综合业务数字网 ISDN 崛起，国际互联网 Internet 在全世界兴起，第一代模拟移动通信网——AMPS 蜂窝系统在美国芝加哥开通，个人通信得以迅速发展。

1990—2000 年，卫星通信、移动通信、光纤通信进一步飞速发展，高清晰数字电视技术不断成熟，全球定位系统(GPS)得到广泛应用，蜂窝网进入第二代，即数字式无线移动通信(2G)。全球移动通信系统(GSM)作为第二代移动通信系统的代表，得到了全球性的广泛应用。

21 世纪，人类已进入信息化时代。各种数字技术、通信新技术不断涌现，光纤通信得到迅速普遍的应用，国际互联网和多媒体通信技术得到极大发展。第三代移动通信技术(3G)是将无线通信与国际互联网等多媒体通信相结合的新一代移动通信系统。第四代移动通信技术(4G)是集 3G 与 WLAN 于一体，并能够快速传输数据及高质量的音频、视频和图像等。4G 能够以 100 Mbit/s 以上的速度下载。目前，4G 还占有一定的市场。第五代移动通信技术(5G)是面向 2020 年以后移动通信需求而发展的新一代移动通信系统。5G 具有超高的频谱利用率和能效，在传输速率和资源利用率等方面较 4G 移动通信提高一个量级或更高，其无线覆盖性能、传输时延、系统安全和用户体验也得到显著的提高。5G 在国内外使用用户越来越多，成为市场主流。中国、美国等正在研发第六代移动通信技术(6G)。计算机网、电信网、广播电视网三网融合正加快步伐，各种宽带接入网技术快速发展。以实现在任何时间、任何地点以任何方式与任何人进行信息交换的个人通信系统已成为人们追求的又一目标，真正意义上的人与人、人与物之间的自由通信已为时不远。

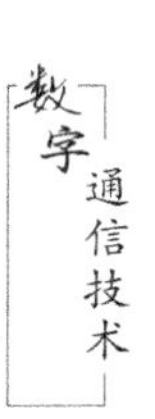

1.1.2 通信技术的发展趋势

数字化、大容量、远距离、高效率、多信源以及保密性、可靠性、智能化、低延时等已成为现代通信系统的主要特点。21世纪通信技术发展的主要趋势是宽带化、综合化、个人化、智能化。

1. 宽带化

提高信息速率、获得更宽的带宽,可以说是通信技术发展中的永恒主题。通信业务的不断开发、丰富,用户对通信业务更高质量的追求,信息速率的不断提高,都要求更宽的带宽。通信网络发展的关键也在带宽,只有实现高带宽,下一代互联网、新一代移动通信、物联网、云计算才得以大力发展。另外,设备制造商也需要不断有新的技术来推动市场的发展。例如,实用的密集波分复用(DWDM)产品的传输能力迅速地从 10 Gbit/s、40 Gbit/s 发展到现在的 80 Gbit/s 和 160 Gbit/s。我国骨干网和接入网的带宽演变也体现了这种发展趋势。在20世纪90年代前期,我国的骨干网还是以155 Mbit/s的同步数字系列(SDH)技术为主,而目前所建的骨干网均是 80 Gbit/s、160 Gbit/s 的 DWDM 设备,甚至很多大中城市的城域网的技术水平也达到了这一级别。目前的接入网,各种宽带接入技术已经非常普及。

2. 综合化

传统的通信网络基本上是一个单一业务的网络,其语音、数据、视频等业务不仅在传输上是分开的,而且被用户分别作为独立的业务来使用。

未来信息网络的结构模式将向核心网/接入网转变,网络的分组化和宽带化,使在同一核心网络上综合传送多种业务信息成为可能;网络的综合化以及管制的逐步开放和市场竞争的需要,将进一步推动传统的电信网络与新兴的计算机网络融合。接入网是通信信息网络中最具开发潜力的部分,未来网络可通过固定接入、移动蜂窝接入、无线本地环路接入等不同的接入设备接入核心网,实现用户所需的各种业务,在技术上实现固定和移动通信等不同业务的相互融合。

3. 个人化

信息个人化是通信技术进一步发展的主要方向之一。所谓的个人通信就是任何用户在任何时间、任何地方与任何人进行任何方式(如语音、数据、图像)的通信。个人通信使用户彻底摆脱终端的束缚,以人作为通信对象。它不仅能提供终端的移动性,而且能提供个人的移动性,打破了传统网络中用户、终端、网络接口一一对应的关系,采用与网络无关的唯一的个人通信号码,随时随地建立和维持有效通信。个人通信可以提供许多实用和先进的功能,如可扩展的语音服务、寻呼服务、高速传输数据服务、传真服务、短信息服务、电视电话服务以及综合信息服务等。从某种意义上来说,这种通信可以实现真正意义上的自由通信。

个人通信系统是在宽带综合业务数字网的基础上,把移动通信网和固定公众通信网有机地结合起来,逐步演进形成为所有个人提供多媒体业务的智能型宽带全球性信息网。而移动IP正是实现未来信息个人化的重要技术手段,在手机上实现各种IP应用以及移动IP技术正逐步成为人们关注的焦点之一。移动智能网技术与IP技术的组合将进一步推动全球个人通信的发展趋势。

4. 智能化

通信网络智能化亦称智能网。智能网是通信网络更深入发展的基础,它不仅能传送和交换信息,而且能存储、处理和灵活控制信息;它能使通信网络在各种条件下以最优化的方式处理和传递信息,如同一位精明能干的秘书,会根据不同的情况来处理不同的文件。智能网能够灵活方便地开设和提供新业务,如果需要增加新业务,则不需要更换或改造交换机,只要在系统中增加一个或几个模块即可,并且不会对正在运营的业务产生任何影响。例如,800 号业务,它是一种被叫付费业务。一些大型公司或企业、商业单位,为了便于推销产品,方便向顾客宣传等,愿为顾客承担电话费用。当顾客呼叫时,在付费单位公布的电话号码前加拨 800,则智能网即自动将话费记在被叫账单上。智能网还具有自动诊断功能,当网络提供的某种服务因故障中断时,智能网可以自动诊断故障和恢复原来的服务。

宽带、融合、泛在,是下一代网络发展的显著特征。宽带接入和无线通信正加速向经济社会各环节深入渗透,使得新一代通信基础设施可以最大限度地满足人们的需求。新一代信息通信基础设施构建了人类发展和文明演化的全新网络环境,成为经济社会发展的关键载体。

当前世界正处于百年未有之大变局,通信技术领域成为大国竞争的主战场之一,2021 年 11 月 16 日,国务院工业和信息化部发布了《“十四五”信息通信行业发展规划》,我国“十四五”期间信息通信行业发展的重点是建设新型数字基础设施。加快推进“双千兆”网络建设,统筹数据中心布局,积极稳妥发展工业互联网和车联网,构建以技术创新为驱动、以新一代通信网络为基础、以数据和算力设施为核心、以融合基础设施为突破的新型数字基础设施体系。2023 年 4 月 21 日,习近平总书记在全国网络安全和信息化工作会议上强调:“核心技术是国之重器。要下定决心、保持恒心、找准重心,加速推动信息领域核心技术突破。”

1.2 通信的基本概念

通信是指信息传递的全过程,即信息的传输与交换。信息可以是语音、文字、符号、音乐、图像、数据等。利用各种电(光)信号来传递信息的方式称为“电(光)通信”,简称为通信。通信技术所研究的主要问题概括地说就是如何把信息大量地、快速地、准确地、广泛地、方便地、经济地、安全地从信源通过传输介质传送到信宿。

1.2.1 数字通信中常用术语和概念

1. 比特

比特(bit)是 binary digit 的英文缩写译音,意为二进制数字。在二进制数字中只有“0”和“1”。一位二进制数字称为 1 比特(1 bit)。例如,110 为 3 比特,100 001 为 6 比特。

比特在数字通信系统中还是信息量的度量单位。这是因为二进制代码可以表示信号的大小和信息的多少,即一个二进制数既可表示一个确定的信息状态,也可表示一个确定信号的大小，这样，比特就成为反映这些信息和大小的量的单位。一位二进制数所包含的信息量就是1比特。例如，用二进制数字表示电子开关的通、断，信号的状态只有两种，可以用一位二进制数即“0”或“1”表示，如用“1”表示通，则“0”表示断。如果离散信号的状态多于两种，则可用若干位二进制数字来表示，如离散信号有4种状态，则可用两位二进制数字来表示，即00、01、10、11。这时2比特反映了4种信息状态。由此可以推断，k 比特所包含的信息量用二进制数字表示时，可反映 2^k 种状态，或者说 2^k 种状态可表示 k 比特信息量。例如，$2^3=8$ 种状态，$k=3$，可表示3 bit信息；$2^8=256$ 种状态，$k=8$，8比特信息量可表示256种不同的状态。

在数字通信中常常用时间间隔相同的数字脉冲来表示二进制数字，这个时间间隔即是一个脉冲周期，被称为码元长度，而一个脉冲周期的信号称为一个二进制码元。因此，比特这一术语也用来表示二进制脉冲的个数和时间单位，一个脉冲周期叫1 bit。

2. 概率

概率通常是指某一事件发生的相对频数。设信息源中有 r 个符号 $\{a_1, a_2, \cdots, a_r\}$，如果从这组符号中任取 n 次，而在这 n 次选取的符号里，a_i 被取出的次数为 m，则当 n 很大时，比率 $\frac{m}{n}$ 就被称为取出符号 a_i 的概率。用 $P(a_i)$ 来表示，即

$$P(a_i)=\lim_{n\to\infty}\frac{m}{n} \tag{1.2.1}$$

例如，一个袋子里装着 $2r$ 个白球，要求从这个袋子中取出一个红球，结果可想而知，无论取多少次都不会取出红球。因为袋中没有红球，取出红球是不可能的，所以 $m=0$，红球出现的次数为0，即不可能事件发生的概率为0。如果还是从这个袋子中取球，要求取 n 次，问白球取出的次数。结果显而易见，每次取都必然是白球，$m=n$，取出白球的概率 $P(a_i)=1$，即必然事件发生的概率为1。但如果袋子里装有 r 个白球，r 个红球，这时再要求取出白球，当取出的次数 n 很大时，会发现 $m=\frac{n}{2}$，即取出白球的概率为50%，当然取出红球的概率也为50%。由此可知，概率 $P(a_i)$ 的取值在0到1之间，即 $0\leqslant P(a_i)\leqslant 1$。事件发生的频数越多，概率 $P(a_i)$ 越大，事件发生的频数越少，概率 $P(a_i)$ 越小。如果事件发生的概率为 p，则事件不发生的概率就是 $1-p$。

3. 消息、信息、信号、信息量

消息、信息、信号在概念上有所不同，但彼此间有着相互的关系。在日常生活中，当我们收到书信、电报、数据或者接收到声音、图像信号时，可以说是得到了有关的消息。这里消息是指接收到的语音、图像、图片和文字、数字、数据等。而消息中那些能够给予接收者新知识、有意义的部分我们称为信息。这就是说消息不同于信息，在消息中包含有一定数量的信息。人们互相问询、发布新闻、传递数据及广播图像，其目的就是要传送某些消息，给对方以信息。但是消息的传送一般都不是直接的，必须借助一定的运载工具，并将消息变换成某种表现形式。我们将消息的运载工具和表现形式称为信号。消息的表现形式可以是光、电、声、力、热等特定的物理形态，用这些物理形态的运动和变化来显示出消息的内容。例如在通信中，电信号是最为常见和应用最为广泛的物理量，用电压或电流的变化

来携带消息，即电信号是与消息一一对应的电量，这种携带特定消息的电信号通常被称为信号。

消息中包含信息的多少可以度量，将其定义为信息量。信息量的大小与消息发生概率的大小有密切的关系。在日常生活中，极少发生的事件一旦发生是很容易引起人们关注的，而司空见惯的事则不会引起注意，也就是说，极少见的事件所带来的信息量多。用统计学的术语来描述，就是发生概率小的事件信息量大。因此，事件发生的概率越小，信息量愈大，即信息量的多少与事件发生频数（即概率大小）成反比。

在信息论中，消息所含的信息量 I 由式(1.2.2)来表示。

$$I=\log_2\frac{1}{p}=-\log_2 p \tag{1.2.2}$$

式中，p 为消息中事件发生的概率；I 为消息中所含的信息量，其单位为比特(bit)。由式(1.2.2)可以看出，如果事件发生的概率 $p\to 0$，则其消息所含的信息量就趋向于无穷大；如果事件发生的概率为1，则说明这是一必然事件，其消息中不含任何信息量，即信息量为0。

用式(1.2.2)表示信息量还因为在数字通信、计算机领域中常用二进制数字表示一切信息，因而，信息量的大小就可以用二进制数的位数来度量，bit就是统一的尺度。例如，当事件发生的概率 $p=\frac{1}{2}$ 时，消息中所含信息量 $I=1$ bit，传输这个事件至少需要1位二进制脉冲；当事件发生的概率 $p=\frac{1}{4}$ 时，消息中所含信息 $I=2$ bit，传输这个事件至少需要2位二进制脉冲。这样，所传送消息的信息量就与传送所需要的最少二进制数的位数相对应了。这使得信息量的计算十分简单，只要数一数以二进制数码方式表达的信息有多少位，就能知道这个消息的信息量有多大了。

4. 信道与噪声

(1) 信道

从信息传输的角度来看，信道即信号自始至终的传输通道。因此，信道是任何通信系统不可缺少的组成部分。当信号从发送端传送到接收端时，信道自身传输特性的缺陷和信道中所存在的各种噪声都会影响通信系统的传输性能。

按研究范围，信道可分成狭义信道和广义信道两大类。狭义信道即人们常说的信道，它仅指信号的传输媒介，如电缆、光缆、电离层、对流层等。根据传输媒介的不同，狭义信道可分为有线信道和无线信道。有线信道是指能够传导电信号或光信号的物理信道，如架空明线、电缆、光纤、波导等一类能够看得见的媒介；而无线信道则是指传播电磁波的自由空间，它包括短波电离层反射、对流层散射等。可以这样认为，凡不属于有线信道的媒介均为无线信道的媒介。无线信道的传输特性没有有线信道的传输特性稳定和可靠，但无线信道具有方便、灵活、通信者可移动等优点。广义信道把信道范围适当扩大，通常，除传输媒介外，还包括通信系统的某些设备，而且这些设备往往因研究问题的不同而有所不同，如调制信道、编码信道等。调制信道与编码信道的划分如图1.2.1所示。

调制信道的范围是从调制器输出端到解调器输入端。因为它传输的是已调信号，所以称为调制信道。从研究调制和解调的角度来看，我们只关心调制器输出的信号形式和

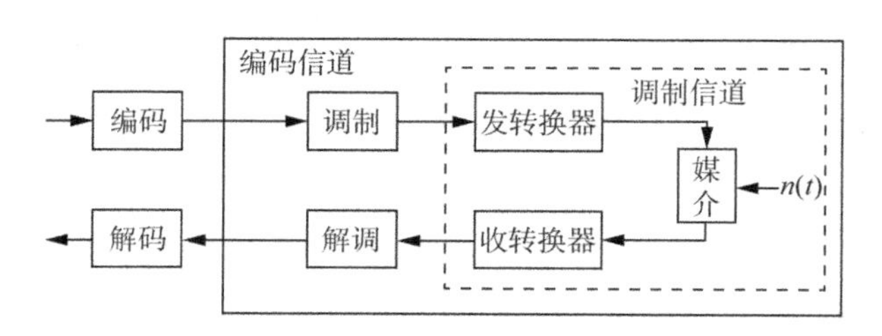

图 1.2.1 调制信道与编码信道

解调器输入信号与噪声的最终特性，并不关心信号的中间变化过程。因此，定义调制信道对于研究调制与解调问题非常方便。

编码信道的范围是指从编码器输出端到解码器输入端。在数字通信系统中，如果仅着眼于编码和解码问题，则使用编码信道更为方便。这是因为，从编码和解码的角度来看，编码器是把信源所产生的消息信号转变为数字信号，解码器则是将数字信号恢复成原来的消息信号，而编码器输出端到解码器输入端之间的各个环节只是起了传输数字信号的作用，所以可将其归为一体来讨论。

应该指出，狭义信道（传输媒介）是广义信道中十分重要的组成部分。实际上，通信质量的好坏在很大程度上依赖于狭义信道的特性。因此，在研究信道的一般特性时，传输媒介是讨论的重点。由于本书研究的重点是数字通信基础，因此，后面提到的信道在不加注明时均指广义信道。

（2）噪声

噪声 $n(t)$ 是信道中不可避免的一种物质存在，它干扰信号的正常传输，导致传输的差错，是影响通信质量指标的主要原因之一。接收信号中除了有用信号之外的部分皆是噪声。任何通信系统的各个环节都可能有噪声及干扰存在。为了便于分析，将各个环节产生的噪声及受到的干扰集中于信道中考虑。对噪声的研究是复杂的，这里只简单地讨论信道内各种噪声的分类及性质，以及定性地说明它们对信号传输的影响。

①按噪声的来源分为：无线电噪声、工业噪声、天电噪声及内部噪声

无线电噪声来源于各种用途的无线电发射机（各种通信信号的干扰）。这类噪声的频率范围很广，从甚低频到特高频都可能有无线电干扰存在，并且干扰强度有时很大。但它有一个特点，就是干扰频率是固定的，因此可以预先设法防止。特别是在加强了无线电频率管理工作后，在频率的稳定性、准确性以及谐波辐射等方面都有严格的规定，使得信道内信号受其影响程度可降低到最小。

工业噪声来源于各种电气设备，包括各种电气设备的开关、电焊、电力线、工业的点火辐射、电车和电气铁道、高频电炉等所产生的电磁干扰。这类干扰来源分布很广泛，尤其是在现代化社会里，各种电气设备越来越多，这类干扰的强度也就越来越大。但它也有一个特点，就是干扰频谱集中于较低的频率范围，如几十兆赫以内。因此，选择高于这个频段工作的信道就可以防止受到它的干扰。另外，我们也可以从干扰源方面设法消除或减少干扰的产生，如加强屏蔽和采取滤波措施，防止接触不良和消除波形失真。

无线电噪声和工业噪声都属于人为噪声，其是指人类活动所产生的对通信造成干扰的各种噪声。

天电噪声也称自然噪声，是指自然界存在的各种电磁波源所产生的噪声，如雷电、磁暴、太阳黑子以及宇宙射线等。可以说整个宇宙空间都是产生自然噪声的根源。因此，这类噪声是一种客观存在，它对信号干扰影响的强弱与时间、季节、地区有很大的关系。例如，夏季比冬季严重，赤道比两极严重，在太阳黑子活跃的年份天电干扰更为严重。这类干扰所占的频谱范围也很宽且不像无线电干扰那样频率固定，因此，对它的干扰影响就很难防范。

内部噪声是指通信设备自身产生的各种噪声。它来源于通信设备的各种电子器件、转换器、传输线、天线等。如电阻一类的导体中自由电子的热运动产生的热噪声；晶体管等电子器件中的电子或载流子由于发射的不均匀性而产生的散弹效应，由散弹效应而形成散弹噪声；电源系统滤波不理想产生的干扰等。由于这类干扰是由自由电子的不规则运动所形成的，因此它的波形也是不规则变化的、随机出现的，在示波器上观察就像一堆杂乱无章的茅草一样，通常也称之为起伏噪声。

②按噪声的性质分为：单频噪声、脉冲噪声及起伏噪声

单频噪声主要由外部通信信号干扰（主要指无线电干扰）所产生，频谱特性可能是单一频率，也可能是窄带谱。单频噪声的特点是一种连续波干扰，占有极窄的频带，可视为连续的单频正弦波，但其幅度、频率和相位是事先不能预知的，位置可以实测。可以通过合理设计系统来避免单频噪声的干扰。

脉冲噪声是一种在时间上无规则的突发脉冲干扰，主要特点是波形不连续，呈脉冲状，它突发出现离散干扰，脉冲幅度大，但持续时间短，周期是随机的，且相邻突发脉冲之间有较长的安静时间。由于脉冲很窄，因此占有的频谱很宽，但是随着频率的提高，其频谱幅度逐渐减弱。工业干扰中的电火花、汽车点火噪声、断续电流以及雷电等属于此类噪声。脉冲噪声对数据传输的影响较大，会导致数据传输成群出错，增大平均出错概率。可以通过选择合适的工作频率、远离脉冲源等措施减小和避免脉冲噪声的干扰。

起伏噪声主要是指信道内部的热噪声和器件噪声（散弹噪声）以及来自空间的宇宙噪声，主要特点是具有很宽的频带，无论是在时域还是在频域内都普遍存在且不可避免，它是影响通信系统性能的主要因素之一。

图 1.2.2 所示的三种噪声中，单频噪声不是所有的信道中都有的，因为干扰频率是固定的，并且其频率是可以通过实测来确定的，因此在采取适当的措施后就有可能防止。脉冲噪声虽然对模拟通信的影响不大，但是在数字通信中，它的影响是不容忽视的。一旦突发脉冲噪声，由于它的幅度大，将会导致一连串误码，对通信造成严重的危害。国际电报电话咨询委员会（Consultative Committee on International Telegraph and Telephone, CCITT）关于租用电话线路的脉冲噪声指标是 15 min 内，在门限以上的脉冲数不得超过 18 个。在数字通信中，通常采用纠错编码技术来减轻这一危害。起伏噪声是信道所固有的一种连续噪声，既不能避免，又始终起作用，因此，可以说它是影响通信质量的主要因素之一，必须加以重视。

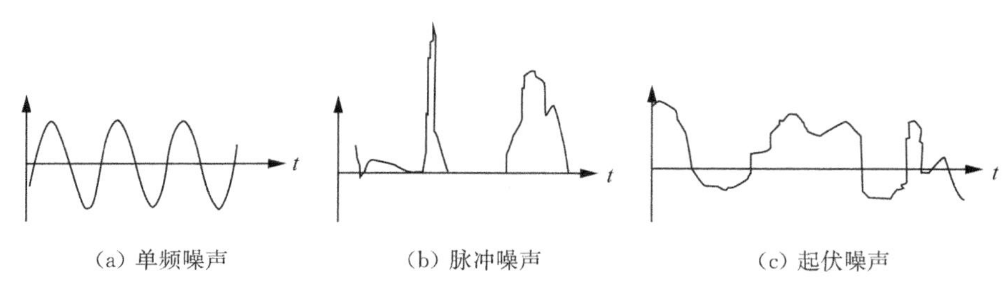

图 1.2.2　三种噪声波形

③按噪声与信号的关系分为:加性噪声和乘性噪声

加性噪声与信号是相加的关系,不管有没有信号,噪声都存在。前面所讲的噪声都属于加性噪声。加性噪声与信号相互独立,并且始终存在。实际中只能采取措施减小加性噪声的影响,而不能彻底消除加性噪声。因此,加性噪声不可避免地会对通信造成危害。

乘性噪声与信号是相乘的关系,它依赖于信号的存在,当信道内没有信号时它也随之消失。乘性噪声取决于信道的特性,一般由信道不理想引起,是一个较为复杂的时间函数,它包括非线性畸变和线性畸变,为一随机变化的量。

④通信中常见的几种噪声:白噪声和窄带高斯噪声

白噪声是指一种功率谱密度在整个频域内均匀分布的噪声。一般地,只要一个噪声过程所具有的频谱宽度远远大于它所作用系统的带宽,并且在该带宽中其功率谱密度基本上可以作为常数来考虑,就可以把它作为白噪声来处理。例如,热噪声和散弹噪声在很宽的频率范围内具有均匀的功率谱密度,通常可以认为它们是白噪声。

高斯噪声是指它的概率密度函数服从高斯分布(即正态分布)的一类噪声。当高斯噪声通过以 f_c 为中心频率的窄带系统时,就可形成窄带高斯噪声。这里的窄带系统是指系统的频带宽度 Δf 远远小于其中心频率 f_c(即 $\Delta f \ll f_c$)的系统。这是符合大多数信道的实际情况的。

窄带高斯噪声的特点是频谱局限在 $\pm f_c$ 附近很窄的频率范围内,其包络和相位都在缓慢随机变化。如用示波器观察其波形,它是一个频率近似为 f_c,包络和相位随机变化的正弦波。因此,窄带高斯噪声 $n(t)$ 可表示为

$$n(t)=\rho(t)\cos[\omega_c t+\varphi(t)] \tag{1.2.3}$$

式中,$\rho(t)$ 为噪声 $n(t)$ 的随机包络;$\varphi(t)$ 为噪声 $n(t)$ 的随机相位。相对于载波 $\cos\omega_c t$ 的变化而言,它们的变化要缓慢得多。窄带高斯噪声的频谱和波形示意图如图 1.2.3 所示。

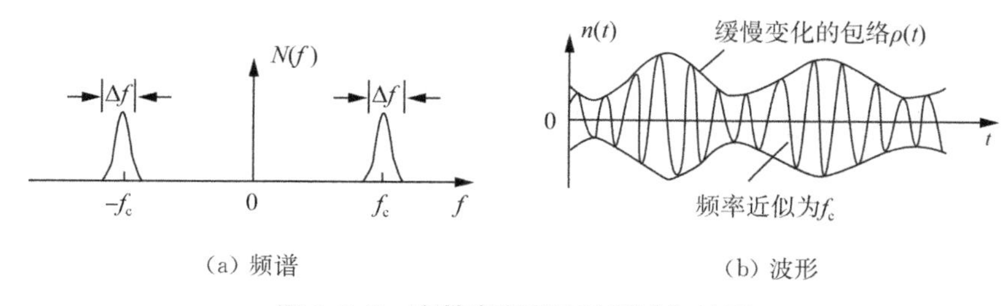

图 1.2.3　窄带高斯噪声的频谱和波形

5. 信道容量

信道容量是指信道无差错传输的最大传输能力或最大信息速率。一般用单位时间内最大可传送信息的 bit 数来表示。

各种数字信号需要利用信道来传送，对于任何一路信道都有一定的容量，即单位时间内所能传送的最大比特数。为了实现实时传输，必须使信道的容量超过被传送数字信号的数码率，即满足信道容量与信号数码率相匹配，否则就会丢失信息。也就是说，在给定通频带宽度(Hz)的物理信道上，到底可以有多高的数据速率(bit/s)来可靠传送信息？这也就是信道容量问题。对于这个问题，香农在信息论中给出了解答，即著名的香农定理，为今天通信的发展奠定了坚实的理论基础。

香农定理指出，在噪声与信号独立的高斯白噪声信道中，假设信号的功率为 S，噪声功率为 N，信道频带宽度为 B，则该信道的信道容量

$$C = B\log_2\left(1+\frac{S}{N}\right) \tag{1.2.4}$$

式中，C(bit/s)为信道容量；B(Hz)为信道带宽；S(W)为信号的平均功率；N(W)为白噪声的平均功率；S/N 为信噪比。

式(1.2.4)就是著名的香农信道容量公式，简称香农公式。香农公式表明的是当信号与信道高斯白噪声的平均功率给定时，在具有一定频带宽度的信道上，理论上单位时间内可能传输的信息量的极限数值。

若噪声 $n(t)$ 的单边功率谱密度为 n_0，则在信道带宽 B 内的噪声功率 $N=n_0B$。因此，香农公式的另一表示形式为

$$C = B\log_2\left(1+\frac{S}{n_0B}\right) \tag{1.2.5}$$

由香农公式可得到如下结论：

(1) 任何一信道都有信道容量 C。当给定 B、$\frac{S}{N}$ 时，信道的极限传输能力(信道容量)C 即确定。当信道实际的传输信息速率 R 小于或等于信道容量 C 时，理论上存在一种方法，信号能以任意小的差错率在信道中传输；反之，则不可能。

(2) 提高信噪比 $\frac{S}{N}$，可以增加信道容量。

(3) 当信道容量 C 一定时，带宽 B 和信噪比 $\frac{S}{N}$ 之间可以互换。换句话说，要使信道保持一定的容量，可以通过调整带宽 B 和信噪比 $\frac{S}{N}$ 的关系来达到。例如，增大带宽 B，同时减小信噪比(S/N)，或相反，可以维持原来的信道容量。

(4) 信噪比一定时，增加带宽 B 可以增大信道容量，但不能使信道容量无限制增大。因为噪声为高斯白噪声时(实际的通信系统背景噪声大多为高斯白噪声)，增加带宽同时会造成信噪比下降，所以增加信道带宽 B 并不能无限制地增大信道容量。当信道带宽 B 趋于无穷大时，信道容量的极限值为

$$\lim_{B\to\infty} C = \lim_{B\to\infty} B\log_2\left(1+\frac{S}{n_0 B}\right) = \frac{S}{n_0}\lim_{B\to\infty}\frac{n_0 B}{S}\log_2\left(1+\frac{S}{n_0 B}\right) \tag{1.2.6}$$

令 $x=\dfrac{S}{n_0 B}$，则

$$\begin{aligned}\lim_{B\to\infty} C &= \frac{S}{n_0}\lim_{B\to\infty}\frac{1}{x}\log_2(1+x)\\ &= \frac{S}{n_0}\lim_{B\to\infty}\log_2(1+x)^{\frac{1}{x}} = \frac{S}{n_0}\log_2 \mathrm{e} \approx 1.44\frac{S}{n_0}\end{aligned} \tag{1.2.7}$$

由式(1.2.7)可见，即使信道带宽无限大，信道容量仍然是有限的。

(5) 信道容量 C 是信道传输的极限速率时，由于 $C=\dfrac{I}{T}$，I 为信息量，T 为传输时间，

根据香农公式：

$$C=\frac{I}{T}=B\log_2\left(1+\frac{S}{N}\right) \tag{1.2.8}$$

于是有：

$$I=BT\log_2\left(1+\frac{S}{N}\right) \tag{1.2.9}$$

由此可知，在给定 C 和 $\dfrac{S}{N}$ 的情况下，带宽与时间也可以互换。

【例 1-1】已知彩色电视图像由 5×10^5 个像素组成。设每个像素有 64 种彩色度，每种彩色度有 16 个亮度等级。设所有彩色度和亮度等级的组合机会均等，并统计独立。(1) 试计算每秒传送 100 个画面所需的信道容量；(2) 如果接收机信噪比为 30 dB，则为了传送彩色图像所需信道带宽为多少？

[注：$\log_2 x = 3.32\lg x$]

解：(1) 信息/像素 $=\log_2(64\times16) = \log_2(2^6\times2^4)=10$ bit/像素

信息/每帧 $=10$ bit/像素 $\times5\times10^5 = 5\times10^6$ bit/每帧

信息速率 $R=100\times5\times10^6=5\times10^8$ bit/s

因为 R 必须小于或等于 C，所以信道容量 $C\geqslant R=5\times10^8$ bit/s

(2) 因为 $10\lg\dfrac{S}{N}=30$ dB，所以 $\lg\dfrac{S}{N}=3$，所以 $\dfrac{S}{N}=1\,000$，代入式(1.2.4)得

$$B_{\min}=\frac{C}{\log_2\left(1+\dfrac{S}{N}\right)}=\frac{C}{3.32\lg\left(1+\dfrac{S}{N}\right)}=\frac{5\times10^8}{3.32\lg(1+10^3)}\approx 50\ \text{MHz}$$

1.2.2 通信系统的分类及通信方式

1. 通信系统的分类

通信传输的消息具有不同的形式，如语音、图片、图像、符号、文字、数据等。根据消息的不同形式、通信业务的不同种类、传输所用的不同信道，可将通信分成许多类型，较常用的分类方法如下：

(1) 按信道中传送的信号类型分为:模拟通信和数字通信

在信道中传输的信号分为模拟信号和数字信号,在信道中传送模拟信号的系统称为模拟通信系统,而在信道中传送数字信号的系统称为数字通信系统。由此通信亦分为模拟通信和数字通信。

模拟信号是指在时间上和幅度上都为连续的信号。“模拟”的含义是用连续变化的电压或电流来模拟实际系统中的变量。如图 1.2.4(a)所示波形是发话器输出的随时间连续变化的电流。它的变化波形是模拟人在讲话时声波的变化。模拟信号在给定的任何区间内,信号在时间和幅度上连续取值,且取值准确地与原消息一一对应,这是模拟信号的一个重要特点。模拟通信的缺点是:传输的信号是连续的,叠加噪声干扰后不易消除,即抗干扰能力较差;不易保密通信;设备不易实现大规模集成;不适应飞速发展的现代通信的要求。

数字信号是指在时间上和幅度上都是离散的、不连续的信号,其特点是时间上不连续,信号只在每隔一定间隔的瞬时取值,且信号的幅度只有有限个电平值,如图 1.2.4(b)所示。

实际应用中传输的信号常常只有高电平和低电平两种取值,如 5 V 和 0 V,如图 1.2.4(c)所示,这是一种典型的二进制数字信号,“0 V”表示“0”,5 V 表示“1”。

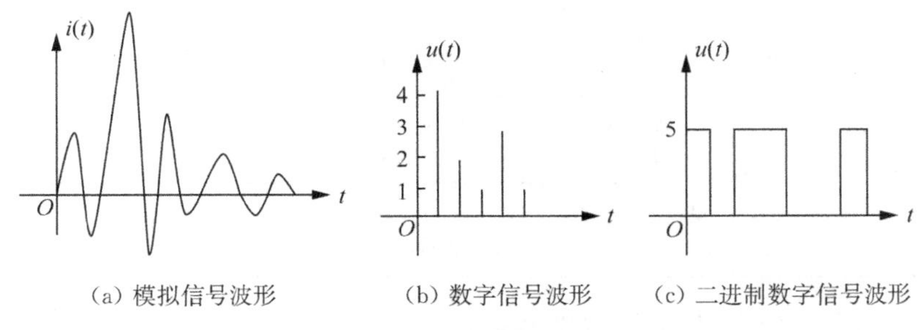

(a) 模拟信号波形　(b) 数字信号波形　(c) 二进制数字信号波形

图 1.2.4　信号波形

任何信息既可用模拟方式进行传输,也可用数字方式进行传输。例如,电话信号过去用模拟方式,而现在可通过数字化手段将模拟信号变换成数字信号再传输,这就是数字电话。音乐、电视等信号亦可数字化。相反,数字信号经数/模变换后,也可在模拟信道上传输。

(2) 按传输媒介分为:有线通信和无线通信

按传输媒介通信可分为两大类:有线通信和无线通信。所谓有线通信是以架空明线、波导、电缆、光纤等传导体为传输媒介的通信方式,常用的固定电话、电缆通信、光缆通信等都属于有线通信,其特点是媒介能看得见、摸得着。所谓无线通信是指利用高频电磁波经自由空间传递消息的一种通信方式,如微波通信、卫星通信、移动通信、地面开路广播等。

二者相比较,无线通信较有线通信具有机动灵活、不受地理环境限制、通信区域广等优点。但无线通信容易受到外界干扰、保密性差。有线通信可靠性高、成本低,适合于近距离固定点之间的通信。

(3) 按工作频率分为:长波通信、中波通信、短波通信、微波通信等

根据通信设备的工作频率不同,通信通常可分为长波通信、中波通信、短波通信、微波

通信等。为了比较全面地对通信中所使用的频段有所了解,下面把通信使用的频段及主要用途列入表 1.2.1 中。

表 1.2.1　通信使用的频段及主要用途

频率范围	波长	频段符号	传输媒介	用途
3～30 kHz	10^5～10^4 m	甚低频 VLF	有线线对 长波无线电	音频、电话、数据终端、长距离导航、时标
30～300 kHz	10^4～10^3 m	低频 LF	有线线对 长波无线电	导航、信标、电力线通信
0.3～3 MHz	10^3～10^2 m	中频 MF	同轴电缆 中波无线电	调幅广播、移动陆地通信、业余无线电
3～30 MHz	10^2～10 m	高频 HF	同轴电缆 短波无线电	移动无线电话、短波广播、定点军用通信、业余无线电
30～300 MHz	10～1 m	甚高频 VHF	同轴电缆 米波无线电	电视、调频广播、空中管制、车辆通信、导航
0.3～3 GHz	100～10 cm	特高频 UHF	波导 分米波无线电	电视、空间遥测、雷达导航、移动通信
3～30 GHz	10～1 cm	超高频 SHF	波导 厘米波无线电	微波接力、卫星和空间通信、雷达
30～300 GHz	10～1 mm	极高频 EHF	波导 毫米波无线电	雷达、微波接力、射电天文学
10^5～10^7 GHz	3×10^{-3}～ 3×10^{-5} mm	紫外、可见光、 红外	光纤 激光空间传播	光通信、蓝牙通信

(4) 按调制方式分为:基带传输和频带传输

根据信号在信道中传输有无经过调制,通信可分为基带传输和频带传输(载波传输)。基带传输是将原始电信号(也称基带信号)直接传送到信道中传输的一种方式。基带信号含有丰富的低频成分甚至直流成分。在某些具有低通特性的有线信道中,特别是传输距离不太远的情况下,可将基带信号直接传输,称之为基带传输。频带传输是将基带信号经高频载波调制后进行传输,接收端再经过相应解调还原基带信号的一种方式。调制的目的是将信号频谱搬移到需要的频率范围,以便和信道的传输特性相匹配,同时它还可以改变信号的带宽,改善系统的抗噪声性能。

(5) 按业务的不同分为:电报、电话、传真、数据传输等

目前通信业务可分为电报、电话、传真、数据传输、可视电话、无线寻呼等。从广义上讲,广播、电视、雷达、导航、遥控、遥测等也属于通信的范畴。

(6) 按收信者是否运动分为:移动通信和固定通信

移动通信是指通信双方至少有一方在运动中进行信息交换。由于移动通信具有建网快、投资少、机动灵活等特点,使用户能随时随地方便、快速、可靠地进行信息传递,因此,移动通信已被列为现代通信中的三大新兴通信方式之一,并得到飞速的发展。固定通信是指通信双方采用固定位置进行通信的方式。

另外，通信还有其他一些分类方法，如按多址方式可分为频分多址通信 FDMA、时分多址通信 TDMA 和码分多址通信 CDMA 等。

2. 通信方式

通信的工作方式通常可从以下几个方面来分类。

(1) 按消息传输的方向和时间分类

对于点与点之间的通信，按消息传输的方向和时间关系，通信方式可分为单工、半双工和全双工通信三种，如图 1.2.5 所示。

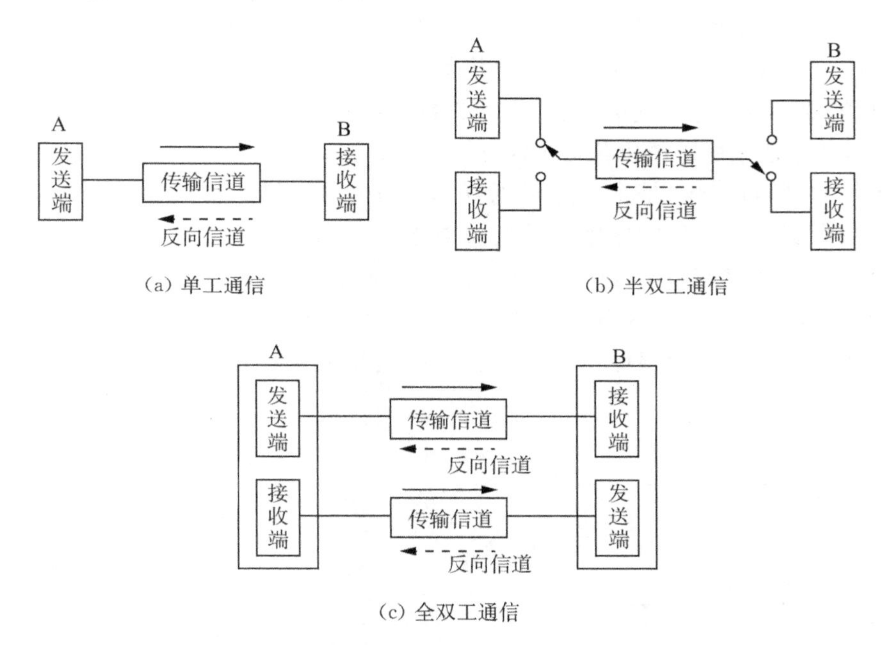

图 1.2.5　单工、半双工、全双工通信示意图

①单工通信

单工通信是指消息只能单方向进行传输的工作方式，如图 1.2.5(a)所示。消息只能由发送端 A 传向接收端 B，而 B 端至 A 端只传送联络信号。前者称为正向信道，后者称为反向信道。一般正向信道传输速率较高，反向信道传输速率较低或无反向信道。此种方式适用于大量信息只需要从一端传送到另一端，反向信道只需传少量联络信号的通信方式。如遥测、遥控、无线寻呼等。

②半双工通信

半双工通信是指通信双方都能收发消息，但不能同时进行收和发的工作方式。利用二线电路在两个方向上交替传输信息。由 A 端到 B 端方向一旦传输结束，为使信息从 B 端传送到 A 端，线路必须倒换方向，由开关进行切换，如图 1.2.5(b)所示。如问询、检索、科学计算等数据通信系统适用半双工数据传输。同一载频工作的无线电对讲机、收发报机属于半双工通信方式。

③全双工通信

全双工通信是指通信双方都能同时收发信息的工作方式，即 A 端和 B 端之间可同时

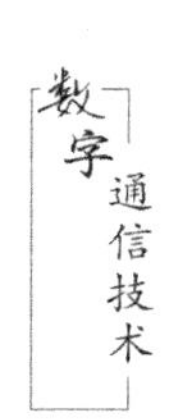

双向发送和接收信息，如图 1.2.5(c)所示。全双工通信效率高，但需要双向信道，组成系统的造价高，适用于计算机之间高速数据通信系统。生活中普通电话、手机通信等都是全双工通信方式。

(2) 按数字信号传输时码元的排列方法分类

在数字通信中，按照数字信号传输时码元的排列方法不同有并序传输和串序传输(并行传输与串行传输)两种方式。

并序传输(并行传输)是将信息码流以成组的方式在多条并行信道上同时传输。例如，采用 8 bit 二进制代码并序传输，传输时需用 8 条信道并行同时传输，如图 1.2.6(a)所示。因此，并行传输方式具有很高的信息传输率，但所需信道数目多，成本较高，所以适用于近距离、需要高速信息传输的场合，如计算机内部和计算机与其外设之间的数据传输。一般在远程数据通信中不使用并行传输方式。

串序传输(串行传输)是将信息码流以串行方式在一条信道上传输，即将一个个的码组或字符由高位到低位顺序串行排列起来传输，如图 1.2.6(b)所示。在接收端再将各比特组合起来形成原码组或字符，这就存在一个收、发双方如何保持码组或字符同步的问题，否则收信方就无法区分传来的一个个字符。所以，串行传输必须解决通信双方的同步问题。串行传输速率低，但所需信道少，费用低，是远距离数据传输的主要传输方式。

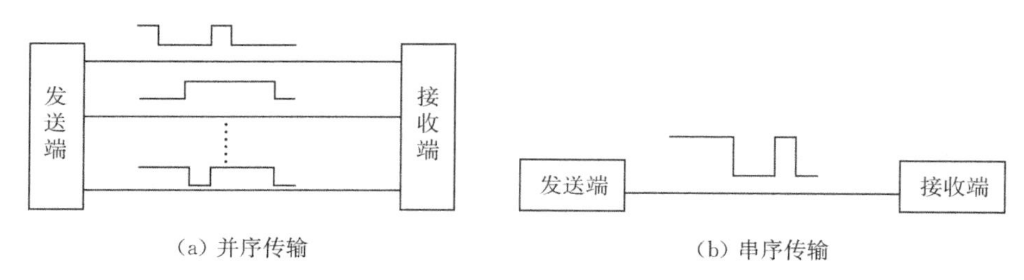

图 1.2.6　并序传输与串序传输示意图

在串序传输中，为解决字符同步问题，目前有异步传输和同步传输两种方式。

异步传输一般以字符为单位，不论所发字符代码的长度为多少位，在发送每一个字符代码时，字符代码的前面均加上“起始码”，其长度为 1 比特；字符代码的后面均加上“终止码”，其长度为 1.5 比特或 2 比特，如图 1.2.7(a)所示。收发双方时钟信号不需要严格同步，而且字符之间没有固定的时间关系，可以连续发送，也可以单独发送。因此，异步方式必须在每发送一个字符时在通信双方重新建立同步。同步是在每个发送字符之前设置起始位，以告知接收端信息传输即将开始。接收端根据此起始位来启动接收时钟，保证收发同步。其缺点是由于加入了起始位和终止位，降低了传输效率。

同步传输是在一个串行码流中，各信号码元之间的相对位置都是固定的，即以固定的时钟节拍来发送数字信号，要求通信双方的时钟在每一比特位上保持严格一致(同步)。在同步传输中，信息的发送通常以一个完整的信息块(帧)为单位，其中信息块(帧)的开头加上预先规定的起始码组作为同步标志，如图 1.2.7(b)所示。接收端只需判断信息块的起始码组标志，并知道信息块长度和传输速度，就可以正确地接收和识别字符。信息块较大时还可在信息块结束时加入终止码组，以保障接收信息的同步安全。

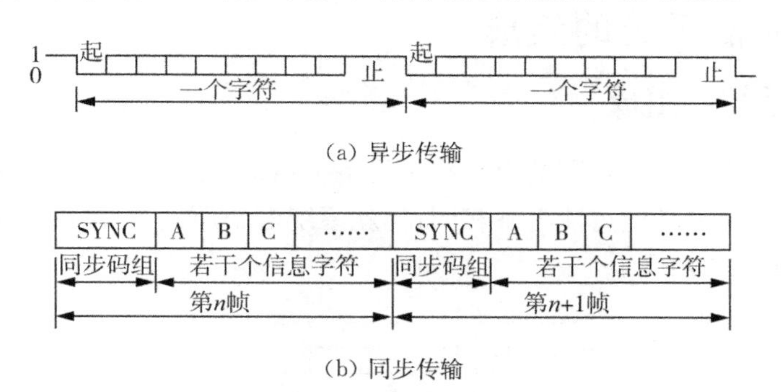

图 1.2.7 异步传输与同步传输示意图

与异步传输相比，由于发送每一个字符时不需要单独加起始位和终止位，因此传输效率高，但实现起来比较复杂，通常用于传输速率较高的信息传输。

(3) 按通信网络形式分类

通信的网络形式通常可分为三种：两点间直通方式、分支方式和交换方式，它们的示意图如图 1.2.8 所示。

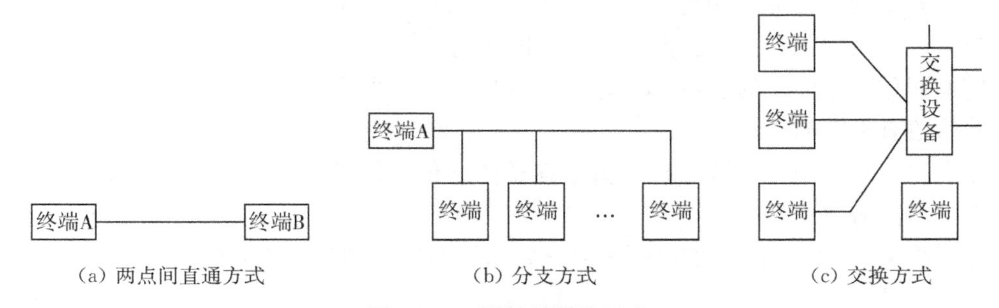

图 1.2.8 通信的网络形式

两点间直通方式是通信网络中最为简单的一种形式，终端 A 与终端 B 之间的线路是专用的，如图 1.2.8(a)所示。在分支方式中，它的每一个终端(A、B、C、…、N)经过同一信道与转接站相互连接，此时，终端之间不能直通信息，必须经过转接站转接，此种方式只在数字通信中出现，如图 1.2.8(b)所示。交换方式是终端之间通过交换设备灵活地进行线路交换的一种方式，即把要求通信的两终端之间的线路接通或者通过计算机程序控制实现消息转换，通过交换设备先把发送方发来的消息储存起来，然后再转发至接收方。如图 1.2.8(c)所示。这种消息转发可以是实时的，也可是延时的。

分支方式和交换方式均属于网络通信的范畴。它们和两点间直通方式相比，还有其特殊的一面。例如，通信网中有一套具体的线路交换与信息交换的规定、协议等；通信网中既有信息控制问题，也有网同步问题等。尽管如此，通信网的基础仍是点与点之间的通信。因此，本书重点讨论点与点通信的原理。

1.3 数字通信系统的组成

1.3.1 通信系统的组成

通信系统是指实现通信过程的全部技术设备和信道(传输媒介)的总和,其种类繁多,它们的具体设备和业务功能可能各不相同,但就系统框架而论,可以用一个统一的基本模型来表示,如图 1.3.1 所示。

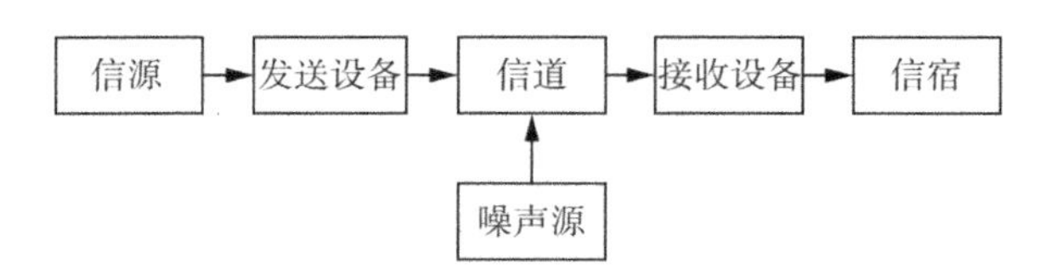

图 1.3.1 通信系统的一般模型

系统中信息源(简称信源)的作用是将待传送的消息转换成原始的电信号。信源可以是人或机器,如语言、声音或录音机、录像机、摄像机等。根据对象和任务的不同,信源产生的信息形式也不同。

发送设备则将信源发出的信号进行加工变成适合信道传输的信号,其目的就是实现信源与信道的匹配,如调制、放大、滤波、变频、发射等。

信道即是信号传输的通路,又称信号传输的媒介(媒质),如电缆、光纤、自由空间等,不同的信道有不同的传输特性。

噪声源是对信道中的噪声以及分散在整个通信系统其他各处噪声的集中表示,噪声直接影响通信的质量。

在接收端,接收设备的功能正好与发送设备相反,它需从接收到的信号中恢复出相应的原始电信号。

信宿(受信者)是将恢复的原始电信号还原成消息,如电话、电视、记录器、传真机、电脑等。

1.3.2 数字通信系统的组成

数字通信系统的基本任务是把信源产生的信息变换成一定格式的数字信号,通过信道传输,在终端再变换成适宜信宿接收的信号形式。所谓数字通信是利用数字信号做载体进行信息传递的通信方式。数字通信系统的组成形式有多种,但从系统的主要功能和部件来看,可以概括为图 1.3.2 的一般模型。

如图 1.3.2 所示,一个基本的数字通信系统由九部分组成:信源和信宿、信源编码和信源解码、信道编码和信道解码、调制器和解调器及同步系统。

信源和信宿:数字通信系统的信源同样是把消息转换成原始的电信号,输出信号既可以是模拟信号,也可以是数字信号;前者为模拟信源(如话筒、模拟摄像机等),后者为数字信源(如电传机、计算机等数字终端)。信宿的作用是将原始的电信号再转换成相应的消息。

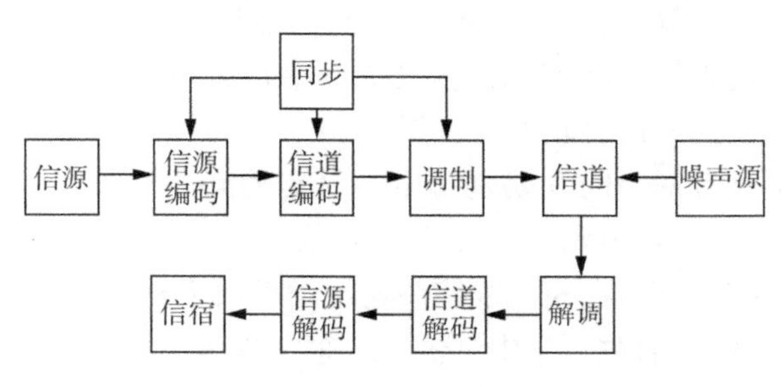

图 1.3.2 数字通信系统的一般模型

信源编码和信源解码:信源编码的作用有两个,一是将模拟信号转换成数字信号,即模/数转换;二是针对模/数转换后的数字信号或数字信源输出的数字信号进行数据压缩,降低数码率,提高信号传输的有效性,即提高传输效率。也就是说,在保证一定传输质量的前提下,用尽可能少的数字脉冲来表示信源产生的信息,故信源编码也称为频带压缩编码或数据压缩编码。通常,数字加密也可归并到信源编码器内。接收端的信源解(译)码是信源编码的逆过程,即将压缩的码率再恢复到压缩之前。

信道编码和信道解码:信道编码的主要任务是为了提高数字通信系统的可靠性或信号传输的可靠性,即保证在信号传输有误时,能够检查出错误并予以纠正的一种编码。其基本做法是在信息码组中按一定的规则人为地加入一些码元(起监督作用),以使接收端根据相应的规则进行检错和纠错。所以,信道编码也称纠错编码或差错控制编码。接收端的信道解(译)码是信道编码的逆过程,也即纠检错的过程。

调制与解调:数字调制的任务就是把数字基带信号(代表数字信息的电脉冲波形)转换成适宜在信道上传输的信号,即把基带信号变换成频带信号。数字调制的概念同模拟调制相同,它也有调幅、调频、调相之分。如果数字通信系统采用基带传输这部分就可省略。接收端的解调是调制的逆过程,它是把接收到的已调制信号进行反变换,恢复出原数字信号送解码器解码。

同步系统:同步系统是数字通信系统所特有的,它是数字通信系统中的重要组成部分。所谓同步是指通信系统的收、发端要有统一的时间标准,使收端和发端步调一致。由于数字通信系统传输的是数字信号,而数字信号是由一个个二进制电脉冲依次排列组成的,为了保证数字信号经传输后能正确地恢复所传信息,就必须在传输过程中始终保持这些脉冲序列时间位置的准确性。也就是说,在发端和收端必须能稳定而准确地形成各种在不同时间位置出现的定时脉冲,以便系统能按这些脉冲规定的时间节拍工作,这也称作“定时”。同步和定时是同步系统的两个方面,定时主要指发、收两端本身按规定时间节拍工作,同步则是使发、收两端的定时脉冲在时间上严格一致起来。一旦失去同步或同步出现误差,数字通信系统就会出现大量错码,甚至使整个通信失效。所以,同步系统用于建立通信系统收、发两端相对一致的时间关系,只有这样,收端才能确定每一位码的起始时刻,并确定接收端与发送码组的正确对应关系,否则接收端无法恢复发端的信息。因此,同步是数字通信系统正常工作的前提。

另外,在数字通信系统中,有时要求对通信内容保密。这需要对数字信息进行加密处

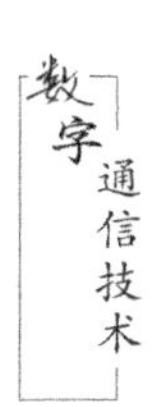

理,即利用具有极其复杂规律的密码对数字信息序列进行"扰乱",使未授权获得信息者无法正确接收信息。收端则依据特定规律恢复原数字序列,即为解密。数字通信在实现信息加密和解密方面比模拟通信有较大的优越性。

数字通信系统中还有一个问题就是再生中继传输问题。数字信号在传输过程中,受线路损耗的影响会产生衰减和噪声干扰,致使波形失真。随着信道的加长,波形失真加重,甚至无法辨认。这种情况,在模拟线路中通过增设放大器,将信号放大和均衡来解决,而在数字通信系统中,则是通过再生中继器(站)来消除传输过程中的衰减、畸变和噪声影响的。具体来讲,再生中继器将由终端设备输出的经过一段线路传输后产生了失真并叠加了干扰的数字信号,通过再生中继器加以均衡和再生,将信息码恢复成和发送端一样的脉冲再传送到下一站,如图 1.3.3 所示。可见,再生中继传输使传输过程中的噪声干扰随着信号的"再生"而消除,整个过程不会产生噪声的积累,这是数字通信不同于模拟通信的重要优点之一。

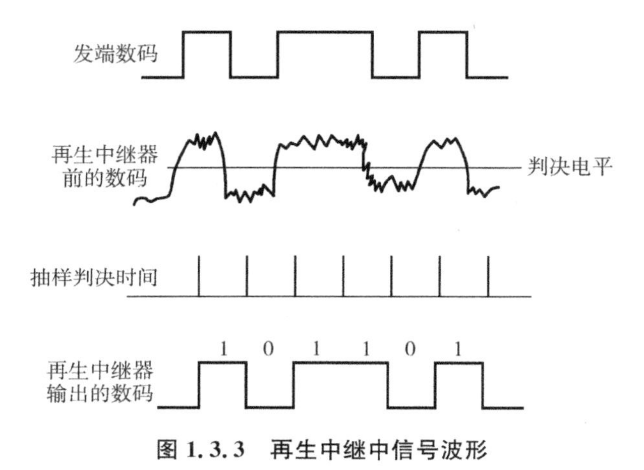

图 1.3.3 再生中继中信号波形

数字通信系统的构成可以只是图 1.3.2 的一部分。当数字通信系统中不包含调制器和解调器时,通常被称作基带传输系统。基带传输系统是将基带信号直接进行传输的系统,这是一种最简单、最基本的通信方式,多用在短距离的有线传输中。如果数字基带信号经过调制,将信号频谱搬移到高处,再送入信道中传输,则称这种传输为频带传输或载波传输或调制传输。

1.4 数字通信系统的主要性能指标

一个系统的优劣通常用某些性能指标来衡量。性能指标也即质量指标,它们是针对整个系统综合提出或规定的。通信系统的性能指标涉及有效性、可靠性、适应性、标准性、经济性、保密性、维修性及工艺性等多个方面。这里起主导、决定性作用的是有效性和可靠性。所以,通信系统的主要性能指标是指有效性和可靠性。

1.4.1 数字通信系统的有效性

通信系统的有效性是指消息传输的"速度"问题，它是用来衡量通信系统传输能力的重要指标。数字通信系统的有效性用传输速率来衡量，有两种表示方法：码元传输速率 R_B 和信息传输速率 R_b。

1. 码元传输速率 R_B

携带所传信息的一个周期的脉冲信号叫做码元。码元传输速率（简称传码率，又称符号速率）是指系统每秒钟通过信道传送码元的数目，用 R_B 来表示，单位为波特，记作 Baud 或 B，又称波特率。例如，若 1 s 内传 2 400 个码元，则系统的传码率为 2 400 B。这里的码元可以是二进制也可以是多进制的。

数字信号有二进制和多进制之分，但传码率与进制数无关，只与码元宽度 T 有关。通常在给出传码率时，有必要说明码元的进制。例如，$T=1\ \mu s$，$R_B=1$ MB，每秒钟传送 10^6 个码元。

$$R_B=\frac{1}{T} \tag{1.4.1}$$

2. 信息传输速率 R_b

当携带所传信息的脉冲信号为二进制脉冲时，传输速率为信息传输速率（简称传信率，又称数码率、比特率或信息速率）。信息传输速率（传信率）是指系统每秒钟通过信道传送的二进制比特数，用 R_b 来表示，单位为比特/秒，记作 bit/s 或 b/s。

应当注意，码元传输速率与信息传输速率具有不同的定义，不应混淆。它们之间有确定的关系。

3. 传码率 R_B 与传信率 R_b 的关系

为了提高信息传输的有效性，可以采用多进制传输，由于 M 进制的一个码元可以用 $\log_2 M$ 个二进制脉冲表示，因此 M 进制的传码率 R_B 与传信率 R_b 之间有以下转换关系：

$$R_b=R_B\cdot\log_2 M\text{(bit/s)}\text{或}R_B=\frac{R_b}{\log_2 M} \tag{1.4.2}$$

式中，M 为码元的进制数。例如，设码元传输速率为 1 200 B，采用八进制 $M=2^3$ 时，$\log_2 M=3$，信息传输速率为 3 600 bit/s；采用二进制 $M=2$ 时，$\log_2 M=1$，信息传输速率为 1 200 bit/s。可见，当 $M>2$ 时，系统的传码率不等于传信率；当 $M=2$ 时，系统的传码率与传信率在数值上是相等的，但单位不同，前者为 B，后者为 bit/s。

【例 1-2】已知二进制数字信号在 2 min 内共传输了 72 000 个码元，(1) 问其码元速率和信息速率各为多少？(2) 如果码元宽度不变（即码元速率不变），但改为八进制数字信号，则其码元速率为多少？信息速率又为多少？

解：(1) 在 2×60 s 内共传送了 72 000 个码元，则码元传输速率为：

$R_{B2}=72\ 000/(2\times60)=600$ B

信息传输速率为：

$R_b = R_{B2} = 600$ bit/s

(2) 若改为八进制传输(码元间隔不变),则

码元传输速率为:

$R_{B8} = 72\ 000/(2\times 60) = 600$ B(码元传输速率与进制数无关,只与码元宽度 T 有关)

信息传输速率为:

$R_b = R_{B8}\log_2 8 = 1\ 800$ bit/s

4. 频带利用率 ρ

系统的频带利用率反映通信系统对频带资源的利用水平和有效程度。信道频带(主要指系统频带)对于通信系统而言是一种宝贵的资源,通常讨论的传输速率都是在一定频率范围内的,否则毫无意义。频带利用率表示在单位时间、单位频带内传输信息量的多少,即单位频带内系统允许的最大信息速率(数码率),用 ρ 来表示,单位为 bit/(s·Hz)。

$$\rho = \frac{信息传输速率}{系统频带宽度} = \frac{R_b}{B} \tag{1.4.3}$$

比较不同系统的有效性时,单看它们的传输速率是不够的,还应看在这样的传输速率下所占用信道的频带宽度。所以,频带利用率是衡量数字通信系统传输效率的重要指标。

一般来说,单位时间、单位频带内传送的信息量越大,其频带利用率就越高,系统的有效性发挥得就越好。在二进制基带传输系统中,最高频带利用率 $\rho = 2$ bit/(s·Hz);在多进制基带传输系统中,ρ 可以大于 2 bit/(s·Hz)。这是因为,多进制码元所含信息量大于二进制码元。另外,在频带传输系统中,不同的调制方式也会有不同的频带利用率,其值也随二进制或多进制的不同而不同,故一般常用这个指标来衡量调制方式的效率。

有时也用单位频带内的码元传输速率来衡量系统的传输效率,这时频带利用率 ρ 表示为

$$\rho = \frac{码元传输速率}{系统频带宽度} = \frac{R_B}{B} \tag{1.4.4}$$

1.4.2 数字通信系统的可靠性

通信系统的可靠性主要是指消息传输的“质量”问题。数字通信系统的可靠性常用差错率来表示,即信号在传输过程中出错的概率,它是衡量系统正常工作时,传输消息可靠程度的重要性能指标。差错率越小,可靠性越高。差错率有两种表示方法:误码率及误信率。

1. 误码率 p_e

误码率又称为误符号率,是指在通信过程中,系统接收到的错误码元的数目在传输总码元数中所占的比例。也就是说,误码率是指码元在传输系统中被传错的概率,用 p_e 来表示:

$$p_e = \frac{接收到的错误码元数}{系统传输的总码元数} \tag{1.4.5}$$

误码率是衡量数字通信系统在正常工作状态下传输质量优劣的一个非常重要的指标,它反映了数字信息在传输过程中受到损害的程度。p_e 越小,系统的可靠性越高。

2. 误信率 p_b

误信率又称为误比特率,是指系统接收到的错误信息量在传输信息总量中所占的比例,或者说,它是码元的信息量在传输系统中被传错的概率,有时也称比特差错率,用 p_b 来表示:

$$p_b=\frac{\text{接收到的错误比特数(信息量)}}{\text{系统传输的总比特数(信息量)}} \tag{1.4.6}$$

误信率与误码率从两个不同的层次反映了系统的可靠性。在二进制系统中,误码率与误信率在数值上是相等的,即 $p_b=p_e$。但在多进制中,每传错一个码元,并不等于传错一个比特的信息量,这时 $p_e \neq p_b$。

上述指标中,误信率是最常用的指标,在数字电话传输系统中一般要求不大于 10^{-5};而在传送计算机数据时,一般要求不大于 10^{-9}。

【例 1-3】已知某八进制数字通信系统的信息速率为 12 000 bit/s,在接收端半小时内共测得出现了 216 个错误码元,试求系统的误码率。

解:因为,每秒传输的信息速率为:$R_b=12\ 000\ \text{bit/s}$

所以,每秒所传输的码元速率为:$R_{B8}=\frac{R_b}{\log_2 8}=\frac{12\ 000}{3}=4\ 000\ \text{B}$

则系统的误码率为:$p_e=\frac{216}{4\ 000\times 30\times 60}=3\times 10^{-5}$

1.5 数字通信的主要优缺点

近年来,数字通信技术的发展十分迅速,在通信领域中已占主导地位。《“十四五”信息通信行业发展规划》明确提出,到 2025 年,信息通信行业整体规模将进一步壮大,发展质量显著提升,基本建成高速泛在、集成互联、智能绿色、安全可靠的新型数字基础设施,创新能力大幅增强,新兴业态蓬勃发展,赋能经济社会数字化转型升级的能力全面提升,成为建设制造强国、网络强国、数字中国的坚强柱石。其主要优点如下:

1. 抗干扰能力强,无噪声积累,传输质量高

在模拟通信中,由于传送的信息包含在模拟信号的波形中,因此当受到噪声干扰后,噪声就会叠加在信号波形上,且逐渐积累,使有用信号产生严重的畸变。接收端难以把信号和噪声分开,所以模拟通信的抗干扰能力差。在数字通信中,通常传输的是二进制数字信号,它的取值仅用脉冲的有无表示,其波形并不包含所传送的信息。虽然噪声可以使脉冲波形产生失真,但在接收端对每一码元脉冲进行判决、再生时,只要采样时刻的噪声绝对值与判决电平相比不超过某个门限值,就会去除噪声,再生出和原发送端一样的数字信号。此外,远距离数字通信中采用再生中继的方法将在传输过程中信号所受到的噪声干扰加以消除,再生出原始信号波形,从而实现高质量的传输。

2. 差错可控

数字通信采用具有检错或纠错功能的信道编码，即使信号在传输过程中出现了差错，也可以通过接收端的信道解码进行纠检错，从而实现差错控制，提高了系统的抗干扰性。由于数字信号的抗干扰能力强，在类似的信道条件下，数字通信的传输质量比模拟通信高得多。

3. 灵活性高，能适应各种通信业务的要求

数字通信系统中，各种信息（声音、图像、数据等）都可以变换成统一的二进制数字信号，并通过多路复用将信号复接在一起，经同一信道传输而不互相干扰，故数字通信可灵活地实现各种通信业务。把数字信号传输技术与数字程控交换技术相结合，还可组成统一的综合业务数字网（ISDN）。对来自各种不同信息源的信号自动地进行变换、综合、传输、处理、储存和分离，实现同一网络多种业务的通信。

4. 易于与现代技术相结合

由于计算机技术、数字存储技术、数字交换技术及数字处理技术等现代技术飞速发展，许多设备、终端接口均是数字信号，因此极易与数字通信系统相连接。数字通信与现代技术相结合，提高了对信号的处理能力及通信的质量，也更有利于构成复杂的、远距离的、大规模的、灵活多样的系统，以实现数字通信系统的高效率、大容量、自动化、智能化。

5. 便于加密，保密性强

数字通信的加密处理比模拟通信容易得多。由于数字通信是将模拟信号变成“0”或“1”的代码，再经过各种编码后进行传输，因此无法被直接识别，具有固有的保密性。同时，数字信号可用各种具有极其复杂规律的密码进行加密，从而使通信具有高度的保密性，而且对信号没有损伤。

6. 设备便于集成化、小型化

数字通信多采用数字电路。数字电路比模拟电路更容易实现大规模和超大规模电路的集成化，因此设备的体积小、质量轻、功耗低。

数字通信相对于模拟通信来说，主要有以下缺点：

1. 数码率大，占用频带宽

数字通信所占用的系统频带比模拟通信要宽得多。以一路电话为例，模拟电话通常只占 4 kHz 带宽，而一路传输质量相同的数字电话则要占用数十千赫兹的带宽，约是模拟电话所占带宽的好多倍。

2. 数字通信系统对同步要求高，系统和设备比较复杂

虽然数字基带信号占用的频带宽，但是它可通过压缩编码、调制技术（特别是多进制调制技术）提高频带利用率，还可以通过增大系统带宽来补偿。如在微波通信中，频带资源较丰富，故通过提高频率可加大系统带宽。在光通信中，数字通信几乎成了唯一的选择。数字通信因要求有严格的同步系统，故设备复杂、体积较大。但随着数字压缩技术、数字集成技术的迅速发展以及宽频带信道（光缆、数字微波）的大量利用，数字通信的缺点也越来越显得不重要了。实践表明，数字通信是现代通信的发展方向。

【重点拓扑】

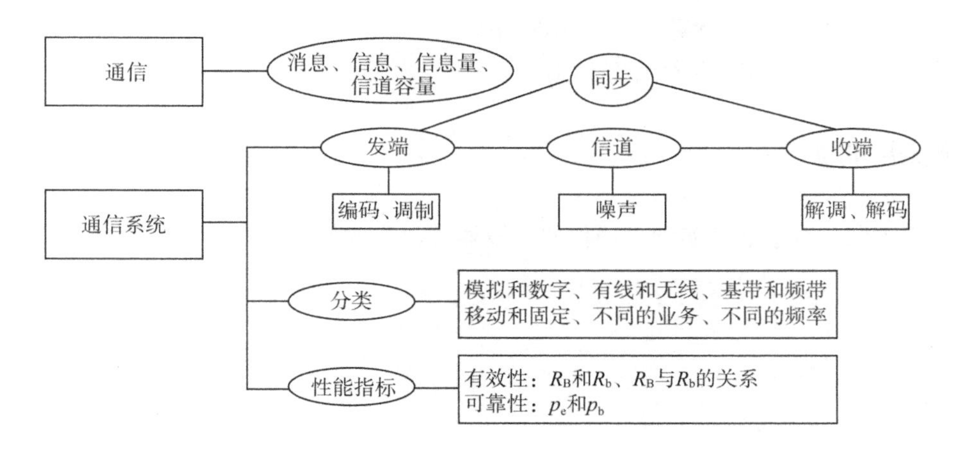

【基础训练】

1. 什么叫消息、信息、信号？它们有什么区别？消息与信息的概念是等同的吗？

2. 4 位二进制码可以表示多少种状态？举例说明它可以代表多少信息量？

3. 消息出现的概率与信息量有何关系？

4. 设信息符号 A 出现的概率是 0.062 5,信息符号 B 出现的概率是 0.125,试求 A 和 B 的信息量各是多少？

5. 调制信道与编码信道有何区别？

6. 已知某标准音频线路带宽为 3.4 kHz。

(1) 设要求信道的 $S/N=30$ dB,试求这时的信道容量。

(2) 设线路上的最大信息传输速率为 4 800 bit/s,试求所需的最小信噪比。

7. 有一信息量为 1 Mbit 的消息,需在某信道上传输,设信道带宽为 4 kHz,接收端要求信噪比为 30 dB,问传送这一消息需用多少时间？

8. 什么是数字信号、模拟信号？两者之间的主要区别是什么？

9. 什么是模拟通信？什么是数字通信？画出数字通信系统的组成框图,并简要说明各部分的作用。

10. 数字通信方式是如何划分的？

11. 数字通信的主要性能指标有哪些？

12. 有效性与可靠性分别用来衡量数字通信系统的什么性能？

13. 已知某数字传输系统传送八进制信号,信息传输速率为 3 600 bit/s,试问码元速率应为多少？

14. 设一数字传输系统传送二进制信号,码元传输速率为 3 000 B,试求该系统的信息传输速率。若该系统在码元传输速率不变的情况下改为传送十六进制信号,则此时该系统的信息传输速率是多少？

15. 已知某系统的码元传输速率为 3 600 KB，接收端在 1 h 内共接收到 1 296 个错误码元，试求系统的误码率。

16. 已知某四进制数字传输系统的信息传输速率为 2 400 bit/s，接收端在 0.5 h 内接收到 216 个错误码元，试计算该系统的误码率。

17. 数字通信的主要优缺点是什么？

【技能实训】

技能实训　数字通信实训常用仪器示波器等设备的使用

模块二

信源编码

【教学目标】

知识目标：

1. 理解模拟信号数字化过程中抽样、量化、编码的基本概念；
2. 掌握低通信号抽样定理；
3. 掌握量化及量化噪声的概念；
4. 掌握 A 律 13 折线编码 PCM 编、译码方法；
5. 对增量调制有一定的了解；了解 DPCM、ADPCM 编码的基本原理。

能力目标：

1. 明确模拟信号与数字信号的区别、使用数字信号通信的优势；
2. 清楚编码的重要性；
3. 学会仪表、设备的正确连接，会选择合适的挡位。

教学重点：

1. 抽样、量化、编码的基本概念及过程；
2. 低通信号抽样定理；
3. 均匀量化的量化信噪比；
4. A 律 13 折线 PCM 编、译码方法；
5. 增量调制的概念及无过载条件；
6. 增量调制与 PCM 的比较。

教学难点：

1. 抽样、量化的基本概念；
2. 均匀量化的量化信噪比的计算；
3. A 律 13 折线 PCM 编、译码方法；
4. DPCM 的基本原理。

信源的原始信号大多数是模拟信号的形式，为了利用数字通信系统来传送模拟消息，必须将模拟信号数字化，即在发送端首先进行模拟信号到数字信号的转换（A/D 转换）。模拟信号数字化之后一般会导致传输信号的带宽明显增加，这样就会占用更多的信道资源，使得传输效率严重降低，甚至无法实现实时传输。为了提高传输效率，需要采用压缩编码技术，在保证一定信号质量的前提下，尽可能地去除信号中的冗余信息，从而减小信号速率和传输所用的带宽。由于这些处理都是针对信源发送信息所进行的编码，因此一般将其称为信源编码。

海量音视频内容是信息社会的一大特色，数字音视频编解码技术标准是全球电子信息产业重大核心基础技术标准之一，也是国际产业界技术、专利和标准竞争的热点领域。

2002 年 6 月，“数字音视频编解码技术标准工作组”（又称 AVS 工作组）由国家原信息产业部科学技术司批准成立，工作组的任务是：面向我国的信息产业需求，联合国内企业和科研机构，制（修）订数字音视频的压缩、解压缩、处理和表示等共性技术标准，为数字音视频设备与系统提供高效、经济的编、解码技术，服务于高分辨率数字广播、高密度激光数字存储媒体、无线宽带多媒体通信、互联网宽带流媒体等重大信息产业应用。

音视频编码标准(Audio Video coding Standard,AVS)是我国具备自主知识产权的信源编码标准。顾名思义,“信源”是信息的“源头”,信源编码技术解决的重点问题是数字音视频海量数据(即初始数据、信源)的编码压缩问题,故也称为数字音视频编、解码技术。

每个国标背后,都有一段产业辛酸史,AVS 国标也是如此。它的诞生与当年 DVD 行业发展有关。20 世纪 90 年代末,中国大批企业进入 DVD 市场,但 2002 年,国际标准组织突然高举专利大棒,专利许可费高达 19.5 美元,占据总生产成本的 39%;之后虽有所降低,占比仍达 32%,这造成大批本土企业倒闭,触痛了整个产业。

AVS 工作组先后制定了 AVS1、AVS+、AVS2、AVS3 等自主知识产权的信源编码标准,其中 AVS3 标准主要面向 8K 超高清。2021 年 2 月 1 日,中央广播电视总台开播 8K 超高清试验频道,采用 AVS3 标准。2022 年 1 月 1 日,北京电视台冬奥纪实频道采用 AVS3 标准。2022 年 1 月 25 日,中央广播电视总台 8K 超高清频道采用 AVS3 标准。

AVS 工作组积极推动 AVS3 标准的国际化。2021 年 11 月,AVS3 标准发布 IEEE 1857.10 标准。目前正在和欧洲 DVB 组织开展合作,2021 年 9 月,DVB Steering Board 通过电子邮件确认 AVS3 标准可以被 DVB 参考,同时 AVS 知识产权政策和 DVB 的知识产权政策相符。

2.1 脉冲编码调制(PCM)

脉冲编码调制(Pulse Code Modulation,PCM)简称为脉码调制。PCM 是实现模拟信号数字化的最基本、最常用的一种方法,其任务就是把时间连续、幅度连续的模拟信号变换为时间和幅度都离散的数字信号,并按一定规律组合编码,形成 PCM 信号序列。这样的数字化过程一般有三个步骤:抽样、量化和编码。

2.1.1 抽样

1. 抽样的概念

抽样也称采样或取样,它的作用是把连续变化的模拟信号首先在时间上离散化。抽样的任务是每隔一定的时间间隔 T,抽取模拟信号的一个瞬时幅度值(称为抽样值或样值),这就把连续时间模拟信号转换成了离散时间连续幅度的抽样信号,称为脉冲幅度调制信号(PAM)。其工作过程如图 2.1.1 所示。

由图可见,将模拟信号 $x(t)$ 接到由电子开关构成的抽样门 K 上,抽样门 K 的通断由抽样脉冲 $s(t)$ 控制。抽样脉冲 $s(t)$ 每隔时间 T_s 瞬间到来一次,作用于抽样门,在 $s(t)$ 的控制下,抽样门 K 每隔时间 T_s(称为抽样周期)瞬间闭合一下,使 $x(t)$ 信号通过抽样门而输出此瞬间的信号值,我们称其为样值。而在抽样脉冲的间隔期内,抽样门断开,$x(t)$ 无信号输出。由于 $s(t)$ 每隔时间 T_s 时刻作用于抽样门一次,就使得 $x(t)$ 变成了一个个不连续的样值脉冲,在抽样门输出端就得到一个包络随 $x(t)$ 变化、样值脉冲间隔为 T_s 的脉冲序列 $x_s(t)$,从而完成使模拟信号 $x(t)$ 在时间上离散化的过程。

样值脉冲序列信号的包络线与原模拟信号波形相似,即样值信号含有原模拟信号的

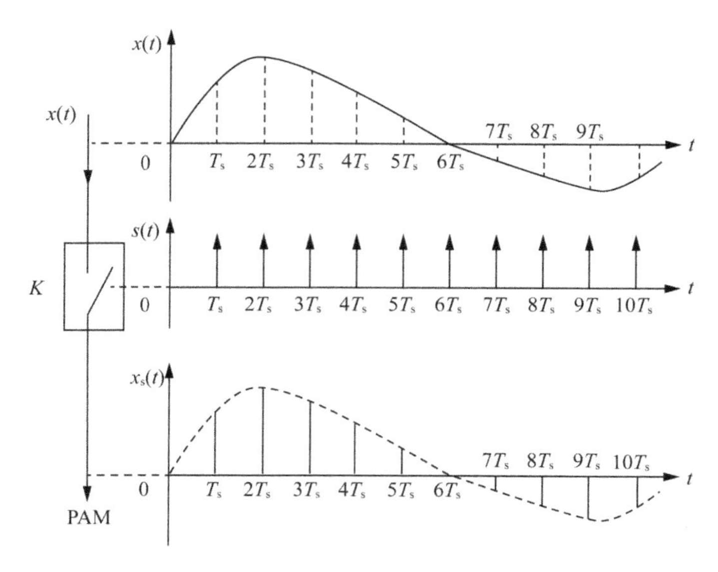

图 2.1.1　抽样过程示意图

信息。显然，抽样间隔越密，即 T_s 越小，单位时间内抽样样值数就越多，样值脉冲序列的包络就越接近原模拟信号的波形，接收端可根据样值脉冲中所含原模拟信号的信息，将原模拟信号恢复出来。

将时间间隔 T_s 称作抽样周期；T_s 的倒数称作抽样频率，用 f_s 来表示，即 $f_s=\frac{1}{T_s}$，单位为赫兹(Hz)。

抽样门输出的样值脉冲序列 $x_s(t)$ 称为脉冲幅度调制信号(PAM)，简称脉幅调制信号。PAM 信号的特点是时间上是离散的，而幅度上仍是连续的，所以仍属于模拟信号。

2. 抽样定理

从信息传输的角度考虑，对抽样的要求是在用时间离散的抽样序列来代替原来时间连续的模拟信号时，所得的样值序列中包含原信号的全部信息，根据它可以不失真地恢复出原始信号。要满足这一要求，对原始信号进行抽样的速率就必须达到一定的数值，这便是著名的奈奎斯特抽样定理所表述的主要思想。它是模拟信号数字化的理论基础，简称抽样定理。

(1) 低通型抽样定理

抽样定理指出：一个频带限制在(0～ f_H)Hz 内时间连续的信号 $x(t)$ ，如果以 $T_s \leqslant \frac{1}{2f_H}$ 的时间对其进行等间隔抽样或者其抽样频率满足

$$f_s \geqslant 2f_H \tag{2.1.1}$$

则在接收端，$x(t)$ 将被截止频率为 f_H 的理想低通滤波器完全不失真地恢复出来。

我们将最大抽样间隔 $T_s=\frac{1}{2f_H}$ 称为奈奎斯特抽样间隔；最小抽样频率 $f_s=2f_H$ 称为奈奎斯特抽样频率。

抽样定理给出了可以完全重建原信号的最小抽样频率 $f_s=2f_H$。当 $f_s<2f_H$ 时，原始信号的恢复将产生失真。不同抽样频率下理想抽样后样值信号的频谱如图 2.1.2 所示。由图可见，抽样后信号 $x_s(t)$ 的频率成分除含有原信号频谱外，还包含以 nf_s 为中心的上、下边带分量（$n=1,2,3,\cdots$，图中只给出了 $n=1$ 的情况），每一个上或下边带都包含了原模拟信号的全部信息，只是幅度有所差别。

①当 $f_s<2f_H$ 时，图中一次谐波 f_s 的下边频分量与原信号频谱的上边频分量的频谱混叠。这时即使是用理想低通滤波器也不可能不失真地取出原信号频谱，这会引起原信号高端频率失真，我们把这种干扰称作折叠（混叠）噪声。

②当 $f_s=2f_H$ 时，频谱刚好不发生重叠。一次谐波 f_s 的下限边频与原信号谐波的上限边频刚好相接。这样，用一个理想的带宽为 f_H 的低通滤波器可取出原信号频谱。

③当 $f_s>2f_H$ 时，在 $0\sim f_H$ 频带内包含了 $x(t)$ 原信号的全部信息，用一个低通滤波器就可以把 $x(t)$ 取出来，不会产生失真和干扰。频带之间的间隔称为防护频带（即滤波器防护带）。

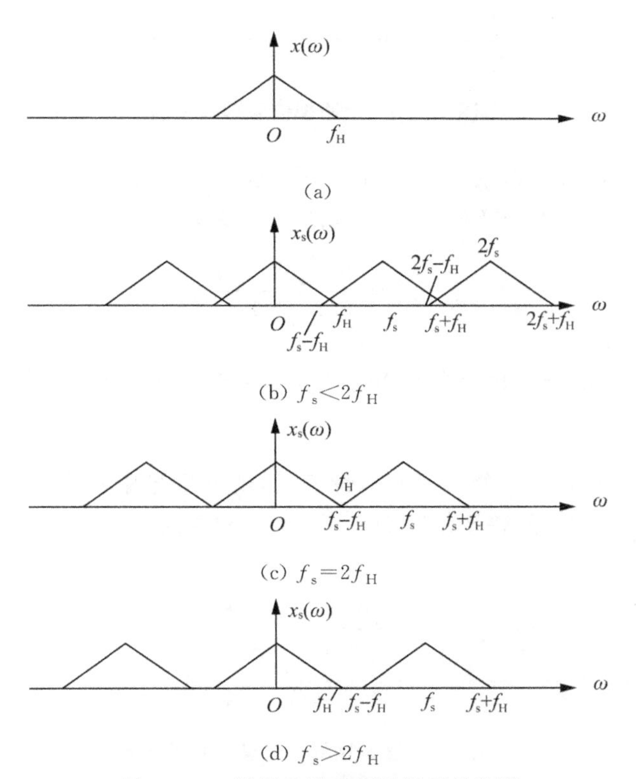

图 2.1.2　模拟信号理想抽样后的频谱

由于实际使用的滤波器都非理想滤波器，因此应选择抽样频率 $f_s>2f_H$。例如，对信号频率在 200～3 400 Hz 的话音信号，满足抽样定理的最低抽样频率 f_s 为 6 800 Hz。考虑到实际滤波器的非理想特性，需要留有一定的防护频带，实际采用 $f_s=8\ 000$ Hz，即每秒钟抽取 8 000 个样值，或 $T_s=\dfrac{1}{f_s}=125\ \mu s$，防护频带为 1 200 Hz。收信端用截止频率为

3 400 Hz 的低通滤波器就可以将样值信号重建为原模拟信号。

实际使用时，在抽样前首先用一截止频率为 f_H 的低通滤波器对原信号进行滤波，从而限制原信号的最高频率 f_H，即限制带宽，保证 $f_s>2f_H$，然后再进行抽样，以保证抽样样值信号的频谱不产生混叠。

（2）带通型抽样定理

所谓带通型信号是指频率范围被限制在 f_L 和 f_H 之间，且下限频率 f_L 较高的信号，如图 2.1.3 所示。如果抽样频率仍按照 $f_s\geqslant 2f_H$ 的原则选取，虽然可以满足无失真恢复原信号的要求，但由于下限频率 f_L 较高，在 $0\sim f_L$ 频段还有很大空隙没有被利用，造成频率资源的很大浪费。可以证明，当带通型信号的带宽 $B=f_H-f_L$，且满足 $f_L>B$ 的条件时，为有效地提高传输效率，可利用带通型抽样定理，适当降低 f_s 的取值，仍可达到重建原模拟信号的目的。

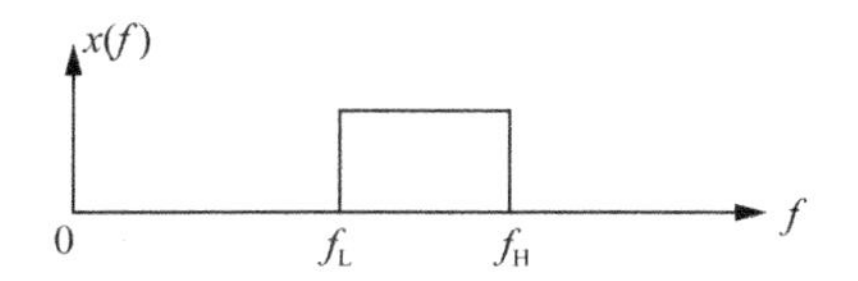

图 2.1.3　带通型信号频率范围

带通型抽样定理：设模拟信号 $x(t)$ 的频率范围限制在 f_L 至 f_H 之间，$x(t)$ 的带宽 $B=f_H-f_L$，若 $f_L>B$，则抽样频率 f_s 应满足如下关系：

$$f_s=\frac{2(f_H+f_L)}{2n+1} \tag{2.1.2}$$

式中，n 取 $\frac{f_L}{B}$ 的整数部分。收信端利用带宽为 $B=f_H-f_L$ 的带通滤波器可将 $x(t)$ 无失真地恢复出来。

如图 2.1.4 所示，对于一个给定的窄带信号，随着信号中心频率（或最低频率 f_L）的增加，其抽样频率 f_s 的极限趋于带宽 $B=f_H-f_L$ 的两倍。一般情况下，$f_s>2B$。

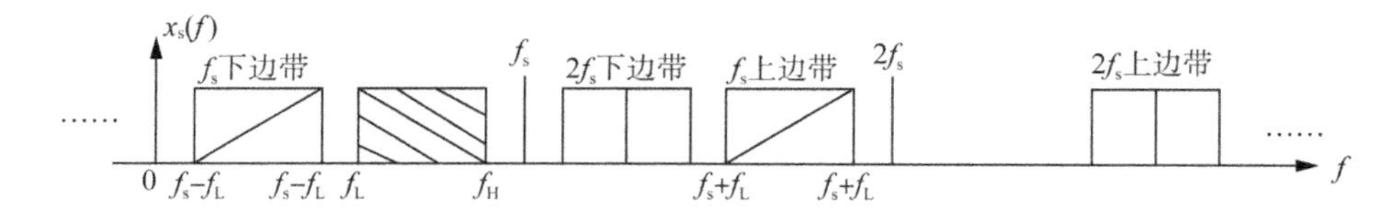

图 2.1.4　带通型抽样信号频带关系示意图

【例 2-1】试求载波 60 路超群信号（312～552 kHz）的抽样频率。

解：群路信号的带宽：$B=f_H-f_L=552\ \text{kHz}-312\ \text{kHz}=240\ \text{kHz}$

因为 $f_L>B$，所以，采用带通型抽样定理

$$n=\frac{f_L}{B}=\left[\frac{312}{240}\right]=[1.3]=1\text{，取 } n=1$$

由式(2.1.2)得 $f_s=\frac{2(f_H+f_L)}{2n+1}=\frac{2\times(312+552)}{2\times1+1}=576\ \text{kHz}$

通过上述分析讨论，抽样定理建立起了限带信号与相应的离散信号之间的内在联系，使具有时间连续的信号可减少为有限个点的信号样值序列。因而，抽样定理是模拟信号数字化、时分多路复用以及信号分析和处理等技术的理论依据。

2.1.2　量化

1. 量化的概念

PCM通信需要将模拟信号的幅度用二进制数码来表示，n 位二进制数码只能表示 2^n 个值，而抽样后的PAM信号的幅度值不是有限个，无法用有限个 n 位二进制数码表示。所以，需要将时间上已离散化的PAM信号再在幅度上离散化，这称之为量化。

量化的任务是将连续变化的PAM信号幅度用不连续的有限个值近似地表示，也就是用指定的一组规定电平中最接近的电平值来表示瞬时抽样值，它包括对信号幅度的分级和取整。分级是将PAM信号的幅度变化范围划分成若干个小间隔，每一个小间隔叫做一个量化级，每个量化级的量化值称为量化电平。取整是PAM信号落到哪个量化级中，其幅值就用代表该级的量化电平来近似地表示。相邻两个量化级的差叫做量化级差或量阶，用 Δ 表示。总划分的级数称为量化级数，用 M 来表示。

取整常用四舍五入法、舍去法。例如，幅度为 2.9 V 和 3.35 V 的抽样值，若以 0.5 V、1.5 V、2.5 V、3.5 V 等为量化电平，量化级差 Δ 为 1 V。采用四舍五入法量化后分别得到 2.5 V 和 3.5 V；采用舍去法量化后分别得到 2.5 V 和 2.5 V。采用舍去法量化的过程和波形如图 2.1.5 所示。

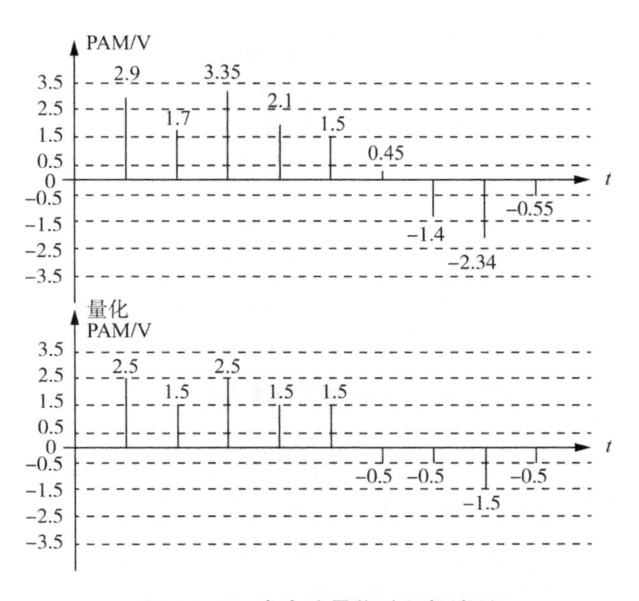

图 2.1.5　舍去法量化过程与波形

显然，不管采用哪种量化方式，量化将带来信号的失真，这是由有限的电平值代替无限信号幅值的必然结果。由量化而导致的量化值(量化电平)和原样值的差别用量化误差 δ 表示,定义 δ=量化值-原样值,它是量化器最重要的物理量之一。例如,利用四舍五入法对 2.9 V 和 3.35 V 两个样值信号量化时的量化误差分别为-0.4 V 和 0.15 V。

量化误差的影响相当于在电路中形成噪声或对信号叠加噪声,故也称作量化噪声。但量化误差与噪声是有本质的区别的。任一时刻的量化误差都可以从输入信号求出,而噪声与信号之间是没有这种关系的。可以证明,量化误差是高阶非线性失真的产物,但量化失真在信号中的表现类似于噪声,也有很宽的频谱,所以也被称为量化噪声,并用信噪比来衡量。

量化误差的大小与量化间隔 Δ 有关。当量化器的量化范围确定时,减小量化间隔 Δ,可以减小量化误差 δ,使信号失真减小。量化间隔越小,失真也越小,但显然所需要的量化级数 M 就越多,因此处理和传输就越复杂。所以,量化既要尽量减少量化级数,又要使量化失真在信号质量容许范围内。

2. 均匀量化

均匀量化也称线性量化,是指在量化范围内均匀的等分量化间隔,即相邻各量化级之间的量化级差 Δ 均相等的量化方式。如图 2.1.6(a)所示,图中横坐标 $u(t)$ 代表量化器的输入电压,即幅度为连续的模拟信号电压;纵坐标 $u_k(t)$ 代表量化器的输出电压,即量化后的电压,过零点的斜线为模拟信号电压曲线。

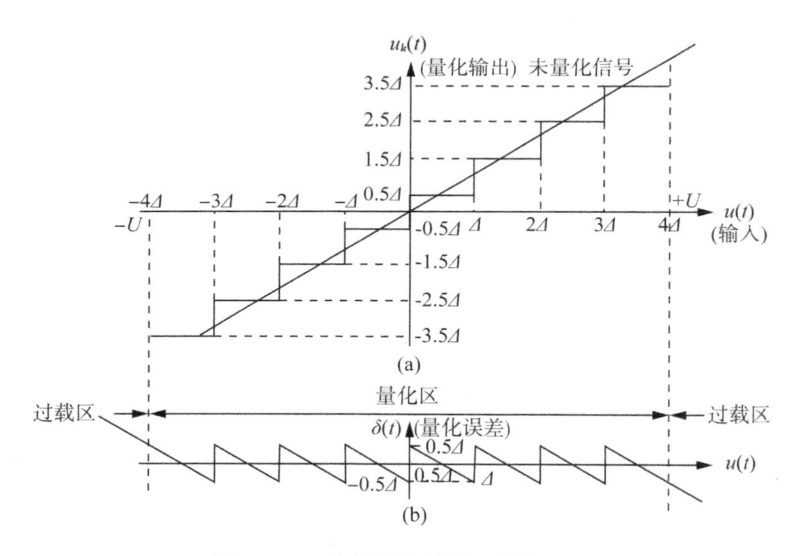

图 2.1.6 均匀量化特性及量化误差

在均匀量化中,通常以每个量化间隔的中点电平值作为量化电平,以减少量化误差。图中输入电压幅度在 $u(t)=0\sim\Delta$ 时,输出电压均量化为 $u_k(t)=0.5\Delta$,幅度在 $u(t)=\Delta\sim2\Delta$ 的输入电压均量化为 $u_k(t)=1.5\Delta$,…。实际常在发信端采用舍去法量化,收信端再补上半个量化级差,这样做电路实现比较方便。

均匀量化情况下量化误差与输入电压的关系曲线如图 2.1.6(b)所示。当输入信号幅度在 $-4\Delta\sim+4\Delta$ 范围内时,量化器工作在量化区(或称为工作区)内,量化误差的绝对值都不

会超过 $\frac{\Delta}{2}$，这一范围称为量化的未过载区，在未过载区产生的噪声称为未过载量化噪声。

当输入信号幅度 $u(t)>4\Delta$ 或 $u(t)<-4\Delta$ 时，均按量化电平 $\pm3.5\Delta$ 量化输出，量化误差超过 $\frac{\Delta}{2}$，且随输入信号绝对值的增大而线性增大，即输入信号的增加将全部转化为误差。因此，将 $|u(t)|>4\Delta$ 的区域称为量化的过载区，$|u(t)|\leqslant 4\Delta$ 的区域称为量化的工作区。显然，工作区中的量化误差 $\delta(t)\leqslant\pm\frac{\Delta}{2}$，且分布是大致均匀的。在量化过载区产生的量化误差 $\delta(t)>\pm\frac{\Delta}{2}$，且 $|u(t)|$ 越大，量化误差也越大。在量化过载区产生的噪声称为过载量化噪声。

量化会产生误差，这种误差对收信者的影响相当于干扰和噪声，所以，量化误差也称量化噪声。通信中噪声对通信质量的影响常用有用信号功率与噪声功率的比值的对数（即信噪比）来衡量。量化性能用量化信噪比表示，定义为模拟输入信号功率与量化噪声功率之比，简称为信噪比（Signal Noise Ratio，SNR），常以 dB 为单位。信噪比是量化器的主要指标之一。

$$\left(\frac{S}{N}\right)_{\mathrm{dB}}=10\lg\left(\frac{S}{N}\right) \tag{2.1.3}$$

通信工程中常用正弦信号作为测试信号来测量通信系统的信噪比（SNR）。正弦信号的量化信噪比表示为

$$\left(\frac{S}{N}\right)_{\mathrm{dB}}\approx 20\lg\frac{U_{\mathrm{p-p}}}{U}+6n+1.76 \tag{2.1.4}$$

式中，$U_{\mathrm{p-p}}$ 为正弦信号峰峰值，即有用信号的峰值幅度；U 为临界过载电压。量化器工作区内 $U_{\mathrm{p-p}}\leqslant U$。由式（2.1.4）分析得到：

（1）量化信噪比与量化比特数 n 成正比。n 每增大或减小 1 bit，信噪比相应变化 6 dB。这是因为 n 越大，量化级数越多，量化间隔就越小，所引起的量化噪声也越小，量化信噪比就越高。

（2）有用信号幅度 $U_{\mathrm{p-p}}$ 越小，量化信噪比越低，即大信号时信噪比大，小信号时信噪比小。这是因为在均匀量化时，各量化级差 Δ 均是相等的，不论是大信号还是小信号，其最大量化误差均为 $\frac{\Delta}{2}$。如量化级数 $M=8$，量化级差 $\Delta=1$ V。对于幅度在 $-4\sim+4$ V 之间变化的信号，其最大量化误差 $\frac{\Delta}{2}=0.5$ V，是信号幅度的 1/16；而对于幅度在 $-0.5\sim+0.5$ V 之间变化的小信号，其最大量化误差仍为 0.5 V，但却是信号幅度的 1/2，误差高达 50%，当然信噪比就小了。

（3）当 $U_{\mathrm{p-p}}=U$ 时，量化信噪比达到非过载量化的最大值，即 $\left(\frac{S}{N}\right)_{\mathrm{dBmax}}\approx 6n+1.76$。当 $U_{\mathrm{p-p}}>U$ 时，将产生过载失真。

(4) 我们把满足一定量化信噪比要求的输入信号取值范围(信号动态范围)定义为量化器的动态范围。实际常以此来确定 n 的取值。式(2.1.4)中,$20\lg\frac{U_{\text{p-p}}}{U}$ 表示信号变化的动态范围,此时 $U_{\text{p-p}}$ 表示有用信号的最小幅度,U 表示有用信号的最大幅度。例如,为保证通信质量,要求在信号动态范围达到 40 dB 时,保证信噪比 $\left(\frac{S}{N}\right)_{\text{dB}}\geqslant 26$ dB。应用式(2.1.4),$-40+6n+1.76\geqslant 26$,解得 $n=11$ 时可满足要求。

由上述分析可知,均匀量化方式会造成大信号时信噪比有余而小信号时信噪比不足的缺点,这使得信号的动态范围受到较大的限制。所以,均匀量化应用在信号的动态范围小且较均匀的场合,如遥测、遥控、仪表等方面。声音信号的动态范围大,小信号出现的概率相当高,因此,均匀量化对语音通信非常不利,应寻求其他量化方式。

3. 非均匀量化

(1) 非均匀量化

非均匀量化也称非线性量化。非均匀量化是对大小信号采用不同的量化级差,即在量化时对大信号采用大量化级差,对小信号采用小量化级差,这样就可以保证在量化级数 M 不变的条件下,提高小信号的量化信噪比,从而扩大了输入信号的动态范围,使量化信噪比在小信号到大信号的整个动态范围内基本一致,并达到信噪比的要求。所以,非均匀量化是以降低大信号的信噪比为代价来提高小信号的信噪比。

一种非均匀量化特性如图 2.1.7 所示。输入信号在 $-4\Delta\sim4\Delta$ 范围变化,其中 Δ 为常数,其数值视实际而定。图中只给出了输入信号幅值为正时的量化特性,幅值为负时的量化特性与图 2.1.7 原点对称。量化级数 $M=8$,幅值为正时,有四个量化级差。

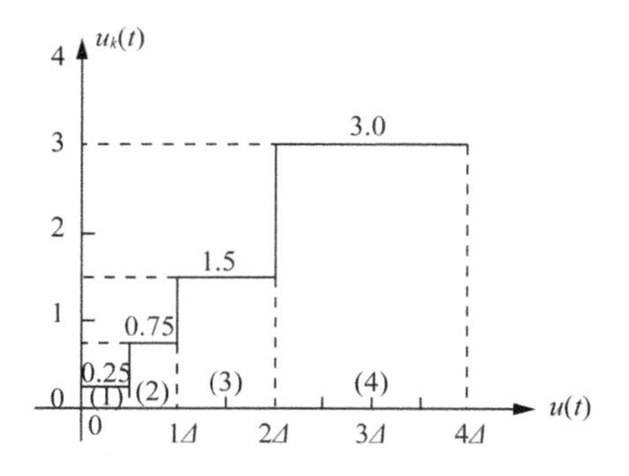

图 2.1.7　非均匀量化特性

由图可见,在靠近原点的(1)(2)两级量化间隔最小且相等($\Delta_1=\Delta_2=0.5\Delta$),其量化值取量化间隔的中间值,分别为 0.25 和 0.75;以后量化间隔以 2 倍的关系递增。所以满足信号电平越小,量化间隔也越小的要求。

(2) 非均匀量化的压缩扩张特性

非均匀量化的实现办法之一是将待量化的信号(样值信号)先送入所谓压缩器进行压缩处理后再进行均匀量化。在接收端,通过与压缩器特性相反的扩张器进行处理。只要压缩和扩张特性恰好相反,压扩过程就不会引起失真,如图 2.1.8 所示。

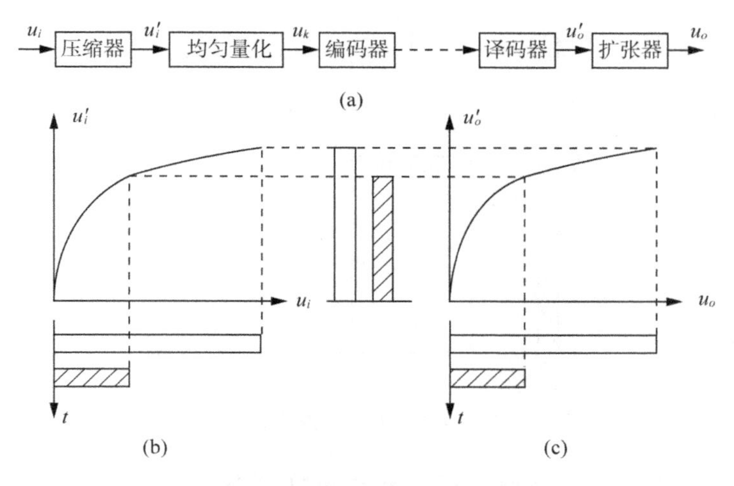

图 2.1.8 压缩扩张原理示意图

①压缩特性

在编码之前，先对小信号加以放大，而对大信号放大能力相对较小，甚至不放大，然后再进行均匀量化及编码，完成上述任务的器件叫压缩器。压缩器对信号的压缩特性可用图 2.1.8(b)来表示。

压缩特性呈非线性变化关系。当输入信号较大时，对应压缩特性曲线的缓慢变化区，放大器增益小，输入输出信号幅度变化不大；当输入信号较小时，对应压缩特性曲线斜率较大的上升区，放大器增益较大。信号越小，对应的压缩特性曲线斜率越大，放大器增益越大，使输出信号幅度明显变大。然后再送去均匀量化。由于大幅提高了小信号的幅度，小信号变成了大信号，这就使得小信号的量化误差相对减小，小信号的信噪比明显提高。小信号幅度提高后，信号的动态范围被压缩了(范围小了)，小信号、大信号的信噪比趋于一致，就可以满足系统对信噪比的要求。

②扩张特性

显然，发端经过压缩器输出的信号是失真的。所以，接收端要采用一个与压缩特性相反的器件将原信号恢复出来。为了重建原信号幅度的比例关系，接收端扩张器的特性如图 2.1.8(c)所示。解码后，对接收到的小信号增益小，大信号增益大，即扩张特性与压缩器的特性恰好相反。

上述非均匀量化过程表明，样值信号先经非线性压缩再经均匀量化后输出，其综合结果是非均匀量化输出信号的量化级差是均匀的，但由于压缩器的压缩特性的非线性，使其对应的输入信号间隔是不均匀的，如图 2.1.9 所示。图中非均匀量化曲线②是均匀量化与压缩特性曲线①相结合的结果。

纵坐标为均匀量化输出，按均匀量化要求分成 M 等份，量化级差同为 Δ。图中 0.5Δ、1.5Δ、2.5Δ 表示各量化级，量化级的中间值 Δ、2Δ、3Δ 等代表均匀量化器输出的量化电平。横坐标表示输入样值信号 $u_i(t)$，由各量化级与压缩特性曲线的交点 a、b、c、d 分别与输入信号 u_1、u_2、u_3、u_4 对应，这表示：当样值信号 $u_i(t)$在 $u_1 \sim u_2$ 时，经压缩后输出的信号在 $0.5\Delta \sim 1.5\Delta$ 间，并送至均匀量化器，此量化器按中间值 Δ 量化输出；同样地，

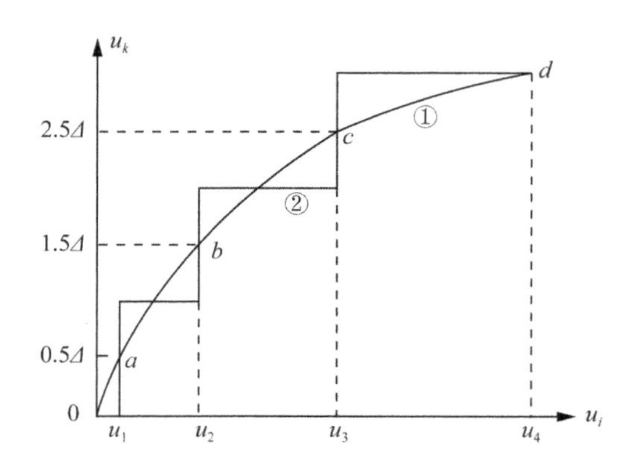

图 2.1.9　非均匀量化特性

u_i 在 $u_3 \sim u_4$ 间变化时，按 3Δ 量化输出。可以看出，各输入样值信号间隔并不均匀相等，所以压缩器与均匀量化合起来组成非均匀量化。

因此，压扩法的非均匀量化可叙述为：输出信号量化间隔 Δ 是均匀的，而对应的输入信号间隔 Δu 是不均匀的（小信号间隔小，大信号间隔大）。后面介绍的非均匀量化方法就是以此为依据的。

（3）A 律压扩特性

对于语音电话通信，国际电报电话咨询委员会（CCITT）对 PCM 通信的压缩特性建议采用两种方案：一种是 13 折线逼近的 A 律对数压扩特性（$A=87.6$），简称 A 律特性；另一种是 15 折线逼近的 μ 律对数压扩特性（$\mu=255$），简称 μ 律特性。A 律特性用于欧洲、中国等 30/32PCM 基群中，而 μ 律特性主要用于美国、加拿大和日本等 PCM－24 路基群中。

所谓 A 律压扩特性是指压缩特性具有如下关系的压缩率：

$$y=\begin{cases}\dfrac{Ax}{1+\ln A}, 0<x\leqslant\dfrac{1}{A}\\[2ex]\dfrac{1+\ln Ax}{1+\ln A}, \dfrac{1}{A}<x\leqslant 1\end{cases} \tag{2.1.5}$$

式中，$x=\dfrac{u_{\mathrm{i}}}{U_{\mathrm{m}}}$，$y=\dfrac{u_{\mathrm{o}}}{U_{\mathrm{m}}}$ 为压缩器归一化值；u_{i}、u_{o} 分别为压缩器输入、输出电压；U_{m} 为信号电压的最大值；A 为压扩系数，表示压缩的程度。

由式（2.1.5）可见，当 $A=1$ 时，$y=x(0\leqslant x\leqslant 1)$，无压缩，即为均匀量化；当 $A\neq 1$ 时，对于小信号 $\left(0<x\leqslant\dfrac{1}{A}\right)$，当 A 一定时，输出与输入呈线性关系；对于大信号 $\left(\dfrac{1}{A}<x\leqslant 1\right)$，则呈非线性关系，即对数关系。当 $A>1$ 时，随着 A 的加大，其压扩特性的非线性越显著，同时线性范围也越小，且压扩特性在小信号处斜率越大，因而对小信号的信噪比改善量也越大，如图 2.1.10 所示。显然，为改善小信号的信噪比，A 值应取得大一些，究竟 A 值取多大，还应根据量化的精度（即码位数）和便于用数字电路实现来综合考虑。在实际使用的 PCM 通信中，A 值取 87.6。

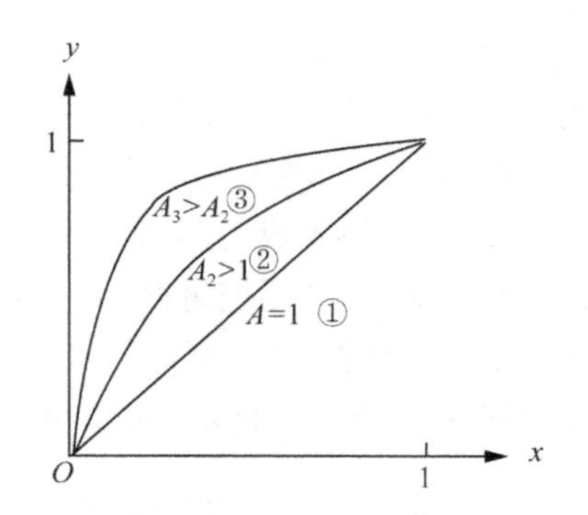

图 2.1.10 压扩系数 A 与压扩特性的关系

(4) A 律 13 折线压扩特性的实现

按式(2.1.5)所得到的 A 律压扩特性将是连续曲线，在电路上实现这样的函数规律是相当复杂的。实际应用中，往往都采用近似于 A 律函数规律的 13 折线($A=87.6$)的压扩特性。这样，它基本上保持了连续压扩特性曲线的优点，又便于用数字电路实现。

A 律 13 折线压扩特性如图 2.1.11 所示。在直角坐标系中，x、y 为归一化输入、输出信号，其变化范围在 $-1\sim+1$ 之间。先把 x 轴的 $0\sim1$ 之间的值按 1/2 递减规律分为不均匀的 8 段，其分段点为 1、1/2、1/4、1/8、1/16、1/32、1/64、1/128、0。这 8 段依次定义为⑧、⑦、…、②、①段。

再把 y 轴的 $0\sim1$ 之间的值均匀地分成 8 段，其分段点为 1、7/8、6/8、5/8、4/8、3/8、2/8、1/8、0。将 y 轴的 8 段分别与 x 轴的 8 段一一对应，就可以作出由 8 段直线构成的一条折线，该折线和 A 律($A=87.6$)压扩特性近似。

由图 2.1.11 可见，①、②两段在 x、y 轴上的间隔相同，所以①、②两段斜率 $k=\dfrac{\Delta y}{\Delta x}$ 相同，折线合成一条直线。第Ⅰ象限的量化特性由 7 段不同斜率的折线组成，各段斜率如表 2.1.1 所示。

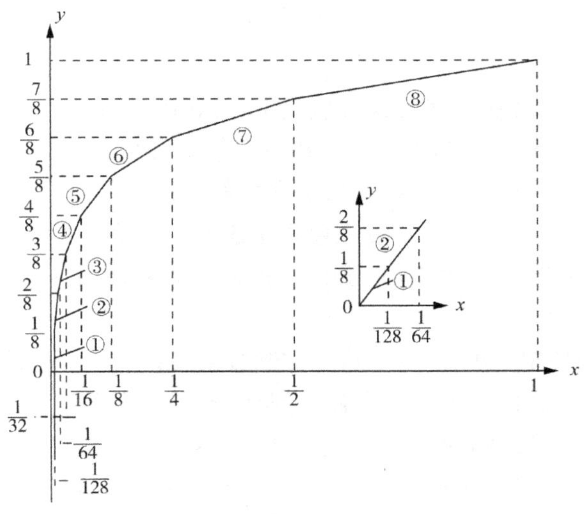

图 2.1.11 A 律 13 折线压扩特性

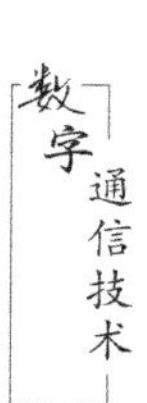

当输入信号 x 和 y 在第Ⅲ象限时，同理可推出其压扩特性与以上讨论的第Ⅰ象限的形状以原点奇对称(为了简便，第Ⅲ象限的折线没画出)。所以，在第Ⅲ象限也形成 7 段以原点对称的折线。再考虑到第Ⅰ象限①、②两段和第Ⅲ象限①、②两段的斜率相同，实为一条直线，故压扩特性总共由 13 条直线段构成，称其为 13 折线。

在 x、y 轴上各分为两个 8 段的基础上，再把每段均匀划分为 16 等份，每一份表示一个量化级。这样，x、y 轴上其总的量化级数均为 $M=2\times8\times16=256$ 级。由于 y 轴为均匀量化，故量化间隔相同。而 x 轴为非均匀量化，不同段落上的量化间隔不同，最小量化间隔位于第①、②段，其大小为 $\Delta=\frac{1}{128}\times\frac{1}{16}=\frac{1}{2\ 048}$，最大量化间隔位于第⑧段，其大小为 $\frac{1}{2}\times\frac{1}{16}=\frac{1}{32}=64\Delta$，我们把 Δ 称为一个量化单位。各段量化间隔如表 2.1.1 所示，因此，在信号区间(0,1)和(−1,0)内各包括 2 048 个量化单位。

表 2.1.1　13 折线各段量化间隔、斜率及量化信噪比的改善量

段落	①	②	③	④	⑤	⑥	⑦	⑧
量化间隔	Δ	Δ	2Δ	4Δ	8Δ	16Δ	32Δ	64Δ
斜率	16	16	8	4	2	1	1/2	1/4
量化信噪比的改善量/dB	24	24	18	12	6	0	−6	−12

输入信号 x 在区间(0,1)和(−1,0)内均有 $8\times16=128$ 个量化级，第①、②段的量化间隔为 $\Delta=\frac{1}{128}\times\frac{1}{16}=\frac{1}{2\ 048}$，即量化间隔为均匀量化时的 1/16，等于增加了 4 位码。这样，小信号的量化信噪比提高 24 dB。第⑧段的量化间隔为 $\frac{1}{32}=\frac{1}{128}\times4$，等于减少了 2 位码，大信号的量化信噪比下降 12 dB。显然，小信号量化信噪比的改善是以牺牲大信号量化信噪比换来的。

2.1.3　编码

经过抽样、量化后的模拟信号已经离散化了，得到量化的 PAM(脉冲幅度调制)信号，这是一种多电平脉冲信号，共有 M 个电平状态。当 M 比较大时，如果直接传输 M 进制的信号，其抗噪声性能将会很差。因此，通常在发射端通过编码器把量化后的 PAM 信号转换成一组二进制代码来传送，这一过程就称为编码。编码后所形成的二进制脉冲信号就是 PCM 信号。而在接收端再将接收到的二进制代码还原为 M 进制信号，这一过程称为译码。

由二进制数字码的定义可知，每一位二进制数字码只能表示两种状态之一，用数字表示为“1”或“0”。n 位二进制代码则可能有 2^n 种组合，其中每种组合称为一个码组或码字。因此，由 n 位二进制代码编码的码组可表示 2^n 个不同的量化电平。n 即是码组的长度(简称码长或字长)。例如，有 8 个量化级，那么可用 3 位二进制代码来表示，并称 3 比特量化。8 比特量化则可表示 256 个量化级，即编码每个样值所需要的二进制代码的位数为 8 比特。n 与量化级数 M 有如下关系：

$$M=2^n \text{ 或 } n=\log_2 M \tag{2.1.6}$$

编码前首先要确定：每一样值的编码位数 n；量化间隔的划分原则；每一组代码与各量化间隔相对应的规则。当编码位数为 n 时，量化级数为 2^n 。n 越大，量化级数越多，即对信号的分层越密，量化误差越小，则通信的质量就越高，但传输码率也越高，通信设备的复杂程度也越高。因此，n 应视通信需求折中选择。对于量化间隔的划分原则有均匀与非均匀两种，与之对应的编码分别称为线性编码和非线性编码。

1. 常用二进制编码码型

二进制码具有很好的抗噪声性能，并易于再生，因此 PCM 中一般采用二进制码，常用的码型有自然二进制码（NBC）、折叠二进制码（FBC）和格雷码（RBC）。例如，将一个幅度为－4～＋4 V 范围内变化的信号经量化分为 8 个量化级，量化电平分别对应为－3.5、－2.5、－1.5、…、＋3.5，然后将量化值用 3 位二进制代码编码。上述 3 种码型的二进制码组如表 2.1.2 所示。

表 2.1.2 常用的 3 位二进制码组

量化电平（量化值）	取值范围	自然二进制码	折叠二进制码	格雷码
		a3a2a1	b3b2b1	c3c2c1
－3.5	－4～－3	000	011	000
－2.5	－3～－2	001	010	001
－1.5	－2～－1	010	001	011
－0.5	－1～0	011	000	010
＋0.5	0～＋1	100	100	110
＋1.5	＋1～＋2	101	101	111
＋2.5	＋2～＋3	110	110	101
＋3.5	＋3～＋4	111	111	100

由表 2.1.2 可以看出：

自然二进制码的编码和二进制数一一对应，符合二进制数的进位规律。它是权重码，每一位都有确定的大小，从最高位到最低位依次为 2^n，2^{n-1}，…，2^2，2^1，2^0，可以直接进行大小比较和算术运算。自然二进制码可以直接由数/模转换器转换成模拟信号。

折叠二进制码的特点是除去最高位后，其余各位码沿中心电平折叠对称，故名为折叠二进制码。它的最高位上半部分全为“0”，下半部分全为“1”。这种码特别适合用于双极性信号，如语音信号、色度信号等。用最高位表示信号的正、负极性，称为极性码，而用其余的码表示信号幅度的绝对值，称为幅度码或电平码。显然，只要正、负极性信号的绝对值相同，则可进行相同的编码。如＋2.5 和－2.5 的幅度码均为“10”。因此，折叠二进制码用第一位码表示极性后，双极性信号可以采用单极性编码方法，即信号幅度大小按自然二进制编码，这就大大简化了编码的过程。

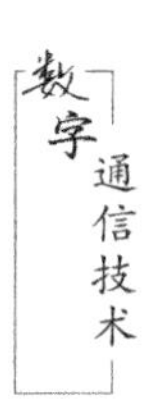

折叠二进制码的另一个特点是对大信号时的误码影响大,对小信号时的误码影响小。例如,传输 8 个量化级的折叠二进制码,假设将大信号 111 误传为 011,对于自然二进制码解码后的幅度误差为 4 个量化级,而对于折叠二进制码的幅度误差为 7 个量化级。由此可见,大信号误码对折叠码影响很大。但如果是将小信号 000 误传为 100,对于自然二进制码误差为 4 个量化级,而对于折叠二进制码误差为 1 个量化级。这对于语音信号是十分有利的,因为语音信号中小信号出现的概率较大,从平均影响的角度看,折叠二进制码仍比自然二进制码的错码误差小,所以在语音信号 PCM 系统中大多采用折叠二进制码。如 A 律 13 折线 PCM30/32 路设备即采用折叠二进制码。

用折叠二进制码进行编码的波形图如图 2.1.12 所示。

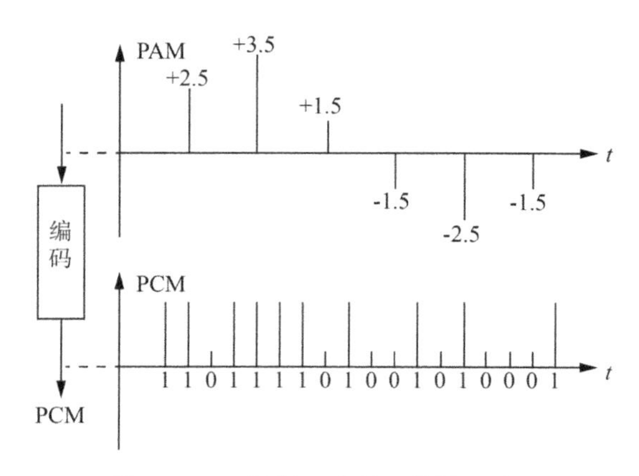

图 2.1.12　折叠二进制码的编码波形

格雷码又称循环二进制码,这种码的特点是任何相邻码变换时只有一位码发生变化,故可减少尖峰脉冲干扰。

格雷码与自然二进制码相比较,自然二进制码与二进制数相对应,是权重码,每一位码有确定的大小,可直接进行大小比较或算术运算,便于直接编码和解码。但在某些情况下,如从十进制的 3 转换为 4 时,自然二进制码由 011 变换为 100,由于每一位码都要发生电平改变,而使数字电路产生很大的尖峰电流脉冲。格雷码则没有这一缺点,它在相邻电平间转换时,只有一位码发生变化。但格雷码不是权重码,每一位码没有确定的大小,不能直接进行大小比较或算术运算,也不能直接转换成模拟信号,中间需要再经过一次码型变换才能还原成自然二进制码。

综上所述,PCM 原理是由抽样、量化、编码三个步骤构成的,从通信中的调制概念看,可以认为 PCM 编码过程是模拟信号调制一个二进制脉冲序列的过程,载波为脉冲序列,调制改变脉冲序列的有无或“1”“0”,所以称其为脉冲编码调制,其功能是完成模/数(A/D)转换,实现模拟信号的数字化。

实际上量化是在编码过程中同时完成的,故编码过程也称为模/数变换,记作 A/D 变换。只要给编码器输入抽样脉冲信号(PAM 信号),它就能依次完成量化与编码任务,输出一个按预定码型编码的 PCM 信号。

2. A 律 13 折线量化编码方法

前面已说明，A 律 13 折线在输入信号归一化范围(−1～1)分为 16 个不均匀的段，共划分了 256 个量化级，故编码需要 8 比特码位。采用折叠二进制码型。

(1) 码位的安排

极性码	幅度码	
	段落码	段内码
X_1	$X_2X_3X_4$	$X_5X_6X_7X_8$

A 律 13 折线有正负对称的 16 个非均匀量化段(x 轴方向)，正负各 8 段。由折叠二进制码的规律可知，对于两个极性不同，但绝对值相同的样值信号，用折叠二进制码表示时，除极性码不同外，其余几位幅度码是完全一样的。因此在编码过程中，编码器在判断出信号的极性后，幅度码是以样值信号的绝对值进行量化和编码的。这样只要考虑 13 折线中对应于正输入信号的 8 段折线即可。

①X_1——极性码。代表信号的正、负极性。$X_1=1$，表示信号>0；$X_1=0$，表示信号<0。

②$X_2X_3X_4$——段落码。编码为 000～111，共有 8 种组合，分别表示对应的 8 段，即第①段至第⑧段，也表示样值信号所在段落的起始值(起始电平)。具体划分如表 2.1.3 及图 2.1.11 所示。

③$X_5X_6X_7X_8$——段内电平码(段内码)。编码为 0000～1111，共有 16 种组合，表示每段的 16 个分级。代表样值信号的大小位于某大段落 16 个小段中哪一个小段落内。段内电平码具体分法如表 2.1.4 所示。

$X_2\sim X_8$ 七位码表示样值信号幅度的大小，称为幅度码。

表 2.1.3 段落码码位的安排

段落序号	段落码 $X_2X_3X_4$	段落序号	段落码 $X_2X_3X_4$
⑧	111	④	011
⑦	110	③	010
⑥	101	②	001
⑤	100	①	000

表 2.1.4 段内码码位的安排

段内序号	段内码 $X_5X_6X_7X_8$	段内序号	段内码 $X_5X_6X_7X_8$
16	1111	12	1011
15	1110	11	1010
14	1101	10	1001
13	1100	9	1000

续表

段内序号	段内码 $X_5X_6X_7X_8$	段内序号	段内码 $X_5X_6X_7X_8$
8	0111	4	0011
7	0110	3	0010
6	0101	2	0001
5	0100	1	0000

(2) 各折线段与其对应的电平关系

将 $x=\frac{u_i}{U_m}$ 归一化幅度从 1 到 0 按 1/2 递减规律分成 8 段，再将每一段均匀分成 16 小段。为便于使用，通常将 x 轴数值以最小的量化间隔 Δ 为单位来标注，在 $x=1$ 处标为 $2\,048\Delta$，在 $x=1/2$ 处标为 $1\,024\Delta$……依此类推。可以计算出 A 律 13 折线各段的起始电平、电平范围和各段落内量化间隔 δ_i，如图 2.1.13 及表 2.1.5 所示。同样，将 y 轴上每一大段也相应地均分成 16 小段，每一小段的量化间隔为 Δy。

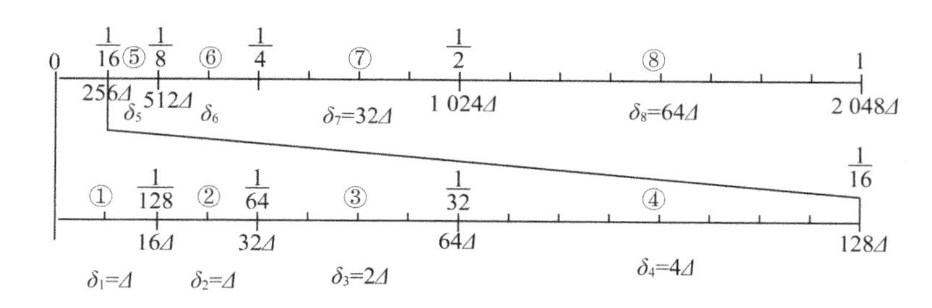

图 2.1.13　A 律 13 折线各段起始电平及量化间隔

表 2.1.5　A 律 13 折线各段落与其对应的电平关系

段落序号	电平范围(Δ)	起始电平(Δ)	量化间隔(Δ)	段落码 $X_2X_3X_4$
⑧	1 024～2 048	1 024	64	111
⑦	512～1 024	512	32	110
⑥	256～512	256	16	101
⑤	128～256	128	8	100
④	64～128	64	4	011
③	32～64	32	2	010
②	16～32	16	1	001
①	0～16	0	1	000

(3) 分段直接编码方法

编码步骤：

①在编码前，首先确定最小量化间隔 Δ。当给出量化过载值 U_{m} 时，$\Delta=\frac{U_{\mathrm{m}}}{2\,048}$($U_{\mathrm{m}}$ 为

量化范围最大值)。

②判断样值信号的正负极性,确定极性码 X_1。输入信号为正时 $X_1=1$,输入信号为负时 $X_1=0$。

③根据样值信号大小,利用表 2.1.5 确定该样值位于哪个段落范围,从而确定段落码 $X_2X_3X_4$。

④根据样值信号大小,确定位于大段落内的哪个小段范围。用样值信号减去该段的起始电平,再除以该段的量化间隔 δ_i,就得到样值信号在该段内 16 个小段中哪一小段,利用表 2.1.4 即可确定段内电平码 $X_5X_6X_7X_8$。量化采用舍去法。

【例 2-2】已知某量化器的量化过载值为±2 048 mV,试将取样后+1 000 mV 样值编码为 8 位 PCM 码。

解:(1) 计算最小量化间隔

$$\Delta=\frac{U_m}{2\ 048}=\frac{2\ 048}{2\ 048}=1\ \text{mV}$$

(2) 判断样值信号的极性,确定 X_1

样值信号为+1 000 mV, $X_1=1$

(3) 确定段落码 $X_2X_3X_4$

由 $\Delta=1$ mV,得 1 000 mV=1 000Δ

段落范围在 512Δ~1 024Δ 间,属第⑦大段内。所以, $X_2X_3X_4=110$

(4) 确定段内码 $X_5X_6X_7X_8$

先找出该段的量化间隔及起始电平,再求出样值信号在该段内 16 小段的哪一小段,即可编码。

第⑦大段量化间隔 $\delta_7=32\Delta$,起始电平为 512Δ,

(1 000Δ−512Δ)÷32Δ=15.25>15

所以,在第 16 小段,段内码 $X_5X_6X_7X_8=1111$

(5) 编码:8 位码 $X_1\sim X_8$ 为 11101111。

(6) 验证:

$X_1=1$——代表样值信号为正极性

$X_2X_3X_4=110$——第⑦大段,电平范围为 512Δ~1 024Δ,包括 1 000Δ

$X_5X_6X_7X_8=1111$——第⑦大段第 16 小段的电平范围为(512Δ+15×32Δ)~(512Δ+16×32Δ)=992Δ~1 024Δ,包括 1 000Δ。

由此例可得出,凡在 992Δ~1 024Δ 间的信号电平均编码为 1101111(不含极性码),即只要达到 992Δ 而未达到 1 024Δ 的样值信号均按 992Δ 编码,这说明量化与编码同时进行,量化采用舍去法。

在收信端还原时再补上半个量化级差,此例:在接收端解码时为 $992\Delta+\frac{\delta_7}{2}=992\Delta+16\Delta=1\ 008\Delta$,量化误差为 1 008Δ−1 000Δ=8Δ。

【例 2-3】采用 A 律 13 折线编码,设最小量化间隔为 1 个量化单位,已知抽样脉冲值为−95 个量化单位。试求此时编码器输出码组,并计算量化误差。

解：(1) 确定极性码。已知样值信号为-95Δ，极性码 $X_1=0$。

(2) 确定段落码。95Δ 在段落范围 $64\Delta \sim 128\Delta$ 内，属第④大段。所以，段落码 $X_2X_3X_4=011$。

(3) 确定段内码。第④大段量化间隔 $\delta_4=4\Delta$，起始电平为 64Δ，

$(95\Delta-64\Delta)\div 4\Delta=7.75$

所以，在第 8 小段，段内码 $X_5X_6X_7X_8=0111$

(4) 编码器输出码组为 00110111

第④大段第 8 小段的电平范围为$(64\Delta+7\times 4\Delta)\sim(64\Delta+8\times 4\Delta)=92\Delta\sim 96\Delta$，编码电平为 92Δ。接收端解码时自动补上半个量化间隔，解码后电平为 $92\Delta+\dfrac{\delta_4}{2}=92\Delta+2\Delta=94\Delta$，量化误差为 $94\Delta-95\Delta=-\Delta$。

2.1.4 解码与滤波

经过脉冲编码调制后的数字信号，在接收端还需将 PCM 信号序列再还原为模拟信号，这一过程称为 D/A 转换。脉冲编码调制通信系统由发送端的 A/D 转换、接收端的 D/A 转换及信道组成，如图 2.1.14 所示。

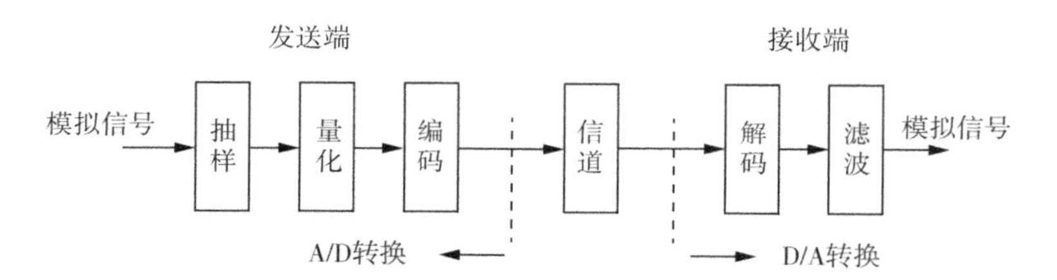

图 2.1.14 脉冲编码调制通信系统组成

在发送端经过抽样、量化、编码将原始模拟信号 A/D 转换为 PCM 数字信号，由信道传输到接收端，再经过解码、滤波、D/A 转换恢复出原模拟信号。

解码又称为译码，它是编码的逆过程，用于恢复原始的数字信号。在 PCM 系统中，解码将 PCM 信号还原为量化 PAM 信号。在接收端，由于在信道传输过程中加性噪声的侵入，因此首先要对噪声干扰的波形进行检测和再生，再现干净的 PCM 信号，然后由解码器将代码还原为量化 PAM 脉冲信号。

解码后的 PAM 信号在时间上是离散的脉冲，如图 2.1.15(b)所示，其包络与原始模拟信号波形极为相似，即信号中包含了原始模拟信号的信息。所以要还原出原始模拟信号，只要滤除掉离散脉冲中的谐波分量，取出其基波分量，也即完成了模拟信号的重建。低通滤波器就是用来完成这一任务的。PCM 信号经过解码和低通滤波后恢复原始模拟信号的波形示意图如图 2.1.15 所示。

需要说明的是，接收端的输出信号 $f'(t)$ 与发送端的输入信号 $f(t)$ 是有差别的，这种失真的产生并非解码造成的，而是由发送端在量化过程中引起的量化误差带来的。因此，在 PCM 通信中，即使传输过程中没有噪声的介入，接收端输出的信号 $f'(t)$ 也不会完全地再现原信号 $f(t)$。当然，这种失真一定是在通信质量允许的范围之内的。

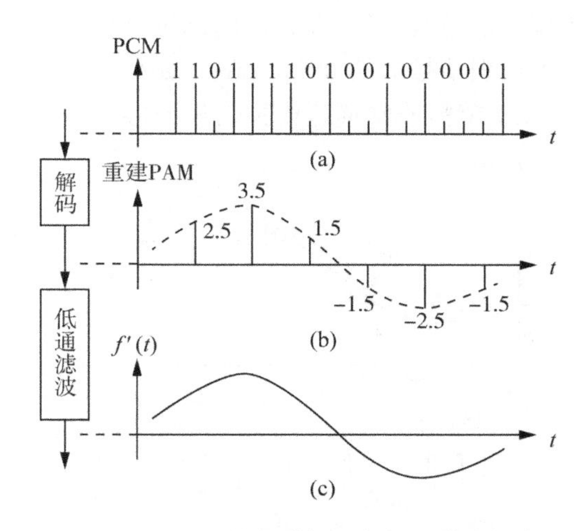

图 2.1.15 PCM 信号的解码与低通滤波示意图

2.2 增量调制(ΔM)

增量调制(Delta Modulation,DM 或 ΔM 调制)是在 PCM 方式的基础上发展起来的另一种模拟信号数字传输的方法,可以看成 PCM 的特例。在 PCM 系统中,为了得到二进制数字序列,每个抽样量化值用一个码组(码字)表示其大小。码长一般为 7 位或 8 位,码长越大,可表示的量化级数越多,但编、解码设备就越复杂。与 PCM 方式不同,ΔM 系统将模拟信号变换成仅有一位二进制码组成的数字信号序列,来表示相邻样值信号的相对大小。通过相邻抽样值的相对变化来反映模拟信号的变化规律。

2.2.1 增量调制(ΔM)的基本原理

ΔM 调制的基本思想是用一个与输入信号近似的阶梯波去逼近输入信号波形,它将输入信号瞬时值与前一个抽样时刻的量化值之差进行量化,而且只对这个差值的正负进行编码,而不对差值的大小进行编码。所以量化只限于正和负两个电平,编码只要用一位二进制码就可表示这两种状态。若差值为正,则编码为“1”;若差值为负,则编码为“0”。因此数码“1”和“0”只是表示信号相对于前一时刻的增减,不代表信号本身的大小。可见,增量调制更确切地说,应是增量编码。

ΔM 调制方法可通过图 2.2.1 来说明。设 $x(t)$ 为模拟输入信号,Δt 为抽样间隔,Δ 为量化间隔也称量阶,$x'(t)$ 为阶梯波。将现在抽样时刻的信号值 $x(t_i)$ 与前一时刻信号的近似值(即阶梯波形的取值) $x'(t_{i-1})$ 相比较,若 $x(t_i) > x'(t_{i-1})$,即模拟信号的变化斜率为正时,则输出信号值 $x'(t_i)$ 上升一个量阶 Δ,并在抽样间隔内保持不变,ΔM 调制器输出增量码“1”码;若 $x(t_i) < x'(t_{i-1})$,即模拟信号的变化斜率为负时,则输出信号值 $x'(t_i)$ 下降一个量阶 Δ,并在抽样间隔内保持不变,输出增量码“0”码;当下一个抽样时刻到来时,再将当前信号值 $x(t_{i+1})$ 与前一个信号值的近似值 $x'(t_i)$ 作比较,这样,依次比较下去,就产生了一个逼近模拟信号 $x(t)$ 的阶梯波形信号 $x'(t)$ 。ΔM 调制器输出一

串二进制码序列，从而实现了模/数转换。而这里的二进制代码“1”和“0”只是表示信号相对于前一时刻的增减，而不代表信号值的大小。显然，如果抽样间隔 Δt 和量化间隔 Δ（量阶）都足够小，则阶梯波 $x'(t)$ 就能非常逼近模拟信号波形。

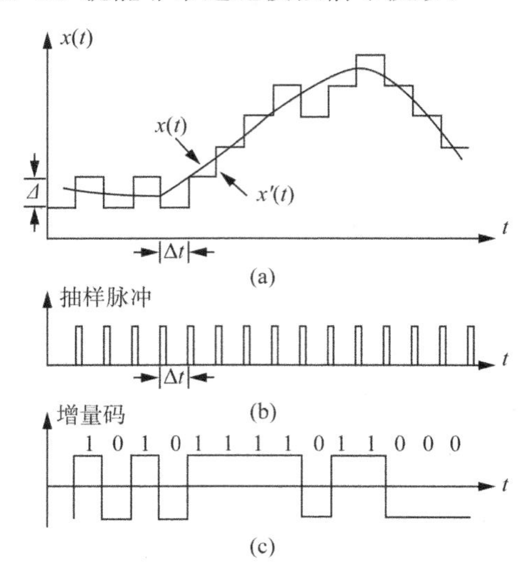

图 2.2.1　ΔM 调制基本原理示意图

同样，在接收端，每收到一个“1”码，译码器的输出相对于前一个时刻的值上升一个量阶；每收到一个“0”码就下降一个量阶。当收到连“1”码时，表示信号幅度连续增长；当收到连“0”码时，表示信号幅度连续下降。译码器的输出再经过低通滤波器滤除量化误差的高频成分，从而恢复原信号。只要抽样频率足够高，量化间隔 Δ 足够小，接收端恢复出的信号与原信号就非常接近，量化噪声可以很小。

2.2.2　简单增量调制

1. 简单增量调制编解码器

简单增量调制编解码器主要有相减器、比较判决器、积分器和低通滤波器等组成（如图 2.2.2 所示）。相减器将当前时刻的输入信号样值与前一个抽样信号的近似值相减，用来实现相邻样值信号的比较，产生一个差值信号 $e(t)$。比较判决器则在定时（抽样）脉冲到来时，对差值 $e(t)$ 进行判决，当 $e(t)>0$ 时，判决器输出“1”码，否则输出“0”码，这就使调制器输出二进制脉冲序列 $x_0(t)$。积分器具有累加作用，从每一次输出的增量码的累加中获得 $x(t)$ 信号前一个样值的近似值 $\hat{x}(t)$，也即近似地恢复前一个样值（解码），因此也称本地译码器。它和接收端的解码器原理完全相同。积分器的输出波形并不是阶梯波形，而是由积分电容充放电所形成的锯齿波。但因 Δt 时间内充放电电压 $\Delta E=\Delta$，故在所有抽样时刻 t_i 上锯齿波形与阶梯波形有完全相同的值，所以将调制器输出的脉冲序列 $x_0(t)$ 变换为与模拟信号近似的锯齿波 $\hat{x}(t)$，送入相减器与输入的当前样值进行比较。波形如图 2.2.3 所示。

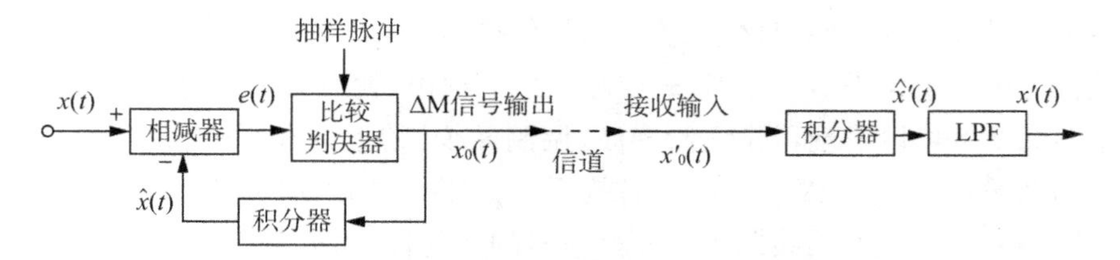

图 2.2.2　简单增量调制编解码器原理框图

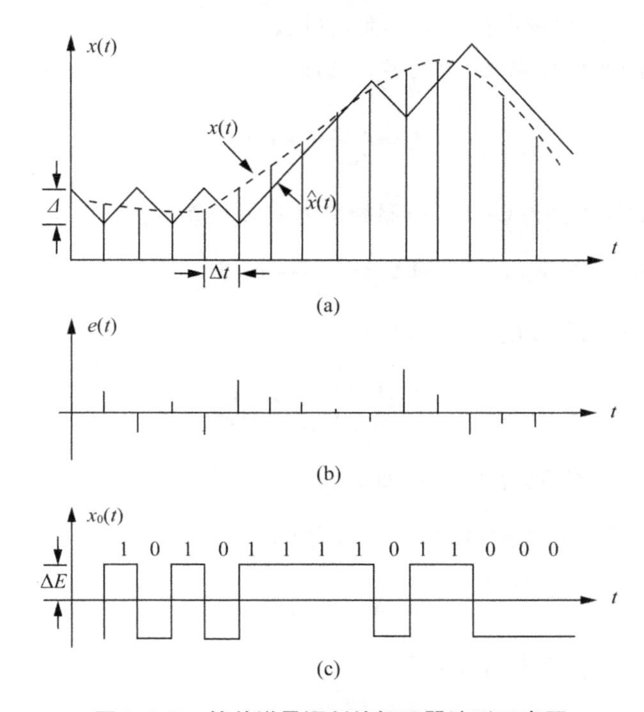

图 2.2.3　简单增量调制编解码器波形示意图

接收端接收的 $x'_0(t)$ 是经过信道传输叠加了噪声的脉冲序列，$x'_0(t)$ 经过积分器解码得到与模拟信号相似的锯齿波 $\hat{x}'(t)$，再经低通滤波器滤除量化误差的高频成分，得到与 $x(t)$ 接近的模拟信号 $x'(t)$ 。

2. 增量调制的量化噪声

由以上讨论可以看出，ΔM 是按固定量阶 Δ 来量化的(增减一个 Δ 值)，因而也必然存在量化噪声问题。量化噪声可以表示为：$e(t)=x(t)-\hat{x}(t)$，可分为三种类型，如图 2.2.4。

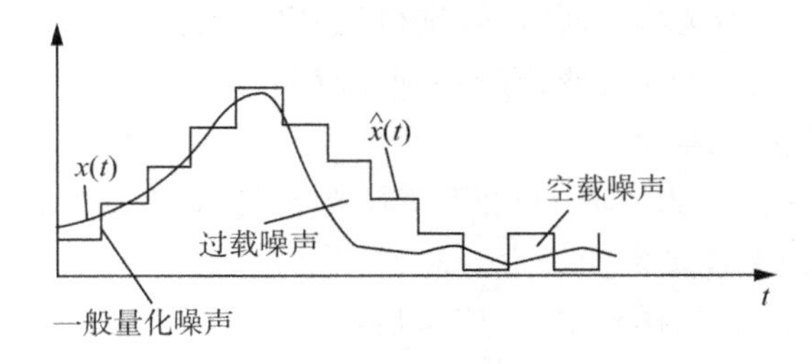

图 2.2.4　ΔM 调制的量化噪声

当模拟信号波形的斜率变化不是很快，量化噪声将在$-\Delta \sim +\Delta$范围内随机变化，这种噪声被称为一般量化噪声。显然，若要减小量化噪声，就应减小量阶电压Δ。

观察图2.2.4可以发现，$\hat{x}(t)$阶梯波(调制曲线)的上升和下降斜率是一个定值，只要量阶Δ和抽样时间间隔Δt给定，它们就不变。那么，如果模拟信号$x(t)$的变化率超过$\hat{x}(t)$波的斜率，则调制曲线跟不上原始信号的变化，从而造成较大误差，我们把这种因调制曲线跟不上原始信号变化的现象叫做过载现象，由此产生的波形失真或者信号误差叫做过载噪声。这时量化噪声往往会大大超过Δ。

由于$\hat{x}(t)$调制曲线每隔Δt时间增长Δ，因此其最大可能的斜率

$$k=\frac{\Delta}{\Delta t}=\Delta \cdot f_s \tag{2.2.1}$$

式中，k为解码器的最大跟踪斜率。当原始信号实际斜率超过这个最大跟踪斜率时，就会产生过载噪声，而模拟信号$x(t)$的斜率为$\frac{\mathrm{d}x(t)}{\mathrm{d}t}$。为了不发生过载噪声，必须使信号的最大可能斜率小于调制曲线的斜率k，即有

$$\left|\frac{\mathrm{d}x(t)}{\mathrm{d}t}\right|_{\max} \leqslant \frac{\Delta}{\Delta t} \tag{2.2.2}$$

此式称为无过载失真条件。例如，当输入是单音频信号$x(t)=A\cos\omega t$时，$\left|\frac{\mathrm{d}x(t)}{\mathrm{d}t}\right|_{\max}=A\omega$，若满足无过载失真条件，则要求：

$$A\omega \leqslant \Delta f_s \tag{2.2.3}$$

在临界情况下，过载最大输入电压：

$$A_{\max}=\frac{\Delta f_s}{2\pi f} \tag{2.2.4}$$

式(2.2.4)说明，原始信号所允许的最大幅度与Δf_s成正比，与原始信号的频率f成反比。因此，为了不发生过载现象，必须使抽样频率f_s和量阶Δ的乘积达到一定的数值，以使信号实际斜率不超过这个数值，通常通过增大f_s来实现。因为，如果无过载噪声发生，则模拟信号与阶梯波形之间的误差就是一般的量化噪声。显然Δ取得大，量化失真就大，Δ取得小，量化失真就小，所以采用大的Δ虽然能减小过载噪声，但却增大了一般量化噪声。因此，Δ值应适当选取。而将f_s选得足够高，既能减小过载噪声，又能降低一般量化噪声，从而使ΔM系统的量化噪声减小到给定的容许数值。一般ΔM系统中的f_s要比PCM系统的抽样频率高得多。

【例2-4】如果测试信号为800 Hz的音频，要求在$A/\Delta=20$时不产生过载失真，则ΔM系统的最低抽样频率是多少？

解：由式(2.2.3)得知，抽样频率f_s应满足：

$$f_s \geqslant 2\pi f A/\Delta = 2\pi \times 800\ \mathrm{Hz} \times 20 \approx 100.5\ \mathrm{kHz}$$

可见，ΔM 系统抽样频率要比奈奎斯特抽样频率(2×800)高得多，此例中约为 PCM 系统的 63 倍。

另外，当模拟信号 $x(t)$ 幅度变化范围在不超过 $\pm\Delta/2$ 的区域内时，简单 ΔM 系统编码器输出“1”和“0”交替变化的脉冲序列，如图 2.2.4 所示，不会真实地反映信号的变化，称之为空载噪声。

3. ΔM 调制与 PCM 系统性能比较

在忽略系统误码率及信道传输速率相同的条件下，设信号频率 $f=1\text{ kHz}$，低通滤波器的截止频率 $f_L=3\text{ kHz}$，这时 ΔM 调制与 PCM 系统性能比较曲线如图 2.2.5 所示。由图可以看出，在相同的传输速率下，若 PCM 系统编码位数 $n<4$，则它的量化信噪比不如 ΔM 系统好；若 $n>4$，则 PCM 的量化信噪比将超过 ΔM 系统，且随着 n 的增大，PCM 的量化信噪比性能越来越好。

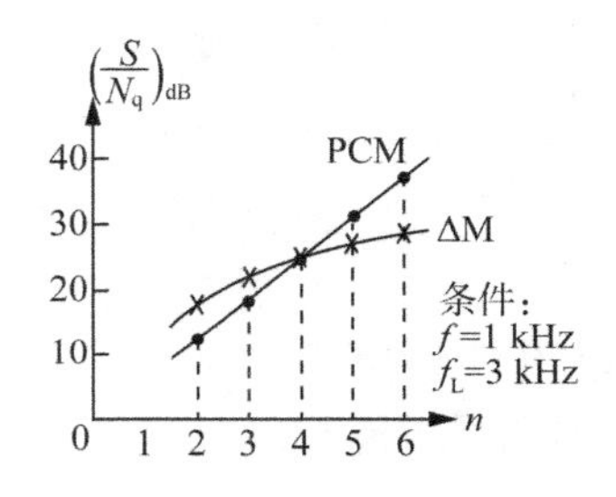

图 2.2.5 忽略系统误码率的 PCM 与 ΔM 性能比较

ΔM 调制与 PCM 系统相比有如下特点：

①在传输速率较低的情况下，ΔM 调制的量化信噪比高于 PCM 系统。

②ΔM 调制抗误码性能好。因为一个码元代表一个量阶，所以一个比特出错，误差只有一个量阶 Δ，误码影响小，可工作在误码率为 $10^{-2}\sim10^{-3}$ 的信道；而 PCM 系统的误码影响要严重得多，尤其是高位码，错一位最多可造成 50%幅度的误差，一般要求系统误码率为 $10^{-4}\sim10^{-6}$。

③ΔM 调制通常采用单纯的比较器和积分器做编译码器，设备简单，单路应用不需收发同步，但多路应用时，每路需一套调制解调器。PCM 系统单路时需同步系统，且编译码复杂；多路应用时，不需增加太多设备。因此，ΔM 系统一般用于通信容量不大、通信质量要求不高、通信设备制作简单的场合。

2.2.3 总和增量调制($\Delta-\sum M$)

由以上对 ΔM 调制系统的分析可知，一个实际的简单增量调制系统的量化级差 Δ 固定不变，会限制其动态范围，从而对于频率高、波形变化快的信号或频率低、波形变化缓慢平直的信号均会造成较大的量化噪声，丢失不少信息。总和增量调制($\Delta-\sum M$)技术解决了这一问题。

总和增量调制是一种改进的增量调制，其基本思想是对输入的模拟信号 $x(t)$ 先进行一次积分，改变信号的变化性质，使 $x(t)$ 波形中原来急剧变化的部分变得缓慢，而原来变化平直的部分变得比较陡峭，从而使信号更适合于增量调制，然后再进行简单增量调制。这样就可以改善简单增量调制中易出现过载噪声和空载噪声的问题。总和增量调制原理框图如图 2.2.6 所示。

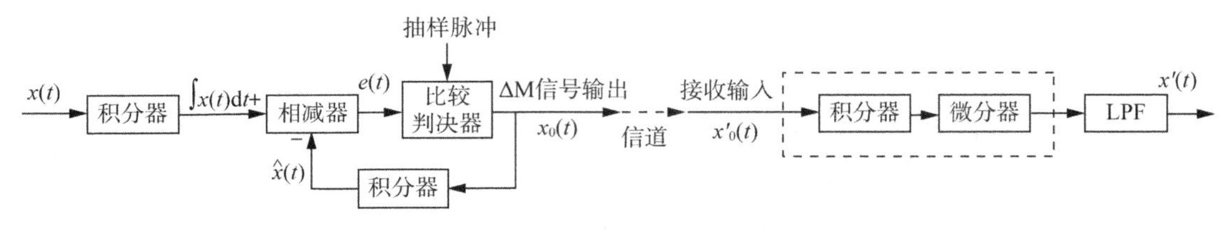

图 2.2.6　总和增量调制原理框图

由于在 Δ－ΣM 系统中，输入信号 $x(t)$ 先经过积分器，然后再进行增量调制，这时送入相减器的信号为 $\int x(t)\mathrm{d}t$ 。因此，Δ－ΣM 系统不发生斜率过载的条件应为

$$\left|\frac{\mathrm{d}\left[\int x(t)\mathrm{d}t\right]}{\mathrm{d}t}\right|_{\max} = |x(t)|_{\max} \leqslant \Delta f_s \tag{2.2.5}$$

为了与 ΔM 系统比较，仍以单音频信号为例，输入信号 $x(t)=A\cos\omega t$ 。若要求 Δ－ΣM 系统不发生过载现象，则必须满足：

$$|x(t)|_{\max} = A \leqslant \Delta \cdot f_s \tag{2.2.6}$$

从过载特性来看，由式(2.2.4)可知，ΔM 系统无过载失真条件 $A_{\max}$ 与信号频率 f 有关，$A_{\max}$ 随 f 增大而减小，此时信噪比也将减小。而在 Δ－ΣM 系统中，由式(2.2.6)可知，Δ－ΣM 系统无过载失真条件与信号频率 f 无关，这意味着在满足式(2.2.6)的条件下，信号频率的高低不影响系统的信噪比。

由于 Δ－ΣM 系统在发送端对输入信号先积分再进行增量调制，因此在接收端解调以后要再增加一级微分器，以便恢复出原信号。而接收端解码器的积分器和微分器的作用相互抵消，所以，在 Δ－ΣM 系统的接收端只需要一个低通滤波器就可以恢复出原信号。

2.3　差值脉冲编码调制

差值脉冲编码调制(Differential Pulse Code Modulation，DPCM)是一种综合了增量调制 ΔM 和脉冲编码调制 PCM 两者特点的编码方式，所以被简称为脉码增量调制，或称差值脉码调制。这种编码方式的主要特点是把增量值分为 M 个等级，然后把 M 个不同等级的增量值编为 n 位二进制代码($M=2^n$)再送到信道传输。因此，它兼有增量调制和 PCM 两者的特点。如果 $n=1$，则 $M=2$，这就是增量调制了。它与 ΔM 的区别是：ΔM 系统是用一位二进制码表示增量，而在 DPCM 中是用 n 位二进制码表示增量；它与 PCM 的区别是：PCM 系统是对信号抽样值进行量化编码，而 DPCM 是对信号抽样值与信号预测值的差值进行量化编码。所以说，它是综合了 PCM 和 ΔM 两者特点的一种编码方式。

根据对语音、图像信号的大量统计，大多数情况下信号相邻的样值变化不大，我们称信号之间有相关性。DPCM 就是利用信号前后的相关性，根据过去信号的样值，预测当前信号的样值，然后将当前样值与预测值之差（这个差值被叫作预测误差）进行量化编码。利用所知道的某时刻以前信号的表现来推断它以后的数值，这个过程称为“预测”。最简单的 DPCM 编码是用当前样值减去前一个样值（预测值），对其差值进行量化、编码、传输的方式，称为前值预测编码。DPCM 编解码原理框图如图 2.3.1 所示。

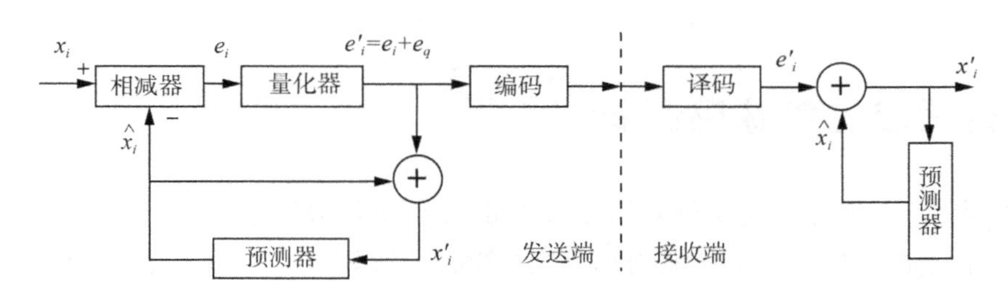

图 2.3.1 DPCM 编解码原理框图

由图 2.3.1 可知，在收发两端均设有预测器和加法器，预测器用来产生编码信号样值的预测值。在前值预测编解码器中，预测器是一个延迟寄存器，延迟时间为一个抽样间隔 T_s。在发送端 t_i 时刻，相减器输出当前样值 x_i 与预测值 $\hat{x}_i$（即延时 T_s 输出的前一个样值）的差值 e_i（$e_i=x_i-\hat{x}_i$）。由于量化会产生量化误差 e_q 叠加到 e_i 上，因此量化器输出 $e'_i=e_i+e_q$。e'_i 分两路输出，一路经编码器编码后送信道传输；另一路与预测器（延时寄存器）输出的预测值 $\hat{x}_i$ 在加法器相加恢复出当前样值 x'_i（$e'_i+\hat{x}_i=e_q+e_i+\hat{x}_i=e_q+x_i=x'_i$，$x'_i$ 为 t_i 时刻含有量化误差的样值），送延迟寄存器暂存，等下一个样值 x_{i+1} 到来时作为预测值 $\hat{x}_{i+1}$ 输出。在接收端，可看出加法器与预测器组成解码器，其预测器与发送端预测器相同，接收到的差值信号 e'_i 与预测器输出的预测值 $\hat{x}_i$ 相加可恢复出这一时刻的样值 x'_i。

接收端解码器输出的样值（或发送端加法器恢复出的样值）x'_i 与原样值 x_i 之间存在误差，这个误差是由发送端量化器的量化过程引起的，且仅由本次量化的误差所决定。由图 2.3.1 所示，接收端解码器输出 $x'_i=\hat{x}_i+e'_i$，则在接收端恢复出的信号样值 x'_i 与发送端输入的原信号样值 x_i 之间的误差为：

$$x'_i-x_i=(\hat{x}_i+e'_i)-x_i=e'_i-(x_i-\hat{x}_i)=e'_i-e_i=e_q \tag{2.3.1}$$

式(2.3.1)说明：

(1) 在 t_i 时刻的解码器输出样值与编码器输入样值之间的误差只与 t_i 时刻的量化误差 e_q 有关，而与以前时刻的误差无关，即 DPCM 系统不产生量化误差的积累。

(2) DPCM 系统中的误差来源于发送端的量化器，接收端解码没有产生误差，也没有误差叠加，这就很好地保证了信号的接收质量。

由于预测越精确，当前样值与预测值的差就越小，编码效果就越好，因此在实际应用中预测器的设计是根据信号的统计相关性及主观评价标准从不同的最佳预测函数运算出来的，其复杂程度由预测精度要求兼顾简单、经济等因素来确定。

由于 DPCM 是对样值的差值进行量化编码，而差值信号的幅度范围要远小于样值本身的幅度,因此可以用较少的比特位数对差值信号进行编码。实践证明,经过 DPCM 调制的信号,其传输速率比 PCM 大大减小,相应要求的系统传输带宽也大大降低了,这就有效地去除了多余信息,达到了码率压缩、提高传输效率的目的。另外,在传输速率相同的条件下,DPCM 比 PCM 信噪比改善了 14～17 dB。与 ΔM 相比,由于它增加了量化级,因此在改善量化噪声方面优于 ΔM 系统。DPCM 的缺点是抗传输噪声的能力差,即在抑制信道噪声方面不如 ΔM。因此,DPCM 很少被独立使用,一般要结合其他的编码方法使用。

2.4 自适应差值脉码调制

为了保证大动态范围变化信号的传输质量,使得所传输信号实现最佳的传输性能,对 DPCM 采用自适应处理,即在差值脉码调制(DPCM)的基础上,再采用自适应量化和自适应预测技术,把它称为自适应差值脉码调制(Adaptive Differential Pulse Code Modulation,ADPCM)或自适应脉码增量调制。ADPCM 是一种效率较高、音质良好的压缩编码技术。

2.4.1 自适应量化

自适应量化使量化器的量化级差跟随输入信号幅度的变化做出自动调整,即用小的量化级差去编码小的差值,使用大的量化级差去编码大的差值,使不同大小的信号平均量化误差最小,从而提高信噪比。现在常用的实现自适应量化的方法有两种:一是由输入信号幅度估计信号的大小来控制量化器的量化级差进行自动调整,这种方法称为前向(前馈)自适应量化;二是根据量化器的输出或编码后的信码来估计输入样值信号的大小,实时改变其量化级差以适应输入信号的变化,这种方法称为后向(反馈)自适应量化。

2.4.2 自适应预测

在 DPCM 系统中,一般都采用固定预测器,即预测器中的预测模式及各参数是根据信息的长时间统计特性求得的一组固定参数值,所以从性质上讲为“时不变系统”。为了得到更好的压缩效果和信号质量,必须使预测系统的形式及其参数能够跟随信号变化的统计规律而自动调整,即把预测系统做成一个“时变”系统。自适应预测的“时变”是相对的,一般取很短的时间视为不变,然后每隔一个短时间求出一组预测参数。经过这种处理的预测值就会更逼近该时间间隔的信号样值,从而提高预测信号的精度,愈加减少差值信号的相关性,实现进一步提高系统信噪比和扩大动态范围的目的。

通过把自适应技术和差分脉冲编码调制结合起来,大大提高了 ADPCM 系统的信噪比、扩大了动态范围,从而提高了系统性能。ADPCM 系统与 PCM 相比,降低了码元传输速率、减小了压缩传输带宽,从而增加了通信容量。例如,ADPCM 可在 32 Kb/s 的比特率上达到 64 Kb/s 的 PCM 数字电话质量要求,其传输效率提高了一倍,且 ADPCM 是语音压缩编码中复杂度较低的一种算法。因此,CCITT 推荐的 G. 721 建议采用 32 Kb/s 的 ADPCM 为长途传输中的一种国际通用的语音编码方法。

由于 ADPCM 的预测参数不再固定不变，因此也称为非线性预测编码，DPCM 属于线性预测编码。

2.5 语音压缩编码简介

语音压缩编码方法归纳起来可以分为三大类：波形编码、参数编码和混合编码。

波形编码是对语音信号波形进行编码，接收端解码恢复原语音信号波形。这种编码方法简单，重建语音质量好，通用性好，适用于各种类型的数字声音，但数据压缩率不高。常用编码如脉冲编码调制（PCM）、自适应增量调制（ADM）、自适应脉冲编码增量调制（ADPCM）等都属于此类，它们能在 16～64 Kb/s 的速率上获得比较满意的语音质量。

参数编码分析人的发声器官的结构及语音生成的原理，构建语音信号生成的物理（数学）模型，提取描述语音信号的特征参数，对参数进行编码；解码时根据语音生成模型，使用这些参数重新合成一个新的语音信号，使合成语音信号听起来与原语音相似，如图 2.5.1 所示。合成语音信号的波形与原始语音信号的波形可能会有较大差别。参数编码的优点是编码速率可以很低，但合成的语音的自然度较差，编码复杂度高。如通道声码器、共振峰声码器以及线性预测声码器（LPC）都属于这一类。

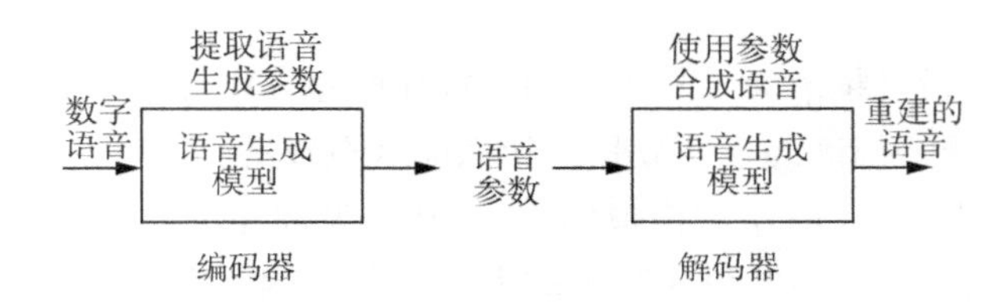

图 2.5.1　参数编码编解码器示意图

由参数编码与波形编码相结合的混合编码既包括若干语音特征参量，又包括部分波形编码信息。这种方法克服了原有波形编码与参数编码的弱点，并且结合了波形编码的高质量和参数编码的低速率，取得了较好的效果。

表 2.5.1　几种音频压缩编码算法及应用

	算法	名称	数码率	标准	应用范围	语音质量
波形编码	PCM	脉冲编码调制	64 Kbit/s	G.711	公用电话 ISDN	4.3
	ADPCM	自适应差值脉码调制	32 Kbit/s	G.721		4.1
	SB—ADPCM	子带一自适应差值脉码调制	64 Kbit/s	G.722		4.5
参量编码	LPC	线性预测编码	2.4 Kbit/s	—	保密话音	2.5
混合编码	CELPC	码激励 LPC	—	—	移动通信 语音信箱	3.0
	RPE—LTP	规则脉冲激励长时预测 LPC	13 Kbit/s	GSM		3.8
	LD—CELP	低延时码激励 LPC	16 Kbit/s	G.728	ISDN	4.0
声音编码	MPEG	子带　感知编码	128 Kbit/s	MPEG	CD	5.0

【重点拓扑】

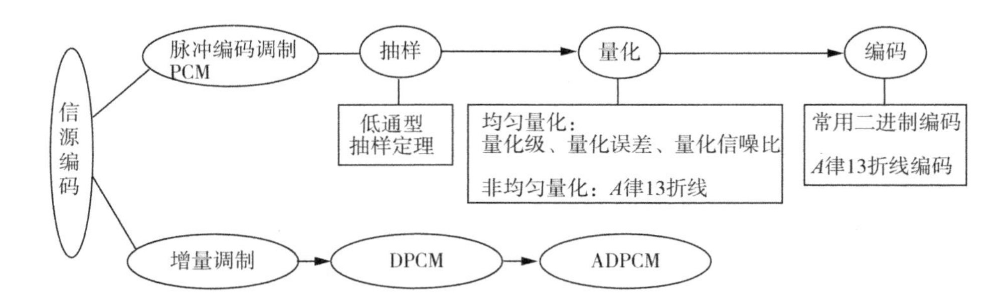

【基础训练】

1. 模拟信号数字化要经过哪几个过程？

2. 信源编码的任务是什么？

3. 简述 PCM 和 PAM 的主要区别。PCM 信号和 PAM 信号分别属于什么类型的信号？

4. 对载波基群信号(频谱为 60～108 kHz)，其抽样频率等于多少？

5. 简述抽样信号的频谱混叠一般是由什么原因造成的。

6. 一频率范围为 2～6 kHz 的模拟信号，求其满足抽样定理时的抽样频率。

7. 什么叫量化、量化噪声？量化噪声的大小与哪些因素有关？

8. 什么叫均匀量化？均匀量化的主要优缺点是什么？

9. 对模拟信号按一定规律进行量化编码时，量化级数、量化级差、量化误差、量化比特数、传输速率、占用频带宽度之间有何关系？

10. 对于 $n=10$ bit 的均匀量化，要求信噪比不低于 26 dB，问允许的信号动态范围是多少？

11. 对于均匀量化编码，信号幅度减小 50%，信噪比变化多少？量化级差减小 50%，信噪比变化多少？

12. 非均匀量化与均匀量化有什么区别？数字语音通信为什么通常采用非均匀量化？

13. A 律 13 折线压扩特性 PCM 编码的位数是几位？是怎样分配用途的？采用什么码型？

14. 已知取样脉冲的幅度为 $+137\Delta$，试按 A 律 13 折线压扩特性进行 PCM 编码，并计算接收端的量化误差。

15. 已知编码器编码范围为 $-1\ 024\sim+1\ 024$ mV，其抽样值为 -190 mV，试按 A 律 13 折线进行 PCM 编码。

16. 简述增量调制的基本原理。

17. 在 ΔM 系统中，不发生过载失真现象的条件是什么？

18. 测试频率为 1 kHz 的音频信号，要求在 $A/\Delta=20$ 时不产生过载失真，求 ΔM 系统的最低抽样频率。

19. 简述 PCM 和 ΔM 的主要区别。

20. DPCM 与 PCM 的异同点是什么？DPCM 与 ΔM 的区别是什么？

21. 简述 ΔM、DPCM 和 ADPCM 的异同点。

【技能实训】

技能实训 2.1　抽样定理和脉冲幅度调制

技能实训 2.2　PCM 编译码

技能实训 2.3　增量调制(ΔM)编译码

模块三

数字复接技术

【教学目标】

知识目标：

1. 掌握频分多路复用和时分多路复用的基本原理、特点及应用；
2. 了解 PCM30/32 基群帧结构及复接原理；
3. 了解常用多址通信方式；
4. 掌握数字复接方式的基本原理，同步复接与异步复接的特点与应用；
5. 了解码速变换的概念。

能力目标：

1. 掌握各种多路复用、复接的方式；熟悉计算复接系统帧结构的路时隙、位时隙、帧周期、话路的速率和数码率；
2. 会分析时分多路系统中各路间的时隙关系、实际串话现象。

教学重点：

1. 频分多路复用和时分多路复用的基本原理及特点；
2. PCM30/32 路帧结构及计算；
3. 数字复接方式的基本原理，同步复接与异步复接的特点与应用。

教学难点：

1. 数字复接的基本概念；
2. 数字复接的方式与方法；
3. 正码速变换。

早期的通信，无论是电话还是电报，一对线路只能传送一路电信号，这种单路传送方式对信道的利用造成很大的浪费，又给通信带来极大的不便。为了提高通信系统的有效性，即提高信道利用率，在现代通信系统中广泛地采用多路复用技术。

在数字通信中，复用技术的使用极大地提高了信道的传输效率，得到了广泛的应用。多路复用技术就是在发送端将来自不同信息源的多路信号，按某种方式进行合并，然后在一条专用物理信道上实现传输，接收端再从复合信号中按相应方式分离出各路信号。

3.1 多路通信概述

多路复用是指在一个共同的传输信道内，同时传送多路互不干扰的信号的一种通信方式。将多路信号在发送端合并后通过一个公共信道进行传输的过程称为复用，而在接收端分开并恢复为原始各路信号的过程称为分接。多路复用的基本模型如图 3.1.1 所示。

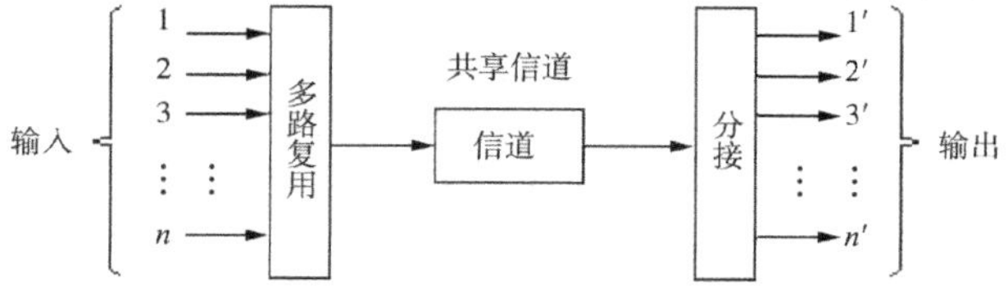

图 3.1.1 多路复用的基本模型

常用的复用方式有频分多路复用(FDM)、时分多路复用(TDM)、波分多路复用(WDM)等。

3.1.1 频分多路复用(FDM)

频分多路复用(Frequency Division Multiplexing，FDM)，简称频分复用，是把信道的可用频带资源划分成若干个互不重叠的子信道(频段)，每路信号占用其中一个子信道，各子信道间留有足够的防护频带间隔，以便防止或减小各路信号之间的干扰。即在输入端将各路信号的频谱经调制后搬移到信道频谱的不同段上，使各路信号的带宽不相互重叠，各占用不同的子频段，为了防止互相干扰，使用保护带来隔离每一个子信道。发送信号时，将各路信号汇合起来送至信道上传输。接收端通过不同中心频率的带通滤波器(BPF)便可把各路信号分离出来，恢复出各路信号，完成频分复用。频分多路复用的示意图如图 3.1.2 所示。

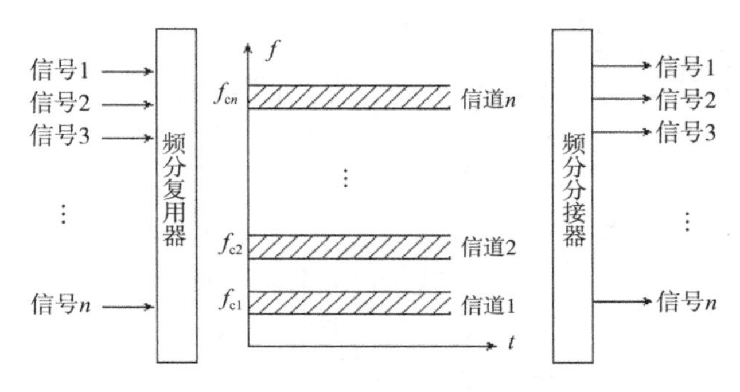

图 3.1.2 频分多路复用示意图

频分多路复用的实质就是每个信号在全部时间内占用部分信道资源，即经过多路复用处理的信号，在频率域中占据着有限的不同频率区间，在时间上各路信号是重叠传输的，同时存在于同一个信道中。

频分多路复用广泛地应用于长途载波电话、无线电广播、电视广播和空间遥测等方面。以黑白电视信号为例，一套模拟电视节目的频谱如图 3.1.3 所示。一套模拟电视节目所占带宽为 8 MHz，其中图像信号共占 7.25 MHz 的标准带宽，伴音信号占 0.5 MHz 的标准带宽，中间有 0.25 MHz 的保护带，伴音载波频率高于图像载波频率 6.5 MHz，两者频谱互不重叠，互不干扰；在可用频带上每隔 8 MHz 带宽安排一个频道。如将第二频

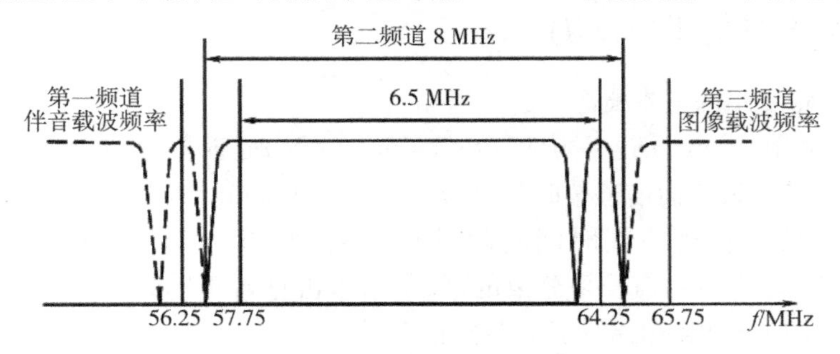

图 3.1.3 黑白电视信号频谱图

道的信号频谱调制到载波频率 57.75 MHz 上，第三频道的信号频谱调制到载波频率 65.75 MHz 上等，这样在 48.5～958 MHz 的电视广播可用频带上可安排百余个频道(加增补频道)的信号，有效地实现了频分多路复用。接收端电视接收机通过调谐即选频，找到要接收信号的载波频率，用带通滤波器将所选信号与其他信号分离开，就可接收到所选信号。

频分多路复用技术的实现如图 3.1.4 所示。设有 n 路待传送信号 $f_1(t)$，$f_2(t)$，…，$f_n(t)$，由系统框图可见，各路信号首先通过低通滤波器(LPF)限制其带宽，避免它们的频谱出现相互混叠；其次，再分别对不同频率的载波进行调制，将其信号的频谱搬移到各自的载波上；再次，调制器后的带通滤波器(BPF)将各已调波信号的频带限制在规定的范围内；最后，系统把各个带通滤波器的输出合并形成总信号 $f_s(t)$ 送入信道传输。在接收端，信号处理过程恰好相反。不同中心频率的各路带通滤波器从总信号 $f_s(t)$ 中分离出本路已调波信号，经解调器解调后送低通滤波器恢复出原始消息信号。

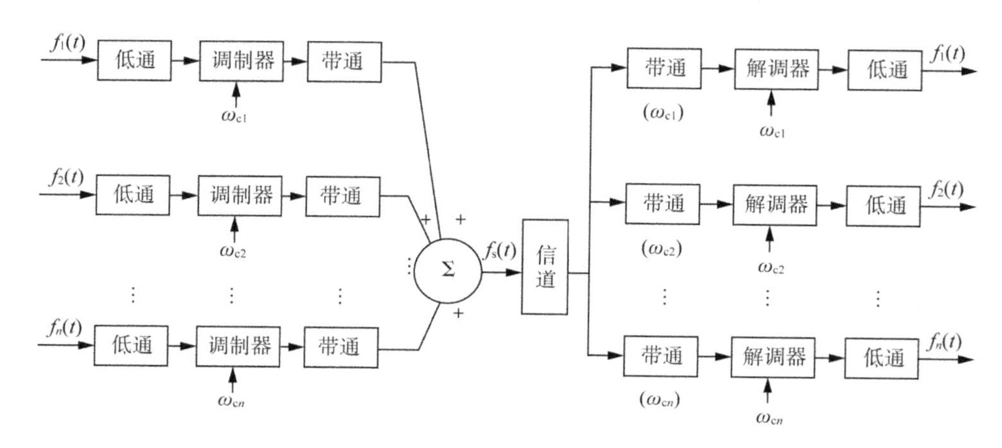

图 3.1.4　频分多路复用系统原理框图

频分多路复用是利用各路信号在频率域互不重叠来区分的。若相邻信号之间产生相互干扰，将会使输出信号产生失真。因此，应合理选择各路信号的载波频率，并使各路已调波信号频谱之间留有一定的保护间隔。频分多路复用的优点是频带利用率高，复用路数多且分路容易；其缺点是设备复杂，各路间易出现相互串扰，这是由系统中非线性因素引起的。

3.1.2　时分多路复用(TDM)

1. 时分多路复用的基本概念

时分多路复用(Time Division Multiplexing，TDM)是时间分割制多路复用的简称。在这个系统中，将一条传输信道按时间划分成若干个时间间隙(时隙)轮流地分配给多个信号使用，各路信号占用不同时间间隙进行传输，如图 3.1.5 所示。时分多路复用(TDM)系统在时域上各路信号是分离的，每个信号占据着不同的时隙，但在频域上各路信号是混叠的，即占有相同的频域，如各路语音信号均占有 300～3 400 Hz 的频带宽度。这和 FDM 系统中各路信号在频域上分离而在时域上混叠恰好相反。

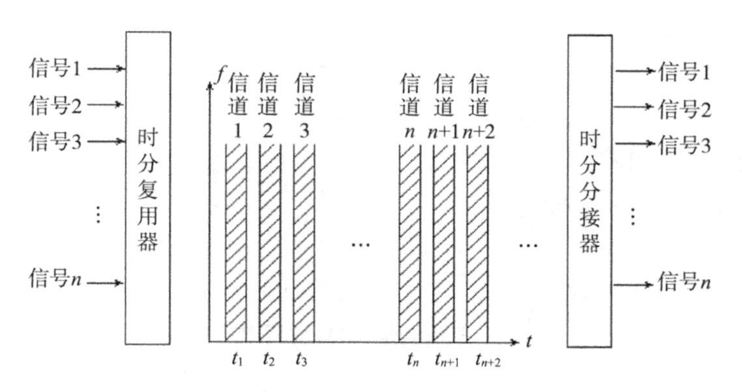

图 3.1.5　时分多路复用示意图

TDM 的理论基础是抽样定理。由抽样理论可知，抽样是将时间上连续的信号变成时间上离散的脉冲信号。由于是每经过 T_s 时间对信号抽样一次，这样当抽样脉冲本身占据的脉宽较窄时，相邻两次抽样之间就留有较大的时间空隙而无信号样值，利用这段空隙插入若干路其他抽样信号，只要各路信号样值在时间上不重叠并能区分开，那么一个信道就有可能同时传输多路信号，达到多路复用的目的。时分多路复用系统原理框图如图 3.1.6 所示。

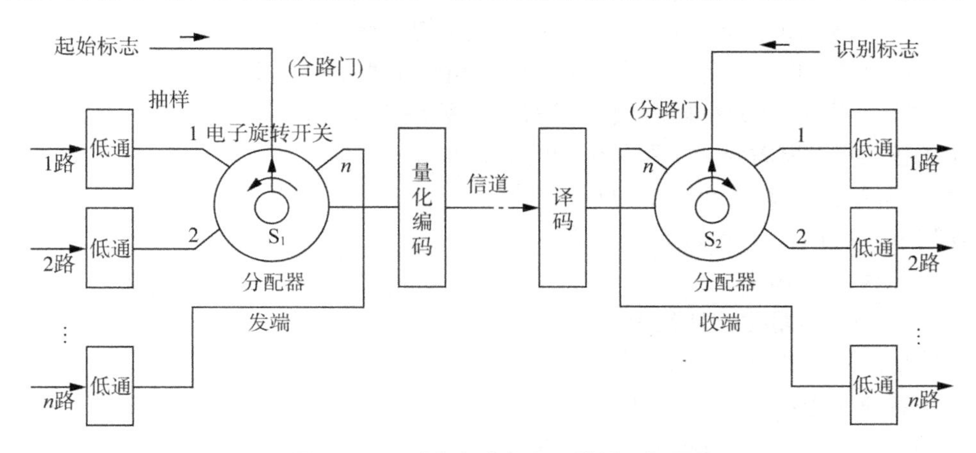

图 3.1.6　时分多路复用系统原理框图

如图 3.1.6 中，各路信号先经低通滤波器进行限带，避免抽样后的 PAM 信号产生混叠干扰，然后送到电子开关 S_1。S_1 起抽样及复用合路的作用（称为分配器或合路门）：S_1 在时钟脉冲的控制下以 T_s/n(s)的时间间隔逐个连接各路信号，每接通一路信号抽取该路信号此刻的样值，经过 T_s(s)时间将各路信号依次抽样一次，完成一个抽样周期。这样在 T_s(s)之内按先后顺序不重叠地放置 n 路信号的一个样值，或者说 S_1 完成一个周期 n 个信号抽样值的复用。S_1 周而复始地循环，在同一个传输信道内完成多路通信而互不干扰。复用后的样值信号被送到 PCM 编码器进行量化编码形成数字脉冲序列。显然，同一路信号相邻抽样脉冲间隔为 T_s，它也是 S_1 对各路信号轮流抽样一次所需的时间间隔，我们称之为帧。把每一路信号占用的时间间隔 T_s/n 或每个样值编码所占用的时间间隔叫作路时隙（简称时隙）。三路信号 TDM 复用 PAM 波形如图 3.1.7 所示。

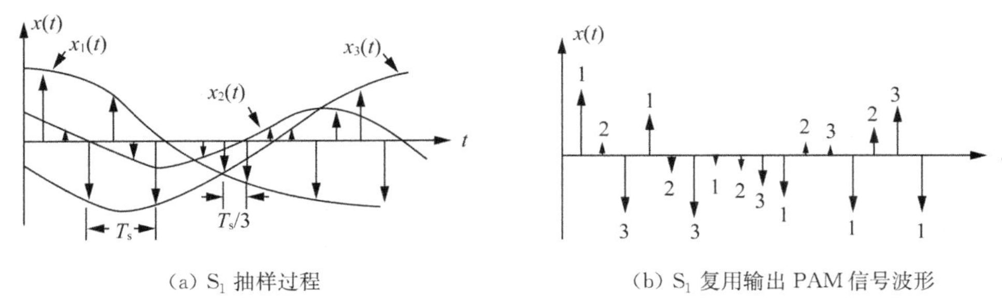

(a) S_1 抽样过程　　(b) S_1 复用输出 PAM 信号波形

图 3.1.7　三路信号 TDM 复用 PAM 波形

接收端首先将接收到的数字脉冲序列解码得到合路的 PAM 信号，再由电子开关 S_2（收端分配器）按发送端相同的时间顺序依次接通每一路信号，将各路信号分离开，通过各自的低通平滑滤波，将原始信号恢复出来。所以说，接收端分配器 S_2 起到分路的作用，故又称为分路门。

值得注意的是：要保证正常通信，使接收端能正确地分离出各路信号，收、发端旋转电子开关 S_1、S_2 必须同频同相。同频是指 S_1、S_2 的旋转速度要完全相同；同相是指发端旋转开关 S_1 连接第一路信号时，收端旋转开关 S_2 也必须分路第一路信号，否则收端将收不到本路信号，为此要求收、发两端的时钟频率必须保持严格的同步。

【例 3-1】对 10 路最高频率为 3 400 Hz 的语音信号进行 TDM-PCM 传输，抽样频率为 8 000 Hz。抽样合路后对每个抽样值按照 8 级量化级量化编码为自然二进制码，试计算一帧的帧长 T_s、路时隙及复用后信号的信息速率。

解：已知抽样频率 $f_s = 8\ 000$ Hz，

所以一帧的帧长 $T_s = 1/f_s = 1/8\ 000 = 125\ \mu s$

路时隙为：$T_s/10 = 12.5\ \mu s$

量化级 $M = 8$，量化比特数为：$\log_2 M = \log_2 8 = 3$ bit

单路信号信息速率为：$R_{b1} = \log_2 M \cdot f_s = 3 \times 8\ 000 = 24$ Kb/s

总信息速率为：$R_b = 10 \times R_{b1} = 10 \times 3 \times 8\ 000 = 240$ Kb/s

2. TDM 系统中的同步技术

TDM 技术的一个关键问题是要确保收、发两端的电子开关 S_1、S_2 同步旋转，这是能够正常通信的必要条件，为此，在系统中采用了同步技术。TDM 通信中的同步技术包括位同步（时钟同步）和帧同步。

位同步（码元同步）是最基本的同步，是实现帧同步的前提。位同步的基本含义是收、发两端的时钟频率必须同频、同相，这样接收端才能正确接收和判决发送端送来的每一个码元。为了达到收、发端频率同频、同相，在设计传输码型时，一般要考虑传输码型中应含有发送端的时钟频率成分。这样，接收端从接收到的 PCM 码中提取出发端时钟频率来控制收端时钟，就可做到位同步。

帧同步是为了保证收、发端各对应的话路在时间上保持一致，这样接收端就能正确区分每一个话路信号，从而使收、发两端的用户信号一一对应，当然这必须是在位同步的前提下实现。为了建立收、发系统的帧同步，需要在每一帧（或几帧）中的固定位置插入具有特定码型的帧同步码(标志信号)。这样,只要收端能正确地识别出这些帧同步码,就能正确地辨别出每一帧的首尾,从而正确地区分出发端送来的各路信号。

3. TDM 的帧结构

作为多路数字电话通信,国际电报电话咨询委员会(CCITT,现为国际电信联盟电信标准化部门,简称 ITU-T)对 PCM 系统推荐了两种模式:一是 PCM24 路系统,主要在北美、日本等国使用;二是 PCM30/32 路系统,主要在欧洲各国、我国使用。基群可以单独使用,也可以组成更多路数的高次群以与市话电缆、数字微波、光缆等传输信道连接。

前已所述,TDM 方式是用时隙来分割的,每一路信号分配一个时隙叫路时隙,它是每个样值编码所占用的时间宽度;抽样脉冲对各路信号轮流抽样一次所需的时间(T_s),即对同一个信号相邻两次抽样的时间间隔称为一帧(F)。这样,帧、时隙及码位就成为数字信号传输的基本特征。为直观起见,常用帧结构即反映帧、时隙、码位安排的图来表示它们之间的关系。

现以 PCM30/32 路电话系统为例来说明 TDM 的帧结构,这样形成的 PCM 信号称为 PCM 一次群(基群)信号。PCM30/32 路基群的帧和复帧结构图如图 3.1.8 所示,根据 CCITT G.732 号建议规定的帧结构包括如下内容:

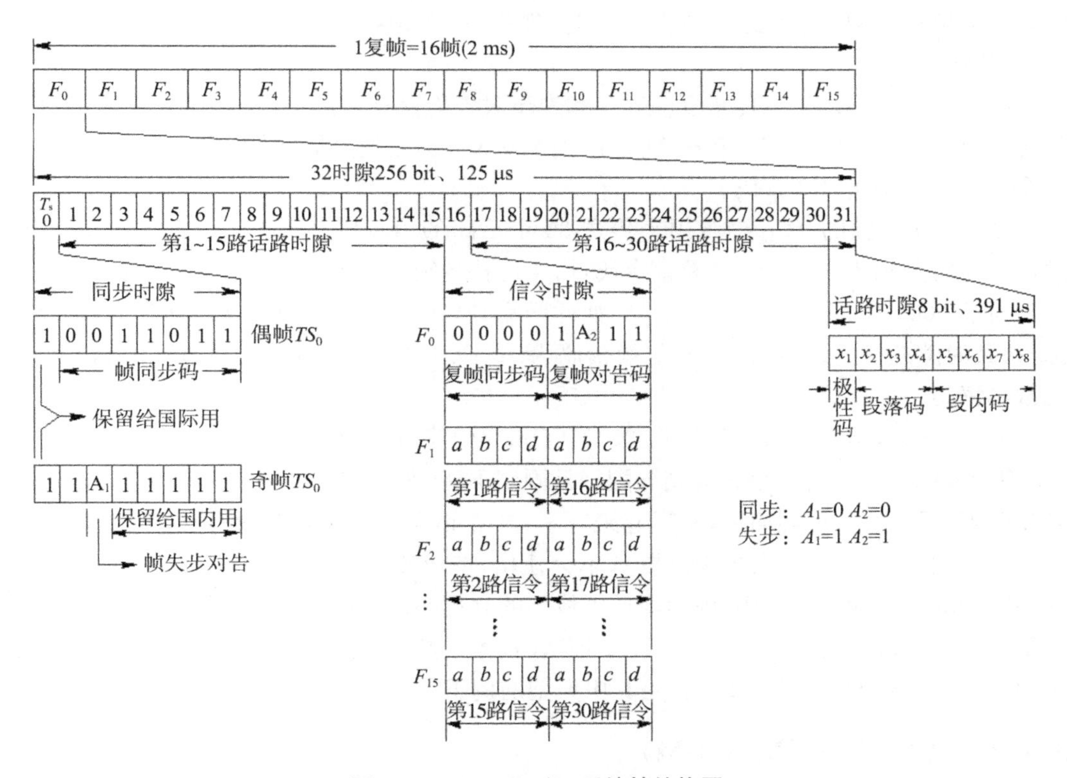

图 3.1.8 PCM30/32 系统帧结构图

(1) 时隙分配。系统中一个复帧包含 16 帧,编号为 F_0、F_1、…、F_{15},一复帧的时间为 2 ms;每帧有 32 路时隙,分别用 TS_0、TS_1、…、TS_{31} 来表示,其中话路时隙数为 30($TS_1 \sim TS_{15}$,$TS_{17} \sim TS_{31}$),用来传输 30 路话路信号;TS_0、TS_{16} 时隙分别分配给帧同步

码和信令码。系统的抽样频率 $f_s=8\ 000$ Hz,则帧周期 $T_s=1/8\ 000=125\ \mu s$。每个路时隙包含有8个位时隙(即8 bit),时间间隔为 $125/32\approx3.91\ \mu s$。

(2) 话路时隙。分配路时隙 $TS_1\sim TS_{15}$ 分别传送第1路～第15路的话音信号,$TS_{17}\sim TS_{31}$ 分别传送第16路～第30路的话音信号。话音信号采用 A 律13折线压扩特性量化编码,所以,每个话路时隙编码为8 bit折叠二进制码,每比特占 $3.91\ \mu s/8=0.489\ \mu s$。

(3) TS_0 时隙的比特分配。TS_0 用作帧同步码或监视码时隙。偶帧 TS_0 时隙传送帧同步码,其码型为{10011011}。其中 TS_0 第2～8位码固定发送0011011帧同步码。奇帧时 TS_0 传送监视码,其码型为{$11A_111111$}。其中第2位码规定为监视码,为避免奇帧 TS_0 的第2～8位码出现假同步码组,固定为"1";第三位码A1为帧失步告警码,帧同步时发"0"码,失步时发"1"码;第4～8位码为国内通信用,目前暂定为"1";TS_0 时隙的第1位码供国际通信用,不使用时发送"1"码。

(4) TS_{16} 时隙的比特分配。TS_{16} 时隙用来传送标志信号,即传送30个话路的信令码。标志信号用于在通话话路准确地完成振铃、占线、摘机等信号的传递和交换。由于电话通信的标志信号比较简单,每个话路的信令只需4位码就可以了。因此,一个 TS_{16} 时隙可传两路信令码,再考虑到同步等问题,规定每16帧构成一个复帧。复帧中各帧的 TS_{16} 分配为:

①F_0 帧的 TS_{16} 时隙传送复帧同步和失步对告码,码型为{$00001A_211$}。其中前4位码传送复帧同步码"0000";第6位码 A_2 为复帧失步对告码,同步时发"0",失步时发"1";其余3位暂时不用,发"1"码。

②$F_1\sim F_{15}$ 帧的 TS_{16} 时隙用来传送30个话路的信令码。$F_1\sim F_{15}$ 各帧的 TS_{16} 时隙前4比特分别传送1～15话路信令码,后4比特分别传16～30话路的信令码。

对于300～3 400 Hz的话音信号,抽样频率规定为 $f_s=8$ kHz,每帧划分成32路时隙,每路时隙的样值编码为8 bit,每帧传码为 $32\times8=256$ bit,所以PCM30/32路基群的总数码率是:

$R_b=8\ 000$(帧/s)$\times32$(路时隙/帧)$\times8$(bit/路时隙)$=2\ 048$ Kb/s$=2.048$ Mb/s

TDM的特点是时隙事先规划分配好且固定不变,所以有时也叫同步时分复用。其优点是时隙分配固定,控制简单,实现起来容易;缺点是当某路信号源没有足够多的数据要传输时,它所对应的信道会出现闲置却不会让出,造成资源的浪费;而其他繁忙的信道对这些空闲的信道却不能占用,因而降低了线路的利用率。对此,也就有了用统计(异步)时分复用来解决这一问题。TDM技术与FDM技术一样,有着非常广泛的应用,电话通信中的PCM系统、SDH、ATM等就是其中典型的例子。

3.1.3 波分多路复用(WDM)

波分多路复用(Wavelength Division Multiplexing,WDM)简称波分复用,其本质与频分复用是相同的。在光纤通信中利用同一根光纤同时传输具有适当间隔的多个波长的光信号,或者说使多个不同光源的光信号占用同一个传输信道的不同波长进行传输,这一技术称为波分多路复用(WDM)。WDM技术大大地提高了光纤的传输容量,使之成为当前光纤通信网络扩容的主要手段。WDM 系统原理框图如图 3.1.9 所示。

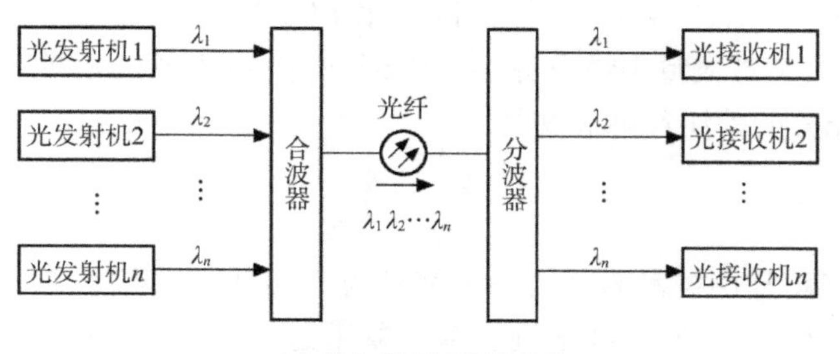

(a) 单向 WDM 传输系统

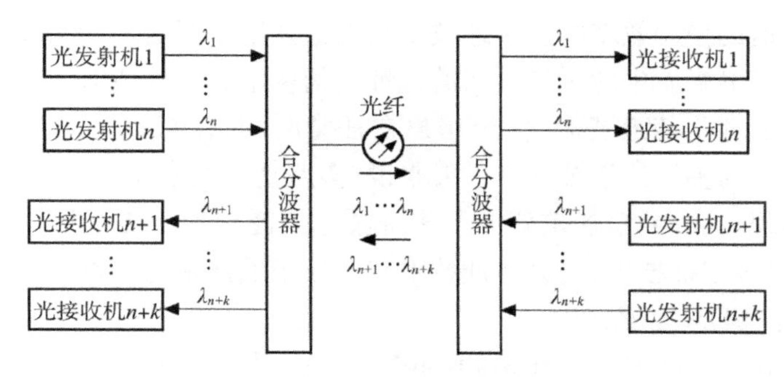

(b) 双向 WDM 传输系统

图 3.1.9　波分多路复用系统原理框图

图 3.1.9(a)是单向 WDM 传输系统示意图。在发送端，n 个发射机分别工作在 n 个不同的波长上，分别用 λ_1、λ_2、…、λ_n 来表示。各波长之间留有适当的间隔，以避免信号波谱间的混叠，这 n 个光波作为载波分别被消息信号光调制而携带信息。合波器(也称复用器)将这些不同波长的光载波信号汇合在一起，并耦合到光线路中同一根光纤中进行传输。在接收端，经分波器（也称解复用器）将不同波长的光载波信号分开，送入各自的光接收机进行解调、信号处理并恢复消息信号。图 3.1.9(b)为双向 WDM 传输系统示意图。

WDM 本质上是光域上的 FDM 技术，WDM 系统的每个信道通过频域(波长)的分割来实现，如图 3.1.10 所示。每个信道占用一段光纤的带宽，与过去同轴电缆 FDM 技术不同的是：(1) 传输媒介不同，WDM 系统是光信号上的频率分割，而同轴系统是电信号上的频率分割。(2) 在每个信道上，同轴电缆系统传输的是一路模拟消息信号(话音、图像等)，而 WDM 系统每个波长的光载波能承载大量信号，通常这些信号已被复用，目前每个信道上的是传输速率 SDH 2.5 Gb/s 或更高速率的数字信号。

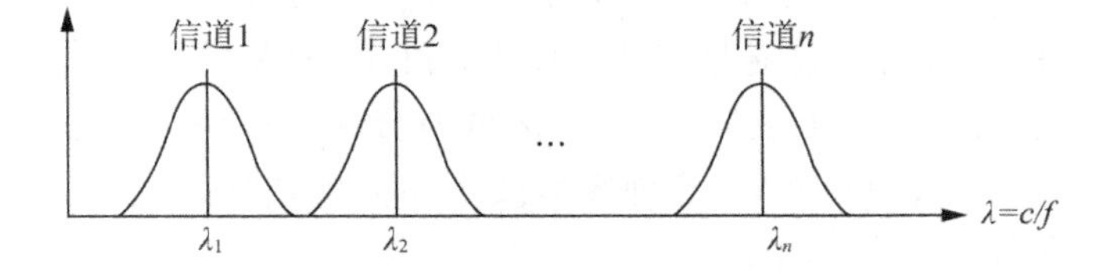

图 3.1.10　WDM 系统信道的分配

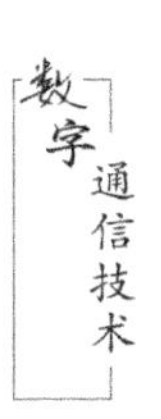

WDM 具有超大的容量传输；各复用信道彼此独立互不干扰，使各信道可以透明地传送不同的业务信号，如话音、数据和图像等；利用 EDFA（掺铒光纤放大器）实现百公里超长距离传输，同时可节省大量中继设备，降低网络成本；可组成全光网络等显著优势，使得 WDM 技术得到充分的关注及迅猛发展。

3.1.4 多址技术

多址技术和多路复用技术的目的一样都是为了共享通信资源，实现多路通信。两种技术有许多相同之处，但也有一些区别。多路复用是将多个用户信号按某种方式组合成一路信号，然后在两点之间的信道上同时互不干扰地传送的技术。因此，复用主要是从传输角度来提高信道的使用效率的。多址技术是指把处于不同地址（如手机号码）的多个用户接入一个公共传输媒质中的多点之间的选址通信技术。多址通信主要是从系统和用户的接入角度来充分利用信道资源，实现用户在任意时间、任意地点与任意对象通信的目的。多址技术又称为多址连接技术。一般来说，多路复用通常在中频或基带实现；多址技术通常在射频实现，远程共享通信资源。多址技术广泛应用于无线通信。下面简单介绍频分多址技术、时分多址技术、码分多址技术和空分多址技术的基本概念。

1. 频分多址（FDMA）技术

频分多址（Frequency Division Multiple Access，FDMA）：以载波频率不同来区分用户建立多址连接。FDMA 的基本原理是将通信可用的频带资源按频率划分成若干个较窄的且互不重叠的子频带（或称信道），每个用户分配到一个固定的子频带，按频率来区分用户。将信号调制到该子频带内，各用户信号同时传送；接收时分别用带通滤波器选取信号并抑制无用干扰，从而实现多址通信。

FDMA 技术比较成熟，如我国各省市地球站与通信广播卫星组成的数字广播电视网即采用 FDMA 方式。再如早期的模拟移动电话系统也是使用的这种方式，因为各个用户使用不同频率的信道，所以用户容量有限。

2. 时分多址（TDMA）技术

时分多址（Time Division Multiple Access，TDMA）：以信号存在的时间不同来区分用户建立多址连接。TDMA 的基本原理是将通信信道在时间上划分成若干个等间隔的时隙，并且周期重复出现，各用户只在被指定时隙内以突发的形式发射它的已调信号，即不同地址的用户占用同一频带的同一载波，但占用不同的时间。各用户信号在时间上是严格依次排列、互不重叠的。显然，在相同信道数的情况下，采用时分多址要比频分多址能容纳更多的用户。现在的移动通信系统多采用这种多址技术。但时分多址通信系统需要精确地定时和同步，以保证各用户发送的信号不会发生重叠。

为了扩大用户容量，常将多种多址技术联合使用。例如，中国移动、中国联通目前所使用的 GSM 全球移动通信系统就是采用 FDMA 和 TDMA 两种方式的结合。在 GSM 系统中，将若干个小区组成一个区群，每一个区群所分配的载频是不重复的（FDMA），每个载频又划分为 8 个时隙（TDMA），这种蜂窝技术加多址技术的使用大大地提高了信道容量，满足了迅速膨胀的通信需求。

3. 码分多址(CDMA)技术

码分多址(Code Division Multiple Access,CDMA):以信号的码型不同来区分用户建立多址连接。CDMA 的基本原理是每个用户被分配一个唯一的、互不相关的码字(也称码序列)作为地址,发送时使用地址码对该用户信号进行调制。由于地址码是高速率的伪随机码序列,占有很宽的带宽,因此调制后使原用户信号带宽被大大扩展(这个过程称为扩频)。再将扩频信号经射频调制后发射出去;在接收端经射频解调后,采用相关检测器利用地址码自相关性非常强的关系对接收到的所有信号进行鉴别,从中将地址码与本地地址码完全一致的信号解调出来,实现解扩和恢复所传的用户信息,这样就可以实现互不干扰的多址通信。CDMA 是以扩频通信技术为基础的通信方式。

在 CDMA 系统中,不同地址的用户均占用信道的全部带宽和时间,也就是说,每个用户可以在同一时间使用整个信道进行信号传输,即频带、时间资源是共享的。因此,信道的效率高,系统容量大,可容纳比时分多址系统还要多的用户,且具有功率低、软切换、抗干扰能力强等优点。现在的数字蜂窝移动通信系统 CDMA、第三代移动通信系统 WCDMA(欧洲)、CDMA2000(美国)、TD-SCDMA(中国)都是采用的码分多址技术。

4. 空分多址(SDMA)技术

空分多址(Space Division Multiple Access,SDMA):利用天线的方向性和用户的地区隔离性来分割用户建立多址连接。SDMA 的基本原理是根据电磁波的传播特性,利用定向天线,使电磁波沿一定方向辐射、传送信号来实现多址通信。例如,在一颗卫星上使用多个定向天线或窄波束天线,使电磁波按一定指向辐射,局限在波束范围内,各个天线的波束分别射向地球表面的不同区域。这样,地面上不同区域的地球站即使在同一时间使用相同的频率进行通信,彼此之间也不会形成干扰。另外,也可以控制发射的功率,使电磁波只能作用在有限的距离内。在电磁波作用范围以外的区域仍可使用相同的频率,以空间区分不同的用户。

SDMA 技术是一种信道增容的方式,可以实现频率的重复使用,有利于充分利用频率资源。在蜂窝移动通信中由于充分运用了这种多址方式,才能用有限的频谱构成大容量的通信系统,称为频率再用技术,这是蜂窝通信中的一项关键技术。卫星通信中采用窄波束天线实现空分多址,也提高了频谱的利用率。由于空间的分割不可能太细,虽然卫星天线采用阵列处理技术后,分辨率有较大的提高,但是一般情况下不可能在某一空间范围只有一个用户,因此空分多址通常与其他多址方式综合运用,如"空分-码分多址(SD-CDMA)"。

除了上述四种多址接入方式外,还有其他像极化多址、波分多址技术等方式,一般情况下,这些多址方式都不独立使用,而基本上是和上述几种方式结合使用。随着通信技术的飞速发展以及计算机和通信技术的结合,多址技术也在不断地发展中。

3.2 数字复接系统

3.2.1 数字复接的基本概念

在数字通信系统中,为了扩大传输容量和提高传输效率,需要进一步将两个或多个低

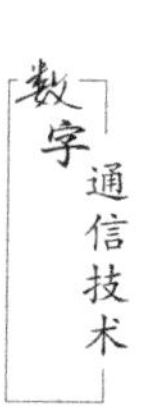

速数字信号流合并成一个高速数字信号流，通过高速宽带信道传输；到达接收端后，再把高速数字信号流分解还原成相应的各个低速数字信号流，这种技术就叫作“数字复接技术”。数字复接技术的实质是时分复用，就是将两个或多个低速率数字流（低次群）按时分复用方式合并成一个高速率数字流（高次群）的过程或技术。

随着通信技术的发展，数字通信的容量不断增大。目前PCM通信方式的传输容量已由一次群（PCM30/32路或PCM24路）扩大到二次群、三次群、四次群及五次群，甚至更高速率的多路系统。扩大数字通信容量，形成二次群以上的高次群的方法通常有两种：PCM复用和数字复接。

1. PCM复用

PCM复用是一种对各路信号采用PCM直接编码复用的方法。以二次群为例，需要对120路话音信号分别按8 kHz抽样，然后对每个抽样值8 bit编码。由于一帧125 μs时间内有120多个路时隙，每个路时隙的时间只有1 μs左右，即每个样值8位码的编码时间仅为1 μs，编码速度是一次群的4倍。而编码速度越快，对编码电路及元器件的速度和精度要求越高，实现起来技术难度也就越高。

2. 数字复接

数字复接是一种将几个经PCM复用后的数字信号（如4个PCM30/32系统）再进行时分复用，形成更多路信号的数字通信方式，数字复接原理示意图如图3.2.1所示。图中低次群（1）与低次群（2）的速率完全相同（假设全为“1”码），为了达到数字复接的目的，首先将各低次群的脉宽缩窄（波形A和B′是脉宽缩窄后的低次群），以便留出空隙进行复接，然后对低次群（2）进行时延，将低次群（2）的脉冲信号移到低次群（1）的脉冲信号的空隙中，最后将低次群（1）和低次群（2）在时隙的空隙中叠加合成高次群C。

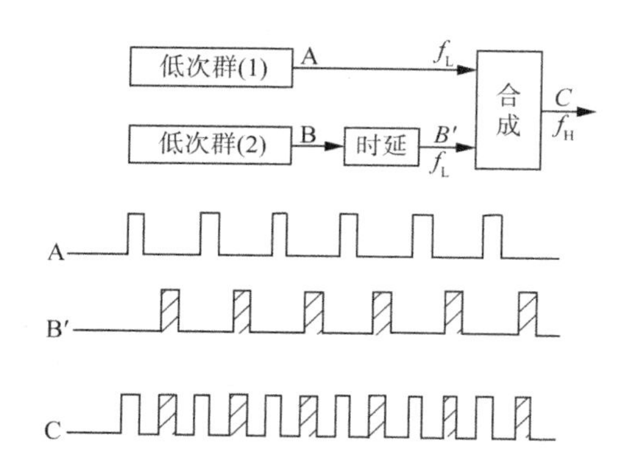

图3.2.1　数字复接原理示意图

显然，经过数字复接后的信号数码率提高了，但是对每一个基群的编码速度并没有提高，容易实现。目前广泛采用这种数字复接方法来提高通信容量。数字复接按照一定的规定速率，从低速到高速分级进行。其中某一级的复接是把一定数目的具有同样速率的数字信号合并成为高一级速率的数字信号。

3.2.2 数字复接系统的组成

数字复接系统由数字复接器和数字分接器组成，如图 3.2.2 所示。在发送端，完成由低次群到高次群信号复接功能的设备称为数字复接器。它由定时、码速调整和复接单元等组成。在接收端，需要将已合路的高次群信号分离成原来的各低次群信号，这一过程称为数字分接，完成分接功能的设备称为数字分接器。它由帧同步、定时、数字分接和码速恢复等组成。

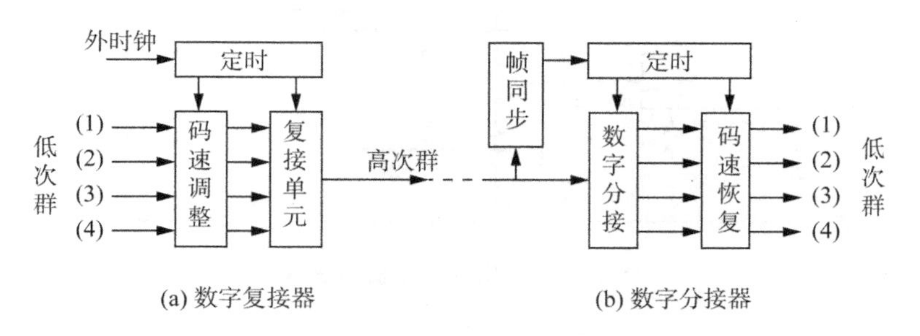

图 3.2.2 数字复接系统组成框图

数字复接需要解决同步与复接两个问题。同步由定时单元和码速调整单元组成。定时单元受内部时钟或外部时钟控制，产生复接所需的各种定时控制信号。码速调整单元受定时单元控制，将速度和相位不同的各信源支路信号调整成与复接设备定时信号完全同步的数字信号，使输入复接单元的各支路信号是同步的。复接单元也受定时单元控制，对已经调整好的各支路信号按时分复用方式实施复接，形成一个高速的合路数字流（高次群）；另外，在复接时还必须插入帧同步信号，以便接收端同步单元捕捉帧定位信号，使其与分接设备的帧定位信号之间保持准确的关系而正确分接各支路信号。显然，提供同步环境是实现同步复接的前提，这也是研究数字复接技术的主要内容。

数字分接器从合路信号中提取帧同步信号，再用它去控制分接器的定时单元。定时单元从接收信号中提取时钟，并借助同步单元的控制，使其基准时间与复接器的基准时间信号保持严格同步，产生分接器定时脉冲分送给各支路进行分接使用。分接单元则把高速合路信号分解为同步的各支路数字信号。码速恢复单元把分接后的各支路信号的码速调整或恢复成与发端调整前相同的各信源支路信号，最后送至各低次群接收设备。

3.2.3 PCM 数字复接系列

数字复接是从低速到高速按照一定的规定速率分级进行的，其中某一级的复接是把一定数目的具有较低规定速率的数字信号合并成为一个具有较高规定速率的数字信号。这个数字信号在更高一级的数字复接中，与具有同样速率的其他数字信号一起进行进一步的合并，成为更高规定速率的数字信号。为使数字终端设备通用化，原国际电报电话咨询委员会（CCITT）推荐了两类准同步数字复接系列，即以北美洲和日本采用的 24 路 PCM（速率 1.544 Mb/s）和中国、欧洲采用的 30/32 路 PCM（速率 2.048 Mb/s）作为基群（即一次群）的数字复接系列，具体见图 3.2.3 和表 3.2.1。

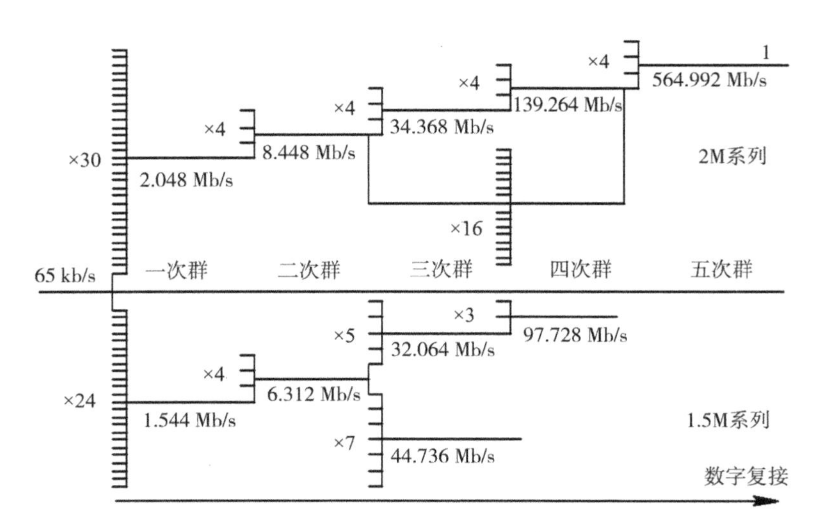

图 3.2.3　PCM 数字复接等级

表 3.2.1　PCM 数字复接速率系列

复接等级	欧洲		北美洲		日本	
	速率/(Mb/s)	话路数	速率/(Mb/s)	话路数	速率/(Mb/s)	话路数
基群	2.048	30	1.544	24	1.544	24
二次群	8.448	30×4=120	6.312	24×4=96	6.312	24×4=96
三次群	34.368	120×4=480	44.736	96×7=672	32.064	96×5=480
四次群	139.264	480×4=1 920	274.176	672×6=4 032	97.728	480×3=1 440
五次群	564.992	1 920×4=7 680	—	—	397.200	1 440×4=5 760

为了满足日益增长的通信需求，扩大数字通信系统的容量，在传输信道上传输更多路数的数字电话，需要以基群为基础，通过数字复接技术得到更高速率的群路信号。例如，将 4 个 30 路 PCM 系统的基群信号进行数字复接，再加入一些控制比特合成为一个码速率为 8.448 Mb/s 的 120 路二次群信号；再由 4 个二次群信号数字复接得到码速率为 34.368 Mb/s 的 480 路三次群信号等。根据不同的需要和传输媒介的传输能力，可进行不同话路数和不同速率的复接，形成一个数字复接系列。可由低次群向高次群逐级复接，也可采用隔级复接的方法得到高速率的数字信号流，如用 16 个二次群信号直接复接成一个四次群的数字复接等级信号。

3.3　数字复接方式和原理

3.3.1　数字信号的复接方式

数字复接就是对各支路的数字信号进行时分复用，将几个低速率数字信号流合并成一个高速率数字信号流的技术。按照参与复接的各支路信号在每个时间间隔中插入码字结构的情况，数字信号的复接方式可分为按位复接、按字复接和按帧复接。

1. 按位复接

按位复接是每次只复接一个支路信号的一位码，依次循环复接形成高次群，所以又称为逐位（逐比特）复接。图 3.3.1(a)是 4 个 PCM30/32 系统基群信号 TS_1 时隙的样值脉冲情况。图 3.3.1(b)是按位复接后二次群信号中各基群信号 TS_1 时隙数字码元的排列情况。复接后二次群信号码中的前四位码元依次为 1、2、3、4 基群的第 1 位码，然后依次循环复接各基群的一位码形成二次群。复接后的每位码元的宽度只有原来的 1/4，即二次群的速率提高到复接前各基群的 4 倍。

由于各支路信号的起始码元几乎同时到达，对于尚未轮到复接的支路码元，需要用缓冲存储器先存储起来，但由于是按位复接，只需容量很小的存储器即可满足需求，准同步数字体系（PDH）大多采用它。但这种方法破坏了一个字节的完整性，不利于以字节为单位的信息的处理和交换。

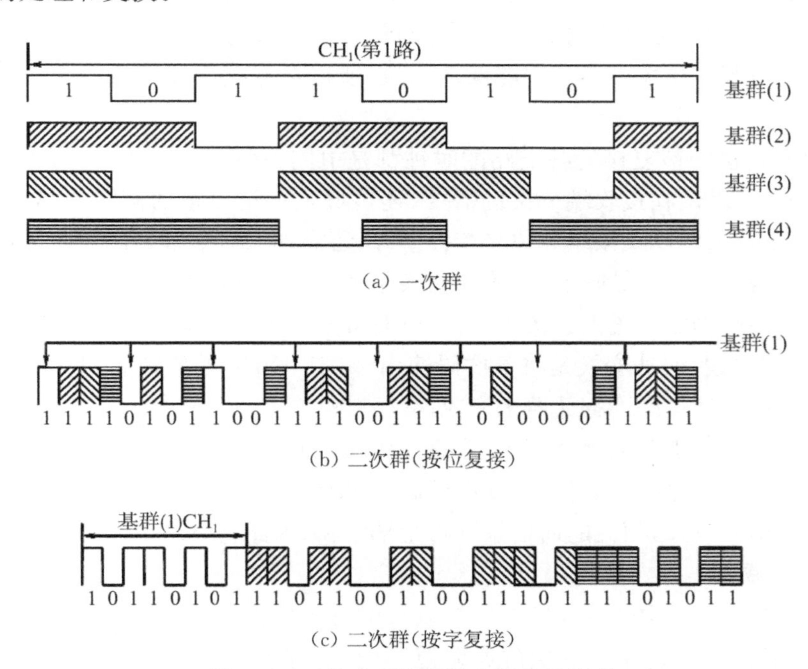

图 3.3.1 按位复接与按字复接示意图

2. 按字复接

按字复接是每次复接一个支路信号的一个码字，各支路按时隙轮流复接形成高次群。图 3.3.1(c)为按字复接示意图，每个支路需要设置缓冲存储器，事先将接收到的每一支路的信码存储起来，复接时在规定时间内一次将一个码字的 8 位码取出，轮流复接 4 个支路。这种按字复接要求有较大的存储容量，但保证了一个码字的完整性，有利于以字节为单位的信息的处理和交换，同步数字体系（SDH）大多采用这种方法。

3. 按帧复接

按帧复接是每次复接一个支路的一帧信号（对 PCM30/32 基群有 32 路时隙、256 比特），依次轮流复接形成高次群。这种方法的优点是复接时不破坏原来各个支路的帧结构，有利于信息的交换，但要求有更大的存储容量，目前很少使用。

上述三种复接方式说明，复接是通过数码信号在时间上按序重新排列而实现的，要求存储器写入、读出有一个公共的时钟进行同步。

3.3.2 数字复接方式

根据复接器输入端各支路信号与本机定时信号的关系，数字复接方式分为同步复接、准同步复接和异步复接三种。

1. 同步复接

参与复接的各支路信号之间以及与复接器定时信号之间均是同步的，此时复接器可直接将各低速支路数字信号复接成一路高速数字信号，这种复接就称为同步复接。同步复接是用一个高稳定的主时钟来控制被复接的几个低次群，使这几个低次群的码速统一在主时钟的频率上，达到各信号、复接定时时钟间同步的目的。显然，这种复接方式无须进行码速调整，但由于被复接的信号并非来自同一处，即各路信号的传输距离不同，因此到达复接设备时其相位关系不一定能保持一致，所以在复接前还需进行相位调整才可进行复接。

虽然同步复接中被复接的各支路的时钟都是由同一时钟源供给的，可以保证其数码率相等，但是为了满足在接收端分接的需要，还需插入一定数量的帧同步码；为了便于维护、保障设备正常工作以及接续地建立与控制等，还需加入对端告警码以及邻站监测和勤务联系等公务码，即需要码速变换。码速变换是为了满足高次群帧结构的要求，为插入附加码在基群的某些固定位置上先留出空位，待复接时再插入附加码。对于复接二次群(码速 8 448 Kb/s)来说，码速变换是将基群码速由 2 048 Kb/s 提高到 2 112 Kb/s。码速变换和相位调整都可通过缓冲存储器来完成。

确保被复接的各支路数字信号与复接时钟严格同步，是实现同步复接的前提条件。同步复接的好处是明显的，如复接效率比较高、复接损伤比较小等。这种复接方式的缺点是主时钟一旦出现故障，相关的通信系统将全部中断，因此它只限于在局部区域内使用。

2. 准同步复接

准同步复接也称异源复接，是指参与复接的各个低次群使用各自的时钟，各支路信号标称速率相等，实际速率在规定的容差范围内(这称为准同步)的复接方式。例如，对于二次群复接，4 个有各自独立时钟的 30/32PCM 基群信号虽标称数码率都是 2.048 Mb/s，但每个晶体振荡器产生的时钟频率不可能完全相同(CCITT 规定 PCM 30/32 系统的瞬时码速率在 2 048 Kb/s±100 b/s)，即这些时钟都允许有±100 b/s 的误差，因此 4 个基群的瞬时数码率并不相同。如果直接复接的话，则几个低次群复接后的数码就会产生重叠和错位，如图 3.3.2 所示，这样复接合成后的数字信号流，在接收端是无法正确分接并恢复出原来的低次群信号的。为此，在复接前必须进行码速调整，使各低次群数码率互相同步，同时使其数码率符合高次群帧结构的要求，然后进行同步复接。

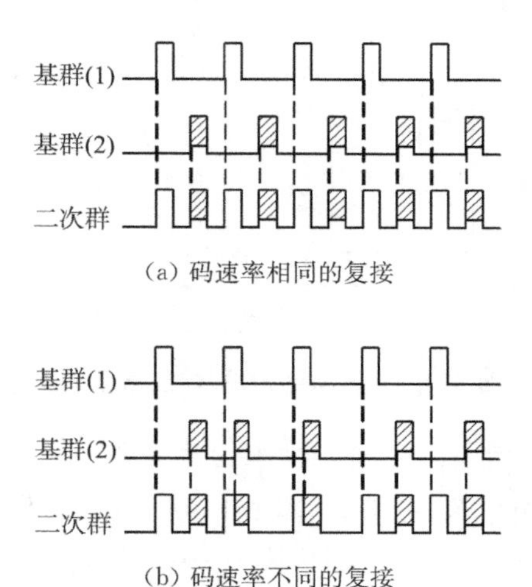

(a) 码速率相同的复接

(b) 码速率不同的复接

图 3.3.2　码速率对数字复接的影响

3. 异步复接

异步复接是指参与复接的各支路信号之间以及与复接器定时信号之间均是异步的，其频率变化范围也不在容差范围之内，需要对各个支路进行码速调整，使各支路信号同步后再复接。

由以上可见，准同步复接和异步复接方式都必须进行码速调整，满足复接条件后才可复接。

绝大多数国家将低次群复接成高次群时都采用准同步复接方式，这种复接方式的最大特点是各支路具有自己的时钟信号，瞬时数码率差别不大，其灵活性较高，码速调整单元电路不太复杂。而异步复接的码速调整单元电路却要复杂得多，要适应码速大范围的变化，需要大量的存储器方能满足要求。同步复接目前被用于高速大容量的同步数字系列中。

3.3.3　数字复接中的正码速调整

在准同步复接和异步复接中，关键就是码速调整。码速调整的目的是将码速（或时钟）不相等的各支路信号调整为与数字复接设备定时信号完全同步的数字信号。码速调整技术分为正码速调整、正/负码速调整和正/零/负码速调整等。其中正码速调整由于它的调节原理和设备简单，技术比较完善，因此应用最为广泛。

码速调整后的速率高于调整前的速率，称为正码速调整。正码速调整时，根据支路码速的具体变化情况，通过适当地在各支路插入一些脉冲（调整码元），将码速由低调高，使各支路的瞬时数码率同步到某一规定的较高的码速上。

正码速调整原理可用一个蓄水器的注水、放水过程来比喻。

设蓄水器容量为 8 t，注水速度 u_1 为 1 t/s，要求放水速度 u_m 为 1.2 t/s，并要求蓄水器至少保持 3 t 的蓄水量，不足时通过开关 K_3 补充，如图 3.3.3 所示。

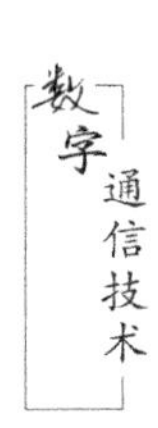

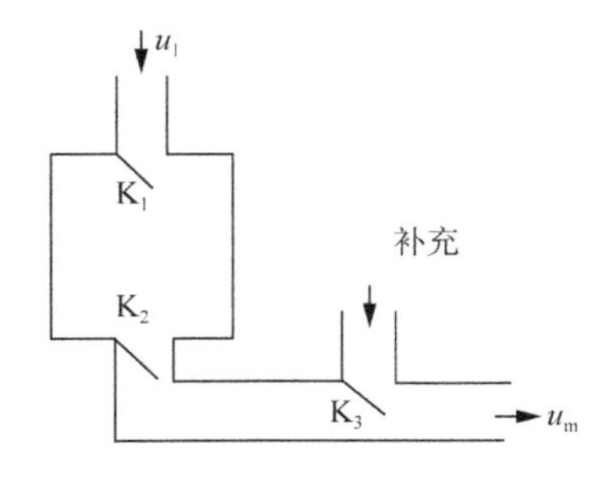

图 3.3.3　蓄水器的注水、放水示意图

设最初蓄水 5 t 开始工作，打开开关 K_1、K_2，10 s 后，注入 10 t，放出 12 t，蓄水器已降至 3 t，此时控制开关 K_2 关闭，K_3 打开，由补充口以 1.2 t/s 的流速注入，保持水口流速不变，2 s 后，蓄水 5 t，此时再打开 K_2，关闭 K_3……周而复始，将输出的流速调整为保持 1.2 t/s 不变。当 u_1 为 1.1 t/s 时，20 s 后补充一次，当 u_1 为 0.8 t/s 时，5 s 后补充一次。总之，当 u_1 在一定范围内变化时，在保持蓄水器既不溢出又不流空的情况下，可使输出的流速均调整为 1.2 t/s。

正码速调整的过程与上述原理类似，每一个参与复接的支路数码流均须经过一个码速调整装置，将瞬时数码率不同的数码流调整到相同的、较高的数码率，然后再进行复接，正码速调整装置原理框图如图 3.3.4 所示。码速调整装置的主体是缓存器以及复接(分接)时钟产生器、读写时钟控制电路等。输入缓存器支路的数码率 f_L=2.048 Mb/s±100 b/s，缓存器输出数码率为 f_m=2.112 Mb/s。因为 f_m 高于 f_L 而得名为正码速调整，其中 f_L 为输入时钟频率，即(低次群)支路时钟频率；f_m 为输出时钟频率，即同步复接(低次群)支路时钟频率。

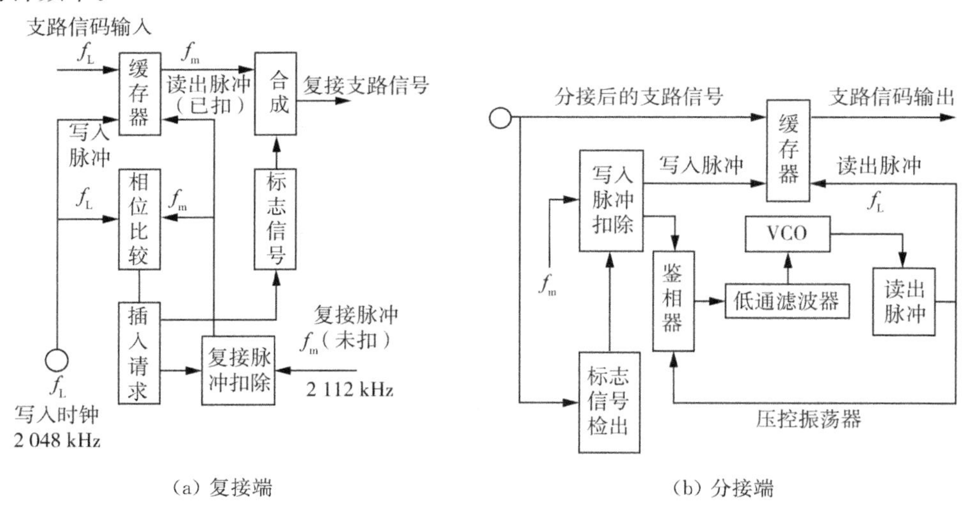

图 3.3.4　正码速调整装置原理框图

基群输入标称速率为 2 048 Kb/s 的数字信号到一个缓冲存储器，读出时钟频率为码速调整后的速率 2 112 Kb/s，所以缓存器处于“快读慢写”的状态。$f_m > f_L$，随着时间的推移，缓存器中的信息比特数会逐渐减少，这一过程与蓄水器的注水、放水过程类似。如果不采取措施，终将导致缓存器中的信息被取空，而读出虚假信息。所以，在缓存器中设置一个门限，一旦存储量减少到门限值，通过调整控制电路内的相位比较器，发出一个调整控制指令，把缓存器的读出时钟 f_m 停一个节拍，即空读一位，这时缓存器只进不出，即只写入不读出，缓存器的信息码立即增加一个比特，同时插入一个脉冲，这就发生了一次码速调整，这一过程用时序节拍可直观地反映出来，如图 3.3.5 所示。

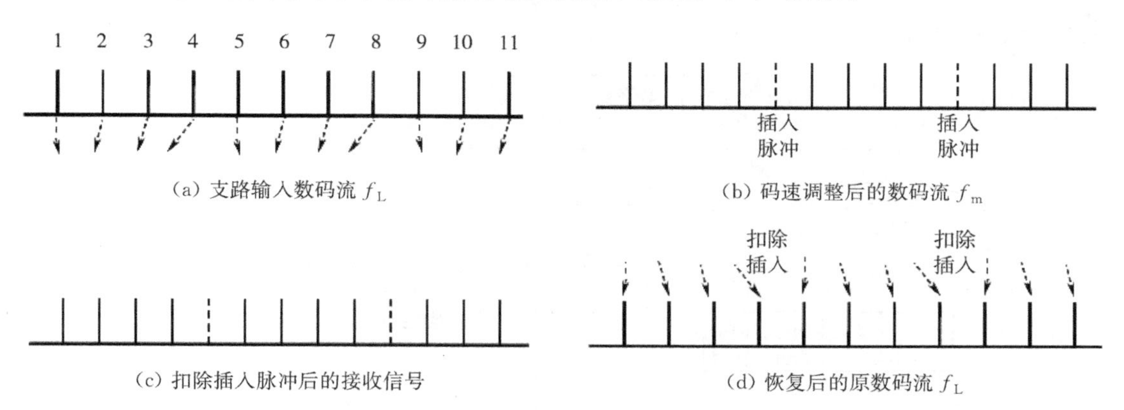

(a) 支路输入数码流 f_L　(b) 码速调整后的数码流 f_m

(c) 扣除插入脉冲后的接收信号　(d) 恢复后的原数码流 f_L

图 3.3.5　正码速调整时序节拍示意图

f_L 写入速度慢，f_m 读出速度快，f_L 时钟与 f_m 时钟在相位比较器中进行相位比较，当相位差到一定程度时，由相位比较器发出插入请求，要求插入脉冲控制电路发出一个插入指令，f_m 停拍一个单位时间，停止一次读出，同时插入一个脉冲来提高码速率，插入脉冲不带信息，只是为了填空，如图 3.3.5(b)中虚线位置所示。这一过程与打开 K_1 注水，关闭蓄水器出口 K_2，打开 K_3 补充注水的过程类似。

由于各支路的 f_L 在标称数码率下都有一个容差范围，即各支路的 f_L 的瞬时数码率并不相等，因此需要插入的脉冲数目就不一样多。为了简化复接设备，通常将插入脉冲设置在支路占用时隙的某一个固定位置上。如果 f_L 的瞬时数码率低，则在这个固定位置上将 f_L 与 f_m 相位进行比较，达到停拍空读的相位，就插入脉冲；如果 f_L 的瞬时数码率较高，则在这个固定位置上将 f_L 与 f_m 的相位进行比较，还达不到停拍空读的相位，即缓存器还没有减小到门限值，这时就不停拍，还照常传送信码，不再插入脉冲。

显然，在插入脉冲的固定位置上就有两种可能性：一种是空读情况，不传信码；另一种是非空读情况，正常传信码。因此，必须将插入脉冲位置上的状态对告接收端。为此，采用固定时隙位置作为码速调整控制比特和码速调整比特的方法，即在插入脉冲之前安排了三位标志指令，叫塞入标志码，用 $c_1c_2c_3$ 表示，当有插入脉冲时，发“111”，当不需要插入脉冲时，发“000”。

在接收端，分接器先将高次群码流进行分接，分接后的各支路码元分别写入各自的缓存器。在码速恢复中，通过标志信号检测电路检测出塞入标志码，根据 $c_1c_2c_3$ 的取值确定插入脉冲位置是塞入脉冲还是信码，如果在 $c_1c_2c_3$ 位置上收到“111”，则插入脉冲位置就是塞入脉冲，不是信息码，要扣除，也叫消插；如果在 $c_1c_2c_3$ 位置上收到“000”，则表示插入脉冲位置上是信息码，不能扣除，然后通过写入脉冲扣除电路扣除帧定位、标志码等附加码。扣除后的支路码元的顺序与原支路码元的顺序一样，但在时间间隔上是不均匀的，如

图3.3.5(c)所示。因此在接收端必须从图3.3.5(c)波形中提取时钟，借助VCO(压控振荡器)、鉴相器和低通滤波器组成的锁相环的稳频滤波功能，获得间隔均匀的读出时钟，这一时钟频率即为f_L。再以f_L作为支路输出时钟从缓存器中读出支路信码，完成支路码速的恢复，如图3.3.5(d)所示。

【重点拓扑】

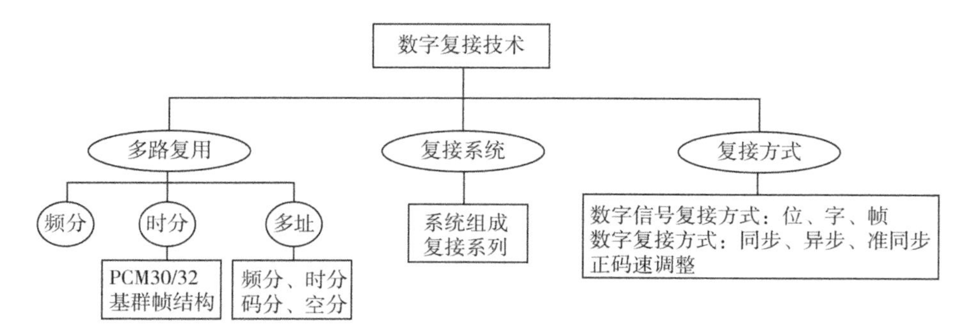

【基础训练】

1. 什么是多路复用？多路复用需要满足什么条件？
2. 什么是频分多路复用？其优点是什么？
3. 什么是时分多路复用？它与频分多路复用有什么区别？
4. 说明PCM30/32路基群帧结构中，TS_0时隙和TS_{16}时隙的作用。
5. 计算PCM30/32路系统的路时隙、位时隙的时间、1路话路的速率和数码率。
6. PCM30/32路系统1帧有多少bit？帧长是多少？1 s传多少帧？
7. 简述频分多址原理。
8. 简述时分多址原理。
9. 简述码分多址原理。
10. 数字复接系统由哪几部分组成？各部分的基本功能是什么？
11. 简述我国数字复接系列的构成方式。
12. 为什么二次群的数码率不是一次群数码率的4倍？
13. 数字信号的复接方法有哪几种？各有什么特点？
14. 同步复接和异步复接各有什么特点？
15. 数字复接中为什么要进行码速变换？
16. 简述码速调整和码速变换的区别。
17. 正码速调整是如何实现的？

【技能实训】

技能实训　时分多路复用的实现

模块四

信道编码

【教学目标】

知识目标：

1. 理解信道编码的基本概念；
2. 掌握差错控制的基本原理、常用差错控制方式；
3. 掌握几种常用的简单编码、(7,4)汉明码的编码方法；
4. 了解循环码的特性、卷积码的编码原理；
5. 掌握分组交织的基本原理及方法。

能力目标：

1. 明确信道编码的意义、对数字通信可靠性的影响；
2. 掌握差错控制编码的基本原理，理解不同差错控制编码的特点、功能与应用；
3. 学会分析汉明码的编译码过程、卷积码的编码过程和连环性。

教学重点：

1. 差错控制的基本原理、常用差错控制方式；
2. 奇偶校验编码的方法、(7,4)汉明码的编码；
3. 交织技术。

教学难点：

1. 差错控制的基本原理；
2. 汉明距离与纠检错能力的关系；
3. 循环码、卷积码的编码原理。

4.1 信道编码的任务

数字信号在传输过程中，由于信道加性噪声干扰以及信道带宽有限特性的影响，使信号波形失真，导致接收端对信号产生错误判决而造成误码。因此通过信道编码这一环节，对传输码流进行相应的处理，使系统具有一定的抗干扰能力和纠错能力，可极大地避免码流传送中误码的发生。

提高信息传输的可靠性，降低误码率是信道编码的任务。信道编码主要解决两大类问题：一是使信号频谱特性适应信道的频谱特性，从而使传输过程中能量损失最小，以提高信噪比，减少发生差错的可能性，这方面应当合理地选择代表数字信号的码型和调制、解调方式，采用频域和时域均衡，或加大发射功率，以尽量减少干扰的影响；二是增加纠错能力，使得即使出现差错，也能得到纠正，即对数字信号进行所谓的差错控制编码，使数字信号本身具有自动检错和纠错能力，将误码影响进一步降低。

差错控制编码有时也称信道编码或纠错编码，是针对传输信道的不理想，为提高数字传输可靠性而采取的一种措施，它的基本思想是通过在信息码序列中人为地加入一些码元，并使这些码元与信息码元之间建立起某种确定的关系，在接收端再利用这种确定关系来检查并纠正信息序列中的差错，从而提高数字信号传输的可靠性。显然，差错控制编码增加了多余的码元，降低了传输效率，这就相当于我们常常说的开销，就好像我们运送一批玻璃杯一样，为了保证在运输途中不出现打烂玻璃杯的情况，通常都用一些泡沫或海绵之类的东西将玻璃杯包装起来，这种包装使玻璃杯所占的容积变大，使原来能装 5 000 个玻璃杯的空间，包装后只能装 4 000 多个了，显然包装的代价使运送玻璃杯的有效个数减少了，但玻璃杯的完好率却大大提高。同样，差错控制编码就是用降低信息传输效率为代价来换取信息传输的可靠性。

信道编码不同于信源编码：信源编码是为了提高数字通信传输的有效性，压缩数码率而采取的措施，其方法是通过各种方式的编码尽可能地去除信号中的冗余信息，以降低传输速率和减少传输频带；而信道编码是为了提高数字通信传输的可靠性，降低误码率而采取的措施。为了能在接收端检测和纠正传输中出现的错误，势必要在发送的信号中增加一部分冗余码，因此信道编码反过来又增加了发送信号的冗余度，它实际上是通过牺牲信息传输的有效性来换取可靠性的提高。但是这两种冗余的性质并不相同，信源编码减少的冗余是随机、无规律的，而信道编码增加的冗余是特定、有规律的。对于一个真正实用的通信系统来说，两种编码常常都是必不可少的处理环节，它们分别为各自的目的服务，是系统最终达到有效性和可靠性的一种最佳折中。

4.2 差错控制编码的基本原理

根据信号传输中噪声干扰所引起的误码分布规律的不同，可将信道分为 3 类：随机信道、突发信道和混合信道。在随机信道中，误码的出现是随机的，且误码之间是相互独立、互不相关的。当信道中的干扰主要是形成随机误码时，该信道即为随机信道。在突发信道中，误码会成串地出现，即在极短时间内出现大量误码，且误码之间是有相关性的，前面的误码往往会影响到后面一串码的状态，这种成串出现的错码即突发误码。产生突发误码的主要原因是脉冲干扰和信道中的衰落现象。当信道中的干扰主要是引发突发误码时，该信道即为突发信道。将既存在随机误码又存在突发误码的信道称为混合信道。对于不同类型的信道，所采用的差错控制编码不同。

4.2.1 差错控制方式

常用的差错控制方式主要有 3 种，即前向纠错（FEC）、检错重发（ARQ）和混合纠错（HEC）。3 种方式的系统组成框图如图 4.2.1 所示。

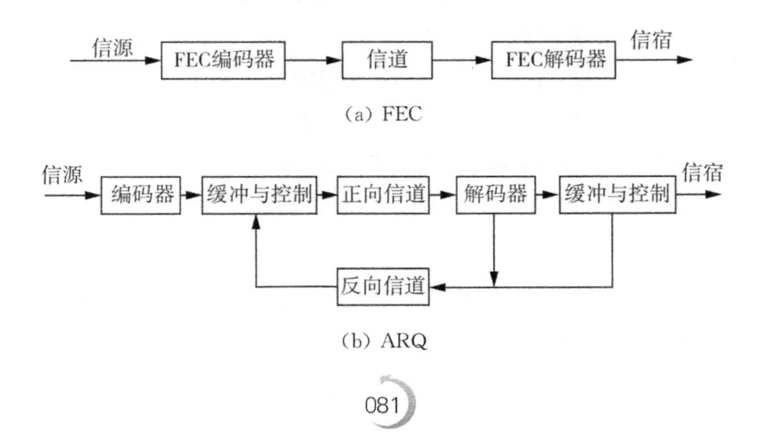

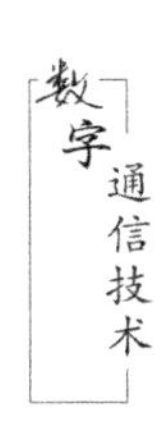

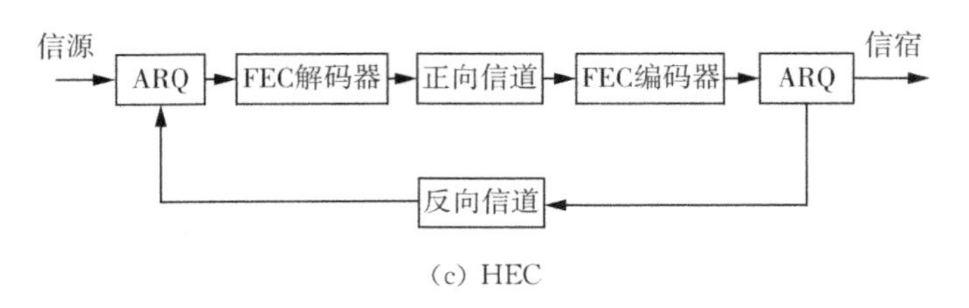

(c) HEC

图 4.2.1 差错控制方式的系统组成框图

1. 前向纠错(FEC)

前向纠错(Forward Error Correction,FEC)方式又称自动纠错方式,是指发送端对传输信息进行纠错编码处理,使发送的信码本身具有一定的纠错能力,接收端的纠错译码器收到这些信码之后,按预先规定的规则检错并自动地纠正传输中出现的错误,系统框图如图 4.2.1(a)所示。这种方式的优点是不需要反向信道,接收信息的连贯性好,即实时性好,特别适合广播电视、移动通信等的应用;缺点是编码冗余度较高,译码设备复杂,且纠错能力越强,编码效率越低,译码设备越复杂。

2. 检错重发(ARQ)

检错重发(Automatic Repeat Request,ARQ)方式是指发送端对传输信息加入少量监督码元的检错编码,接收端译码器根据编码规则,能够判断接收到的信码在传输中是否有差错产生。若有错,则通过反向信道通知发送端对有错的码组重新发送,直到接收端确认收到正确信息为止;若无错,则进行接收,系统框图如图 4.2.1(b)所示。所谓检错,是指在一组若干个接收码元中能检测到有差错,但不知道错在哪里,因此无法纠错。这种方式的优点是只需要少量的多余码就能获得极低的误码率,译码设备简单;缺点是需要有反向信道和缓存,实时性较差,会因反复重发使传输效率降低,严重时因等待时间长而造成事实上的通信中断。ARQ 方式不适用于一点到多点的通信系统或广播电视系统,主要应用在计算机数据通信中。

3. 混合纠错(HEC)

混合纠错(Hybrid Error Correction,HEC)方式是 FEC 和 ARQ 两种方式的结合。发送端发送的信码不仅能够检测错误,而且还具有一定的纠错能力。接收端译码器对接收到的码组进行检测,若发现差错并且差错在其纠错能力范围内,则自动纠正错误;若差错较多,超出了纠错能力,但还能检测出错误,则接收端通过反向信道请求发送端重发这组信息,直至接收正确,系统框图如图 4.2.1(c)所示。显然,HEC 方式具有 FEC 和 ARQ 两种方式的优点,系统内层的 FEC 在差错率不是很高的情况下可以直接纠错,只有在差错率高到 FEC 不能控制时才启动 ARQ,这将大大减少信码重发的次数,降低因重发带来的时延,并能保证系统误码率可降到很低。在实时性和译码复杂性方面,HEC 方式是 FEC 方式和 ARQ 方式的折中。HEC 方式适合用于环路时延大的高速传输系统。

在实际通信系统中,一般要根据信源的性质、信息传输的特点、信道干扰的种类和对误码率的要求来选择差错控制的方式。

4.2.2 差错控制编码的分类

差错控制编码的种类很多，通常从以下几个方面进行分类：

1. 按照差错控制编码的功能不同，可分为检错码、纠错码和纠删码等

检错码只能够发现错误，但不具备纠错功能；纠错码在检出差错的同时可以纠正错码；纠删码兼具检错和纠错能力，且当错码超过纠正范围时可以发出错误指示或将无法纠错的信息删除。

2. 按照误码的类型不同，可分为纠正随机误码的纠错码与纠正突发误码的纠错码

前者主要用于产生独立的随机误码的信道，而后者主要用于易产生突发性连续误码的信道。

3. 按照信息码元与监督码元之间的检验关系是否线性，可分为线性码与非线性码

差错控制编码时附加的监督码元与信息码元之间呈线性关系，即满足一组线性方程，则称为线性码；否则，就称为非线性码。例如，设 a_1a_2 为信息码元，a_3a_4 为监督码元，其中监督码元与信息码元的关系为：

$$\begin{cases} a_3 = a_1 \oplus a_2, \\ a_4 = a_2 \end{cases}$$

上式是线性方程组，因此该编码为线性码。但如果监督码元与信息码元的关系为：

$$\begin{cases} a_3 = a_1 \oplus a_2, \\ a_4 = a_1a_2 \end{cases}$$

则上式是非线性方程组，该编码属于非线性码。

4. 按照信息码元与监督码元之间的约束方式不同，可分为分组码与卷积码

在分组码中，把信息序列以每 k 位码为一组进行分组，再按某种约束关系加入 r 位监督码元，形成 $n=k+r$ 位的码组，附加的监督码元仅与本码组的信息码元有关，而与其他码组的信息码元无关。卷积码则不同，虽然编码后码元序列也划分为码组，但每组的监督码元不仅与本码组的信息码元有关，而且与前面若干码组的信息码元也有约束关系。

5. 按照编码前后信息码元是否保持原来的形式，可分为系统码与非系统码

在系统码中，编码后的信息码元保持原样不变，而非系统码中的信息码元则改变了原来的信号形式。也就是说，系统码的特征是 k 位信息组直接出现在 n 位码组中，信息位和监督位可区别出来(通常 k 位信息码元与原始数字信号一致，且位于码组的前 k 位)，而非系统码就不能区别它们。例如，若原信息码元为 0110010，经偶校验编码后变成 01100101，则校验后编码中前面的 7 位码与原信息码元一致，属于系统码。但如果该信息码元经 7B8B 码变换后变为 10110100，则变换后编码中信息码元状态发生变化，故属于非系统码。

6. 按照码元取值的不同，可分为二进制码和多进制码

根据编码所选用的数学模型或信息码元特性的不同，又包括多种编码方案。对于不同的数字传输方式，为了提高纠检错能力，达到系统对误码率的要求，通常会同时选用几

种差错控制编码方式。

4.2.3　差错控制编码的基本原理

信道编码的理论依据是香农定理，香农定理指出，对一个给定的有扰信道，若信道容量为 C，只要发送端以低于 C 的速率 R 发送信息，则一定存在一种编码方法，使得接收端译码差错概率 P_e 随着码长 n 的增加，按指数下降到任意小的值。这就是说，通过信道编码可以使通信过程不发生差错或使差错控制在允许的数值范围内。

1. 差错控制编码的基本原理

前面已经提到，信道编码的基本思想是在被传送的信息码元中附加一定数量的多余码元（称为监督码元或校验码元），由信息码元和监督码元共同组成一个码组，两者之间建立某种确定的约束关系。如果在传输过程中受到干扰，使某位码元发生了变化，就破坏了它们之间的约束关系。接收端通过检验这种约束关系是否被破坏来发现差错或进一步判定错误位置并纠正错误。

下面通过一个简单编码的例子来说明纠检错编码的基本原理。假设要传输 A、B 两个消息，A、B 只有两种状态，最简单的编码是用一位二进制码来区分 A 和 B，如用“1”代表消息 A，用“0”代表消息 B。假如在传输过程中有干扰，将“1”错传成“0”，接收端无法辨别它是否有错。即在这种编码情况下，任一个码在传输中发生错码，将变成另一信息码，接收端无法发现错误。这种编码没有冗余度，效率最高，但不具备检错和纠错能力。

如果在 1 位编码的基础上再增加 1 位冗余码组成重复码，即用“11”表示消息 A、“00”表示消息 B。如果传输中传错了一位，接收端收到的码组变为“01”或“10”，这两个码组都是传输码组中不会出现的，称为禁用码组。把“11”“00”称许用码组，故接收端在收到禁用码组时，就认为发现了错码。但由于“11”“00”错一位都有可能变成“01”或“10”，这就无法判定是“11”传错还是“00”传错。因此，这种编码只能检查出一位错码，但不能纠正错误。

假设用 3 位重复码编码，即用“111”表示消息 A、“000”表示消息 B。3 bit 二进制码有 8 种状态，其中“111”和“000”为许用码组，其余 6 种状态的码组都是禁用码组。即如果接收端接收“110”“101”“011”“001”“010”“100”时，都可判定是出现了错码，可能是错了一位，也可能是错了两位，根据出错的概率分布，同时错两位的可能性要小于错一位的可能性，所以可以判断“110”“101”“011”是由“111”传错一位造成的。这时接收端收到这三种禁用码组时，就纠正为“111”；同样道理，若收到另外三组禁码，则纠正为“000”。可见这种编码能够纠正一位错码。如果消息 A（“111”）或消息 B（“000”）产生两位错误时，虽然能根据出现禁用码组识别其错误（即接收端能检测两位错码），但纠错时却会做出错误的纠正造成误纠错，这属于超出了这种编码的纠错能力。如果消息 A 或消息 B 产生三位错误，则将从一个许用码组 A（或 B）变成了另一个许用码组 B（或 A），这时既检不出错，更不会纠错了，因为误码已成为合法组合的许用码组，自然不能发现错误。这说明，任何一种编码都有一定的识别范围，超出这一范围就无法再实现纠检错功能了。

从上面的例子可知，附加多余的监督码元并和信息码元之间建立起某种约束关系，可以实现检错和纠错，但也因增加监督码元而降低了信道的传输效率。一般来说，监督码元附加得越多，纠检错能力越强，信道的传输效率下降也越多。所以，纠检错能力是用增加信息量的冗余度来换取的，或者说，是以牺牲信息传输的有效性来获得信息传输的可靠性。

2. 有关差错控制编码的几个基本概念

(1) 码长

分组码一般用符号(n,k)表示，其中k表示每组二进制信息码元的位数，n表示编码码组（又称码字）中码元的总位数，称为码组长度，简称码长。

(2) 码重

对于二进制码组，码组中“1”码元的个数称为该码组的码重，简称码重，用W来表示。如码组11010，码重$W=3$。

(3) 码距

把两个等长码组之间对应码位上取值不同的个数称为这两个码组的汉明距离，简称码距，用d来表示。例如，两个码组11000与10011，它们在第2、4、5位上二进制码元不同，故$d=3$(码距等于两个码组对应位模2相加后“1”的个数)。

(4) 最小码距

在一个编码的码组集合中，任何两个许用码组之间码距的最小值称为最小码距，用$d_{\min}$来表示。如一个码组集合包含的码组有10110、10011和00100，则各码组两两之间的码距分别为：10110和10011的码距为2；10110和00100的码距为2；10011和00100的码距为4。因此该码组集合的最小码距为2，即$d_{\min}=2$。

最小码距是信道编码的一个重要参数，它的大小直接关系着编码的检错和纠错能力。由前面传输A、B两个消息的例子可知，加入冗余码后，编码的抗干扰能力增强，这主要是因为冗余码位数增加后，发送端使用的许用码组中，码字之间最小码距$d_{\min}$增大。由于$d_{\min}$反映了码组集合中每两个码字之间的差别程度，最小码距越大，说明码字间差别越大，从一个许用码字错成另一个许用码字的可能性越小，则其检错、纠错能力也就越强。因此，最小码距是衡量差错控制编码纠检错能力大小的标志。一般情况下，分组码中差错控制编码的检错和纠错能力与最小码距之间的关系有如下结论：

①在一个码组内，为检测e个错码，最小码距应满足：

$$d_{\min} \geqslant e+1\ ;$$

②在一个码组内，为纠正t个错误，最小码距应满足：

$$d_{\min} \geqslant 2t+1\ ;$$

③在一个码组内，为纠正t个错误，同时又能够检测e个错误，最小码距应满足：

$$d_{\min} \geqslant e+t+1(e>t)。$$

(5) 编码效率

设编码后的码组长度为n，其中包含的信息码元位数为k。编码效率定义为信息位在编码序列中所占的比例，即信息码元位数k与码长n的比值，用η来表示：

$$\eta=\frac{k}{n} \tag{4.2.1}$$

由上式可知，当码组长度一定时，所加入的监督码元个数越多，编码效率就越低。

【例 4-1】已知 8 个码组为 000000,001110,010101,100011,101101,110110,111000,011011。

求:(1) 以上码组的最小码距。

(2) 将以上码组用于检错,能检出几位错码?

(3) 若用于纠错,能纠出几位错码?

解:(1) $d_{\min}=3$。

(2) 因为 $d_{\min}\geqslant e+1$ 且 $d_{\min}=3$,

所以 $e\leqslant 2$,能检出 2 位错码。

(3) 因为 $d_{\min}\geqslant 2t+1$ 且 $d_{\min}=3$,

所以 $t\leqslant 1$,能纠出 1 位错码。

4.3　几种常用的简单编码

下面介绍几种常用的差错控制编码,这些编码构造比较简单,易于实现,且具有较高的抗干扰能力,因此在实际中得到广泛的应用。

4.3.1　奇偶校验码

奇偶校验码又称为奇偶监督码,是一种最简单的检错码,在计算机数据传输中得到广泛的应用。它的基本思想是在原信息码后面附加一位监督码元,使得码组中“1”的个数是奇数或偶数。因此奇偶校验码可分为奇校验码和偶校验码。接收端依据接收码组中“1”的个数来检测是否有错。

编码时,首先将要传送的二进制信息序列按 $n-1$ 位分组,再按每组中“1”的个数计算第 n 位监督码元的值。编码后,整个码组中“1”的个数为奇数的称奇校验,为偶数的称偶校验。

设码长为 n,其中前 $n-1$ 位 $(a_{n-1},a_{n-2},\cdots,a_1)$ 是信息位,a_0 是监督位,两者之间的监督关系可表示为:

偶校验:增加的监督位 a_0,使码组中“1”的个数为偶数,满足 $a_{n-1}\oplus a_{n-2}\oplus\cdots\oplus a_0=0$;

奇校验:增加的监督位 a_0,使码组中“1”的个数为奇数,满足 $a_{n-1}\oplus a_{n-2}\oplus\cdots\oplus a_0=1$。

如:信息码为 10010101,则偶校验码为 100101010,奇校验码为 100101011。

接收端根据是否满足奇偶校验条件来判断传输过程中是否发生错误。奇偶校验码最小码距为 2,无论是奇校验还是偶校验,都只能检测出单个或奇数个错误,而不能检测出偶数个错误,也不能判断出差错的具体码元,故奇偶校验码只有一定的检错能力而不具备纠错能力。但利用奇偶校验码检测单个差错的效果还是令人满意的,因此它在计算机数据传输及 SDH 传输技术中得到广泛的应用。

4.3.2　二维奇偶校验码

二维奇偶校验码又称方阵码,这种码是对奇偶校验码的一种改进,其基本原理与奇偶校验码相似,不同的是每个码元都要受到行和列两个方向的约束,它可以克服奇偶校验码不能发现偶数个错误的缺点,是一种用于检测突发错误的简单编码。

二维奇偶校验码的具体编码方法如图 4.3.1 所示。将要发送的二进制信息序列按 $n-1$ 位码元进行分组，m 个码组排列成一个方阵，方阵中的每一行为一个码组。在每行的末尾加上一位监督码元 a_0^i（奇监督或偶监督）；同理，在每列的末尾也加上一位监督码元 c_{n-i}，以对该列的所有码元进行奇偶校验。

$$\begin{array}{cccc|c} a_{n-1}^1 & a_{n-2}^1 & \cdots & a_1^1 & a_0^1 \\ a_{n-1}^2 & a_{n-2}^2 & \cdots & a_1^2 & a_0^2 \\ \cdots & \cdots & \cdots & \cdots & \cdots \\ a_{n-1}^m & a_{n-2}^m & \cdots & a_1^m & a_0^m \\ \hline c_{n-1} & c_{n-2} & \cdots & c_1 & c_0 \end{array}$$

图 4.3.1　二维奇偶校验码的编码示意图

例如，110010110001010011000101100001100111010l……是要发送的信息序列，现将每 8 个码元分成一组编成方阵，对方阵的行与列都进行偶数监督，则在发送端编成如图 4.3.2 所示的方阵，然后按行或列发送出去。

	码组								行监督位(偶校验)
	1	1	0	0	1	0	1	1	1
	0	0	0	1	0	1	0	0	0
	1	1	0	0	0	1	0	1	0
	1	0	0	0	0	1	1	0	1
	0	1	1	1	0	1	0	1	1
列监督位(偶校验)	1	1	1	0	1	0	0	1	1

图 4.3.2　二维奇偶校验

接收端按同样行列排成方阵形式，然后根据行列的奇偶校验关系来检测有无差错。与简单的奇偶校验码相比，二维奇偶校验码不仅能检测出所有行、列中的奇数个差错，还能发现大部分偶数个差错。例如，出现在同一行中的两个差错虽然在水平校验中未能被发现，但通过差错码位所在列的垂直校验就可以被检测出来。但对于以矩形形式出现的偶数个差错，二维奇偶校验码是检测不出来的。如图 4.3.3 所示，图中“a”表示信息位，“c”表示监督位，如“x”所示的位置上出现差错，差错数行列都是偶数，且位于构成矩形的四个角

	码组							发监督	收监督
	a	a	a	a	a	a	a	c	c
	a	x	a	a	x	a	a	c	c
	a	a	a	a	a	a	a	c	c
	a	x	a	a	x	a	a	c	c
	a	a	a	a	a	a	a	c	c
发监督	c	c	c	c	c	c	c	c	c
收监督	c	c	c	c	c	c	c	c	

图 4.3.3　差错位置呈矩形形式无法检错

上，则收端检测时行、列的收、发端监督位均相同，不能检测出错误。此外，通过水平和垂直两个方向上的校验，能够确定某一行或列中出现奇数个错码的位置而予以纠正，如图4.3.4所示。因此，二维奇偶校验码常用于检测或纠正突发错误，它可以检测出误码长度小于和等于码组长度的所有错码，并能纠正长度小于1行的奇数个突发误码。二维奇偶校验码实质上是运用矩阵变换，把突发误码变成随机误码加以处理。因为这种编码非常简单，所以被认为是对抗突发误码很有效的手段。

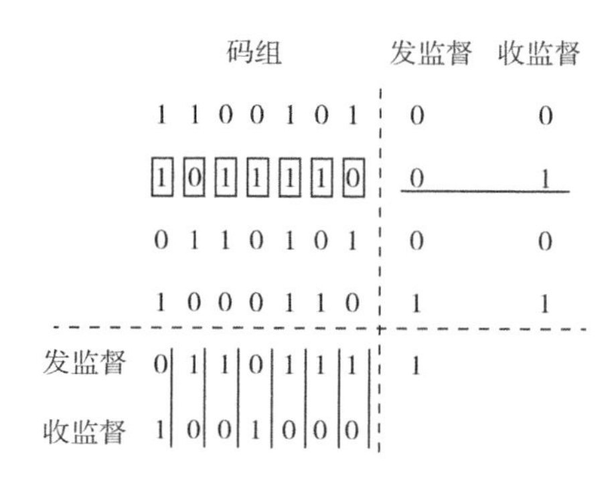

图4.3.4 一行中有奇数个突发差错的纠错

4.3.3 恒比码

码字中"1"与"0"的数目保持恒定比例的码称为恒比码。由于在恒比码中，每个码组均含有相同数目的"1"和"0"，因此恒比码又称等比码或等重码。

在我国用电传机传输汉字时，只使用阿拉伯数字代表汉字。这时采用的所谓"保护电码"就是"3∶2"恒比码或称"5中取3"的恒比码，即每个码组的长度为5，其中"1"的个数恒为3的码组。5 bit码元组成的码组共有$2^5=32$种状态，而恒比码规定只含有3个"1"、2个"0"的那些码组为许用码组，其许用码组的组合数为$C_5^3=10$个。这10个许用码组恰好可以表示10个阿拉伯数字(0～9)，如表4.3.1所示。因为每个汉字是以四位十进制数表示的，所以提高十进制数字传输的可靠性相当于提高了汉字传输的可靠性。

表4.3.1 "3∶2"的恒比码

十进制数字	1	2	3	4	5	6	7	8	9	0
"3∶2"恒比码	01011	11001	10110	11010	00111	10101	11100	01110	10011	01101

在国际电传电报上通用的ARQ(检错重发)通信系统中，目前广泛选用3个"1"、4个"0"的"3∶4"码，即"7中取3"恒比码，它有$2^7=128$个码字，其中有$C_7^3=35$个许用码组，分别表示26个字母及其他符号。

在检测恒比码时，只要计算接收码组中"1"的数目是否与规定相同，就可以判断有无错码。除了"1"错成"0"和"0"错成"1"成对出现的错误以外，这种码能发现其他所有形式的错误，因此检错能力很强。应用这种码，国际电报通信的误码率保持在10^{-6}以下。

4.3.4 正反码

正反码是一种简单的能够纠错的编码，这种码的监督位数目与信息位数目相同，附加的监督码元是信息码的重复或是反码。监督码的编码规则如下：

当信息码有奇数个“1”时，监督码是信息码的重复。如信息码为 10101，编码后的码字为 10101 10101。当信息码有偶数个“1”时，监督码是信息码的反码。如信息码为 11011，则编码后的码字为 11011 00100。

接收端解码规则：解码时先将接收码组中信息码和监督码对应码位模 2 相加，得到一个合成码组。若接收码组的信息位中有奇数个“1”，则合成码组就是校验码组；若接收码组的信息位中有偶数个“1”，则取合成码组的反码作为校验码组。最后，观察校验码组中“1”的个数，按表 4.3.2 中校验码组的状态进行判断及纠正可能发现的错码。

表 4.3.2 正反码纠检错表

序号	校验码组的组成	错码情况
1	全为“0”	无错码
2	4 个“1”，1 个“0”	信息码中有一位错，位置对应于校验码中“0”的位置
3	4 个“0”，1 个“1”	监督码中有一位错，位置对应于校验码中“1”的位置
4	其他情况	错码多于 1 个

例如，发送码组为 1010110101，传输中无差错，则合成码组为 10101 ⊕ 10101＝00000。由于接收码组信息位中有奇数个“1”，因此校验码组与合成码组相同为 00000。按表 4.3.2 判断，结果无差错。若传输中产生了差错，使接收码组变成了 10001 10101，则合成码组为 10001 ⊕ 10101＝00100。因为接收码组信息位中有偶数个“1”，所以，校验码组应取合成码组的反码，即 11011。校验码组中有 4 个“1”，1 个“0”，按表 4.3.2 判断信息位中第 3 位为错码，接收码组中信息码第 3 位是“0”，纠正为“1”。若接收码组错成 10101 11101，则合成码组为 10101 ⊕ 11101＝01000。因为接收码组信息位中有奇数个“1”，所以，合成码组就是校验码组，即校验码组为 01000，其中有 4 个“0”，1 个“1”，按表 4.3.2 判断监督位中左边第 2 位为错码，信息位无错，不需纠错。如果接收码组为 10011 10101，则合成码组为 10011 ⊕ 10101＝00110。因为接收码组信息位中有奇数个“1”，所以，校验码组与其相同为 00110，按表 4.3.2 判断错码多于 1 个，可检错，不能纠错。

正反码常用于电报通信，其信息码位数 $k=5$，监督码位数 $r=5$，码长 $n=10$。这种编码能纠正 1 个错码，检测全部两位以下和大部分两位以上的错码。

4.4 线性分组码

4.4.1 线性分组码的基本概念

所谓线性分组码，是指信息码元和监督码元之间的约束关系可以用一组线性代数方程来表示的分组码。而分组则是对编码方法而言的，即编码时将待传输的信息序列按每

k 个信息元分为一组，并按一定的规则加入 r 个监督码元，组成长度为 $n(n=k+r)$ 的二进制码组。其监督码元由本码组的信息码元建立的某种确定的约束关系得到，而与其他码字中的信息码元无关。要从 k 个信息码元中求出 r 个监督码元，必须有 r 个独立的线性方程，即 r 个不同的约束关系。根据不同的线性方程，可得到不同的 (n,k) 线性分组码。

一个码组长度为 n 的分组码，码字由两部分构成：信息码元（k 位）和监督码元（r 位），$n=k+r$，用符号 (n,k) 来表示。如果码字中的开头或结尾的 k 位是信息位，则称为系统码，否则称为非系统码。(n,k) 码可以表示 2^n 个状态，即可以有 2^n 个码字，但其中只有 2^k 个是许用码组，其余为禁用码组。奇偶校验码就是一种简单的线性分组码，如在偶校验时，它的信息码元和监督码元满足以下线性关系：

$$a_{n-1} \oplus a_{n-2} \oplus \cdots \oplus a_0$$

在接收端通过检查一个码组中的 k 与 r 之间是否仍然存在发送端那种确定的约束关系来发现或纠正错码。

4.4.2 (7,4)汉明码

汉明码是一种可以纠正单个随机错误的线性分组码。它具有以下特点：码长 $n=2^r-1$，信息码位 $k=2^r-r-1$，最小码距 $d_{\min}=3$，纠错能力 $t=1$，监督码位 $r=n-k$ 。这里 r 为 大于等于 2 的正整数，给定 r 后，即可构造出具体的汉明码 (n,k)。

(7,4)线性分组码就是一种 $r=3$ 的汉明码。设其码字为 $A=[a_6a_5a_4a_3a_2a_1a_0]$，其中前 4 位是信息码元 $a_6a_5a_4a_3$，后 3 位是监督码元 $a_2a_1a_0$。为达到纠错的目的，信息码元与监督码元之间应利用线性方程组建立起 3 个独立的约束关系，以产生监督码元。

先来回顾奇偶校验码：设发送码字 $a_5a_4a_3a_2a_1a_0$，其中 $a_5a_4a_3a_2a_1$ 为信息码元，a_0 为监督码元（偶校验），在接收端解码时，实际上是计算

$$S=a_5 \oplus a_4 \oplus a_3 \oplus a_2 \oplus a_1 \oplus a_0 \tag{4.4.1}$$

若 $S=0$，则认为无错；若 $S=1$，则认为有错，式(4.4.1)称为监督关系式（约束方程），S 称为校正子或校验子。由于 S 的取值只有两种状态，即 0 或 1，它就只能代表有错或无错这两种信息，而不能指出错码的位置。不难推想，如果监督位增加 1 位，即变成 2 位，则能增加一类监督关系式，由于两个校正子 S_1、S_2 的状态有 4 种组合——00，01，10，11，因此能代表 4 种不同的信息，若用其中一种表示无错，则其余 3 种就有可能来指示一位错码的 3 种不同位置。同理，r 个监督关系式能指示一位错码的 2^r-1 个可能位置。若 $r=3$，就有 3 个约束方程，可以指出 7 个不同的错误位置。

下面通过一个例子来说明(7,4)汉明码的编码、纠错过程。

1. 线性分组码的编码

由 $r=3$ 知，需要有 3 个监督方程，用 $a_6a_5a_4a_3$ 表示 4 位信息码元，为了与信息码元加以区别，用 $P_2P_1P_0$ 表示监督码元，并设 3 位监督码元与 4 位信息码元之间有如下约束关系：

$$P_2 = a_6 \oplus a_5 \oplus a_4$$
$$P_1 = a_6 \oplus a_5 \oplus a_3 \quad (4.4.2)$$
$$P_0 = a_6 \oplus a_4 \oplus a_3$$

式(4.4.2)规定了监督码元与信息码元之间的约束关系。当已知信息码元后，监督码元就可计算出来。4 位信息码元共有 16 种状态，按式(4.4.2)计算可得(7,4)码的全部码字，如表 4.4.1 所示。例如，信息码元为 0101，根据式(4.4.2)，$P_2P_1P_0$ 为 101，则(7,4)汉明码为 0101101。

表 4.4.1 (7,4)汉明码的许用码组表

序号	码字		序号	码字	
0	0000	000	8	1000	111
1	0001	011	9	1001	100
2	0010	101	10	1010	010
3	0011	110	11	1011	001
4	0100	110	12	1100	001
5	0101	101	13	1101	010
6	0110	011	14	1110	100
7	0111	000	15	1111	111

不难看出，上述(7,4)码的最小码距 $d_{\min}=3$，它能纠正一个错误或检测两个错误。从表 4.4.1 中还可以看出，线性分组码的另一个性质：码组集合中任意两个码组的对应位按模 2 和相加，得到的新码组仍然是这个许用码组集合中的一个，我们称之为封闭性。

值得注意的是：约束方程不是唯一的，不同的约束关系，(7,4)分组码的编码不同，但一旦约束方程确定，编码就是唯一的。

2. 纠错原理

接收端收到码组后，将重新检查约束方程是否仍然成立。将式(4.4.2)约束方程中的监督码元移项，等号左端用校正子 S 表示，并计算校正子是否为 0：

$$S_2 = a_6 \oplus a_5 \oplus a_4 \oplus P_2$$
$$S_1 = a_6 \oplus a_5 \oplus a_3 \oplus P_1 \quad (4.4.3)$$
$$S_0 = a_6 \oplus a_4 \oplus a_3 \oplus P_0$$

如果 S_2、S_1、S_0 均为 0，则表明接收码是正确的；如果 S_2、S_1、S_0 中有不为 0 而为 1 的，则表明接收码中有错码。而 7 位码中哪一位码是错码，可根据 3 位校正子与 7 位码的关系唯一确定，找出错误位置，也就可以纠错了。

将式(4.4.3)中各校正子与码元的约束关系用表的形式表明，有约束关系的码元为"1"，无约束关系的码元为"0"，见表 4.4.2。由表 4.4.2 即可找到 3 位校正子组成的码组与错码位置的关系。

表 4.4.2　校正子的取值与错码位置的关系

错码位置	a_6	a_5	a_4	a_3	P_2	P_1	P_0	无错
S_2	1	1	1	0	1	0	0	0
S_2	1	1	0	1	0	1	0	0
S_2	1	0	1	1	0	0	1	0

由表 4.4.2 可知，当仅错一位码时，对于 S_2 来说，a_6、a_5、a_4、P_2 有约束关系，所以，在 a_6、a_5、a_4、P_2 位置上错一位时，S_2 为 1，否则 $S_2=0$，这就意味着 a_6、a_5、a_4、P_2 这 4 个码元构成偶监督关系；同理，a_6、a_5、a_3、P_1 错一位时，S_1 为 1，否则 $S_1=0$；a_6、a_4、a_3、P_0 错一位时，S_0 为 1，否则 $S_0=0$。所以，当 S_2、S_1、S_0 为 111 时，错在 a_6；当 S_2、S_1、S_0 为 101 时，错在 a_4。S_2、S_1、S_0 的取值与误码的位置查表 4.4.2 即可。知道了错码的位置，将错码反码即可纠错。

(7,4)线性分组码可纠正一位随机错码，还可以检测到两位错码，但差错再多，就不能检错纠错了。汉明码及其变型目前已被广泛地用于数字通信及数据存储系统中的差错控制。

【例 4-2】设(7,4)线性分组码为 $a_6a_5a_4a_3P_2P_1P_0$，信息码元 $a_6a_5a_4a_3$ 为 1101，其监督方程为：

$$P_2=a_6\oplus a_5\oplus a_4$$
$$P_1=a_5\oplus a_4\oplus a_3$$
$$P_0=a_6\oplus a_5\oplus a_3$$

(1) 试画出错误位置与校正子的关系表；

(2) 对信息码元进行(7,4)线性分组码的编码；

(3) 当接收码组为 1001001 时，对接收码组进行纠错。

解：(1) 根据监督方程，计算出监督码元 $P_2P_1P_0$，写出校正子关系式：

$$P_2=a_6\oplus a_5\oplus a_4=1\oplus 1\oplus 0=0$$
$$P_1=a_5\oplus a_4\oplus a_3=1\oplus 0\oplus 1=0$$
$$P_0=a_6\oplus a_5\oplus a_3=1\oplus 1\oplus 1=1$$

$$S_2=a_6\oplus a_5\oplus a_4\oplus P_2$$
$$S_1=a_5\oplus a_4\oplus a_3\oplus P_1$$
$$S_0=a_6\oplus a_5\oplus a_3\oplus P_0$$

错码位置与校正子的关系如下表：

错码位置	a_6	a_5	a_4	a_3	P_2	P_1	P_0	无错
S_2	1	1	1	0	1	0	0	0
S_2	0	1	1	1	0	1	0	0

续表

错码位置	a_6	a_5	a_4	a_3	P_2	P_1	P_0	无错
S_2	1	1	0	1	0	0	1	0

(2) (7,4)分组码的编码为 1101001；

(3) 当接收码组为 1001001 时，

$$S_2 = a_6 \oplus a_5 \oplus a_4 \oplus P_2 = 1 \oplus 0 \oplus 0 \oplus 0 = 1$$
$$S_1 = a_5 \oplus a_4 \oplus a_3 \oplus P_1 = 0 \oplus 0 \oplus 1 \oplus 0 = 1$$
$$S_0 = a_6 \oplus a_5 \oplus a_3 \oplus P_0 = 1 \oplus 0 \oplus 1 \oplus 1 = 1$$

S_2、S_1、S_0 为 111，查表可得 111 对应 a_5。将 a_5 反码，由 0 变为 1，则码组纠正为 1101001，得到正确的信息码组 1101。

4.5 循环码

4.5.1 循环码的概念

循环码是一种重要的线性分组码，它是在严密的代数学理论基础上建立起来的，其编码和解码设备均不太复杂，且纠检错能力很强，受到人们的高度重视，在前向纠错系统中得到了广泛应用。

循环码除了具有线性分组码的一般性质外，其突出的特点是具有循环性，即循环码码组集合中任意一个码组经过循环移位（左移或右移）后，所得到的码组仍是该许用码组集合中的一个码组。例如，设 $(a_{n-1}, a_{n-2}, \cdots, a_1, a_0)$ 是 (n, k) 循环码，则码组 $(a_{n-2}, a_{n-3}, \cdots, a_1, a_0, a_{n-1})$ 或 $(a_0, a_{n-1}, a_{n-2}, a_{n-3}, \cdots, a_1)$ 都是该循环码码组集合中的码组。

表 4.5.1 中给出了一种(7,3)循环码的全部码组，由此表可以直观地反映出循环码的循环性。例如，第 3 号码组 0101110 循环右移 1 位即成为第 2 号码组 0010111，循环左移 1 位即成为第 6 号码组 1011100。

表 4.5.1 一种(7,3)循环码的码集

码元编号	信息码 $a_6a_5a_4$	(7,3)循环码 $a_6a_5a_4a_3a_2a_1a_0$
1	000	0000000
2	001	0010111
3	010	0101110
4	011	0111001
5	100	1001011
6	101	1011100
7	110	1100101
8	111	1110010

4.5.2 循环码的编码

循环码的编解码建立在多项式的除法代数运算上，所编循环码的码组可以被一个 x^{n-k} 次幂的多项式整除，即循环码的监督码元与信息码元之间利用除法代数运算建立起约束关系。

1. 码多项式 $C_n(x)$

我们知道，一个二进制码在表示它的权重和大小或转换成十进制时，可以用以 2 为底的多项式表示：

$$a_{n-1}a_{n-2}\cdots a_1a_0=a_{n-1}2^{n-1}+a_{n-2}2^{n-2}+\cdots+a_12^1+a_02^0 \tag{4.5.1}$$

例如，1010011，$n=7$，可表示为：$1\cdot2^6+0\cdot2^5+1\cdot2^4+0\cdot2^3+0\cdot2^2+1\cdot2^1+1\cdot2^0$。

为了表示成一个多项式的代数关系，把上述多项式的底 2 变换成 x，即写成以 x 为底的多项式。上式变为：

$$1\cdot x^6+0\cdot x^5+1\cdot x^4+0\cdot x^3+0\cdot x^2+1\cdot x^1+1\cdot x^0=x^6+x^4+x^1+1$$

这样就把一组二进制码组写成了代数多项式的形式。

为了便于用代数理论分析循环码，将(n,k)循环码用一个代数多项式来表示，即对于码长为 n 的码组 $C_n=(a_{n-1},a_{n-2},\cdots,a_1,a_0)$来说，其代数多项式 $C_n(x)$ 可表示为：

$$C_n(x)=a_{n-1}x^{n-1}+a_{n-2}x^{n-2}+\cdots+a_1x+a_0 \tag{4.5.2}$$

式中仅用 x 的幂次标记码组中各码元的位置，即权值，因此，我们并不关心它的取值；把 $a_{n-1},a_{n-2},\cdots,a_1,a_0$ 的取值视为代数多项式的系数，这个多项式被称为码多项式。

以(7,4)循环码为例，其码多项式为：

$$C_n(x)=a_6x^6+a_5x^5+\cdots+a_1x+a_0 \tag{4.5.3}$$

这样每个码组都与一个不大于$(n-1)$次的多项式相对应，码组和多项式只是两种不同的表示方法。

循环码中的信息元有 k 位，$C_n(x)$ 的前 k 项就是代表信息元的多项式：

$$\begin{aligned}C_k(x)&=a_{n-1}x^{n-1}+a_{n-2}x^{n-2}+\cdots+a_{n-k}x^{n-k}\\&=x^{n-k}A(x)\end{aligned} \tag{4.5.4}$$

式中，$A(x)=a_{n-1}x^{k-1}+a_{n-2}x^{k-2}+\cdots+a_{n-k}$ 是一个由 k 比特信息码元组成的 x 的 $k-1$ 次多项式，我们称为信息码元多项式。可以看出，$A(x)$ 与 $C_k(x)$ 之间仅相差 x^{n-k}，也就是说，$C_k(x)$ 是将 $A(x)$ 循环左移$(n-k)$位的结果。例如，$x^0A(x)$ 表示码字中码位不变，$x^1A(x)$、$x^2A(x)$ 则表示码字依次左移一位和两位，权值也相应提高。

$C_n(x)$ 后面的$(n-k)$项是循环码的监督位(校验位)，其校验多项式是 x 的$(n-k-1)$次多项式，用 $R(x)$ 来表示，即

$$R(x)=a_{n-k-1}x^{n-k-1}+a_{n-k-2}x^{n-k-2}+\cdots+a_0 \tag{4.5.5}$$

显然，

$$C_n(x)=x^{n-k}A(x)+R(x) \tag{4.5.6}$$

2. 生成多项式 $G(x)$

前面已讲过，循环码的编码原理建立在多项式除法运算的原理上，所编循环码的码组可以被一个 x^{n-k} 幂次的多项式所整除，我们就把这个 x^{n-k} 次的多项式称为循环码的生成多项式，用 $G(x)$ 来表示。生成多项式 $G(x)$ 具有以下特点：它是一个常数项不为“0”的 $n-k=r$ 次多项式，且是这种 (n,k) 循环码中唯一的 r 次多项式，还是 x^n+1 的一个 r 次的因式。具体地说，通过对 x^n+1 进行因式分解，任选其中 x 的最高幂次为 r 的因式，就是所需的生成多项式。其形式为：

$$G(x)=x^r+g_{r-1}x^{r-1}+\cdots+g_1x+1 \tag{4.5.7}$$

如(7,4)循环码，$n=7$

$$x^7+1=(x+1)(x^3+x+1)(x^3+x^2+1) \tag{4.5.8}$$

则 $G(x)=x^3+x+1$ 或 $G(x)=x^3+x^2+1$ 任选其一，一旦确定了 $G(x)$，整个 (n,k) 循环码就被确定了。

根据循环码需建立的约束关系，循环码的编码应满足：

$$\frac{C_n(x)}{G(x)}=\frac{x^{n-k}A(x)-R(x)}{G(x)}=Q(x) \tag{4.5.9}$$

式中，$Q(x)$ 为 $C_n(x)$ 循环码除以生成多项式的商多项式。$C_n(x)$ 应能被 $G(x)$ 整除。上式也可写成：

$$\frac{x^{n-k}A(x)}{G(x)}=Q(x)+\frac{R(x)}{G(x)} \tag{4.5.10}$$

可见，$R(x)$ 是 $x^{n-k}A(x)$ 除以 $G(x)$ 所得的余式。$R(x)$ 的次数必小于 $G(x)$ 的次数，即小于 $n-k$。将此余式 $R(x)$ 加于信息位之后作为监督位，即将 $R(x)$ 与 $x^{n-k}A(x)$ 相加，得到的多项式必为一码的多项式，因而它必能被 $G(x)$ 整除。换句话说，(n,k) 循环码中任一码多项式都是生成多项式 $G(x)$ 的倍式。

与普通多项式运算不同的是：码多项式的系数运算是按模 2 和（即异或）运算规则进行的，即：

$$\begin{matrix} 1\oplus1=0 & 1\oplus0=1 & 0\oplus1=1 & 0\oplus0=0 \\ 1\cdot1=1 & 1\cdot0=0 & 0\cdot1=0 & 0\cdot0=0 \end{matrix} \tag{4.5.11}$$

3. 循环码的编码步骤

根据上述原理，循环码编码步骤可归纳如下：

①将给定的 k 比特信息，写出 x^{k-1} 的信息码元多项式：

$$A(x)=a_{n-1}x^{k-1}+a_{n-2}x^{k-2}+\cdots+a_{n-k}。$$

②用 x^{n-k} 乘 $A(x)$，这实际上是把信息码后附加上 $(n-k)$ 个“0”。

③选定生成多项式 $G(x)$，即从 (x^n+1) 的因子中选出一个 $(n-k)$ 次多项式。

④进行除法运算：$\dfrac{x^{n-k}A(x)}{G(x)}$，求得商 $Q(x)$ 和余式 $R(x)$，并变为 $\dfrac{x^{n-k}A(x)}{G(x)}=Q(x)+\dfrac{R(x)}{G(x)}$ 的形式。

⑤ $x^{n-k}A(x)-R(x)$ 即为循环码的编码码组。

【例 4-3】已知信息码元为 1101，进行(7,4)循环码的编码。

解：①将给定的 k 比特信号，写出 $A(x)$ 信息码元多项式

$$A(x)=x^3+x^2+1$$

②用 $x^{n-k}=x^3$ 乘 $A(x)$

$$x^3A(x)=x^3(x^3+x^2+1)=x^6+x^5+x^3=1101000$$

③确定生成多项式 $G(x)$

$G(x)$ 是 $x^n+1=x^7+1$ 式中的一个幂次为 $r=n-k=3$ 的多项式。将 x^7+1 因式分解

$$x^7+1=(x+1)(x^3+x+1)(x^3+x^2+1)$$

式中有两个 3 幂次的多项式，都可以作为生成多项式，只是选用的生成多项式不同，产生出的循环码组也不同。此题中选 $G(x)=x^3+x+1=1011$。

④计算除法求余式 $R(x)$

$$\frac{x^6+x^5+x^3}{x^3+x+1}=(x^3+x^2+x+1)+\frac{1}{x^3+x+1}$$

$$\begin{array}{r|l} & x^3+x^2+x+1 \\ x^3+x+1 & x^6+x^5+0+x^3 \\ & x^6+0+x^4+x^3 \\ \hline & x^5-x^4 \\ & x^5+0+x^3+x^2 \\ \hline & -x^4-x^3-x^2 \\ & x^4+0+x^2+x \\ \hline & -x^3+0-x \\ & x^3+0+x+1 \\ \hline & 1 \end{array}$$

或

```
         1111
1011)1101000
     1011
      1100
      1011
       1110
       1011
        1010
        1011
           1
```

即 $R(x)=001$

⑤(7,4)循环码为：

$$C_n(x)=x^3A(x)+R(x)=x^6+x^5+x^3+1=1101001$$

$R(x)$ 代表监督码元，将其附加在信息码元之后便形成 (n,k) 循环码，这种编码为系统循环码。

以上编码过程，在用硬件实现时，可以由除法电路来实现。除法电路是根据生成多项式而形成的带反馈连接的移位寄存器，利用这种除法电路就可以完成循环码的编码。

4.5.3 循环码的解码

纠错码的解码是该编码能否得到实际应用的关键所在。解码器往往比编码较难实现,对于纠错能力强的纠错码更复杂。根据不同的纠错或检错目的,循环码解码器可分为用于纠错目的和用于检错目的的解码器。达到检错目的的解码原理很简单,由于任一输出码组多项式 $C_n(x)$ 都能被生成多项式 $G(x)$ 整除,因此在接收端可以将接收码组 $B(x)$ 用原生成多项式 $G(x)$ 去除,当传输中未发生错误时,接收码组 $B(x)$ 定能被 $G(x)$ 整除;若码组在传输过程中发生错误,则 $\frac{B(x)}{G(x)}=Q'(x)+\frac{R'(x)}{G(x)}$ 除不尽,有余数。因此,可以根据是否有余项来判别码组中有无错码。

用于纠错目的的循环码的解码算法比较复杂。如果接收码组不能被生成多项式 $G(x)$ 除尽,则得到的余数就是错误图样,根据错误图样可以确定一种逻辑来确定差错的位置,从而达到纠错的目的。

需要指出的是,有错码的接收码组也有可能被 $G(x)$ 整除,这时的错码就不能被检出了,这种错误称为不可检错误,不可检错中的错码数必定超过了这种编码的检错能力。

4.5.4 BCH 循环码

BCH 码是一种非常重要的循环码,是以这种码的 3 个研究发明人姓氏的字首命名的。BCH 码具有纠正多个随机错误的能力,有二进制 BCH 码和非二进制 BCH 码之分。二进制 BCH 码的特点是:把码的生成多项式 $G(x)$ 与码的最小码距 $d_{\min}$ 联系起来。人们可以根据所要求的纠错能力 t 来选择生成多项式 $G(x)$,就可以很容易地构造出 BCH 码。它们的译码也比较简单,因此是线性分组码中应用最为普遍的一类码。

BCH 码是这样的一类码:对任意的正整数 m 和 t,必定存在长度为 2^m-1 的 BCH 码,它可以纠正 t 个独立差错,而所需的监督码位不多于 mt 个。因此,这类码的码长 $n=2^m-1$;信息元 $k\geqslant 2^m-mt-1$;最小距离 $d_{\min}\geqslant 2t+1$。码的生成多项式是由若干个 m 阶或以 m 的因子为最高阶的多项式相乘而构成的。例如,一个典型的(15,7)BCH 码,$m=4$,$t=2$,$n=2^4-1=15$,$k=2^4-4\times 2-1=7$,其码的生成多项式由下式组成:

$$G_1(x)=x^4+x+1 \tag{4.5.12}$$

$$G_2(x)=x^4+x^3+x^2+x+1 \tag{4.5.13}$$

$$G_3(x)=G_1(x)G_2(x)=x^8+x^7+x^6+x^4+1 \tag{4.5.14}$$

其编码方法同前。先把 7 位信息元左移 8 位,与 $G_3(x)$ 相除得之余数附加在信息元之后,这样便得到能被 $G_3(x)$ 除尽的 15 位 BCH 码。由此构成的(15,7)BCH 码的编码电路与循环码产生的方法一样。

BCH 码的工程设计上可以用查表法找到所需的生成多项式。

4.5.5 CRC 循环冗余校验码

循环冗余校验码简称 CRC 码,是一种常用于检测错误的(n,k)循环码。由于其检错能力强，它对随机错误和突发错误都能以较低冗余度进行严格检验，且实现编码和检错电路相当简单，因此在数据通信和移动通信中都得到了广泛的应用。

CRC 用于检错，一般能检测如下错误：

1. 突发长度 $l \leqslant n-k$ 的突发错误；
2. 大部分突发长度 $l=n-k+1$(的错误不可检测的这类错误只占 $2^{-(n-k-1)}$)；
3. 大部分突发长度 $l>n-k+1$(的错误不可检测的这类错误只占 $2^{-(n-k)}$)；
4. 所有与准用码组的距离小于 $d_{\min}$ 的错误；
5. 所有奇数个随机错误。

用于检错目的循环码一般使用 ARQ 通信方式。检测过程也是将接收到的码组进行除法运算，如果除尽，则表明传输无误；如果未除尽，则表明传输出现差错，要求发送端重发。CRC 码在数据通信中得到了广泛的应用。表 4.5.2 列出了已成为国际标准的 4 种 CRC 码，其中 CRC－12 用于长度为 6 bit 的字符，其他 3 种码则用于长度为 8 bit 的字符。

表 4.5.2　常用的 CRC 码

CRC 码	生成多项式 $G(x)$
CRC－12	$x^{12}+x^{11}+x^3+x^2+x+1$
CRC－16	$x^{16}+x^{15}+x^2+1$
CRC-CCITT	$x^{16}+x^{12}+x^5+1$
CRC－32	$x^{32}+x^{26}+x^{23}+x^{22}+x^{16}+x^{12}+x^{11}+x^{10}+x^8+x^7+x^5+x^4+x^2+x+1$

4.6　卷积码

卷积码也称连环码，它是于 1955 年由麻省理工学院的伊利亚斯(P. Elias)最早提出的一种非分组码。它与分组码有明显的区别，在(n,k)线性分组码中，编码器在一个码组中所产生的 $r=n-k$ 个监督码元仅仅取决于本组中的 k 个信息码元，与其他的码组之间互不相关，也就是说，分组码各码组之间彼此独立地进行编码、解码。而卷积码则不同，卷积码在任何一个(n,k)码段(也称子码)中的监督码元都不仅与本组的 k 个信息码元有关，而且与前面 m 段的信息码元有关，即卷积编码的码元与前后码元之间有一定的约束关系，使整个编、解码过程像链条一样，环环相扣、连锁进行，因此卷积码也称连环码。卷积码一般用(n_0,k_0,m)来表示，其中 n_0 为子码的长度，k_0 为信息元的位数，m 为移位寄存器的级数。

由于卷积码译码器的复杂度随 2^{mk} 的指数增长，因此 k_0 和 n_0 通常都取得较小，如取 $k_0=1$，$n_0=2$ 的卷积码，卷积码的编码效率 η 为 k_0/n_0。

4.6.1　卷积码的编码

卷积码编码器主要由移位寄存器和逻辑运算电路组成。以(2，1，2)卷积码编码器为例说明其编码原理。编码器由两级移位寄存器 D_1、D_2 和 2 个加法器Ⅰ、Ⅱ按一定的连接方式组成，如图 4.6.1 所示。

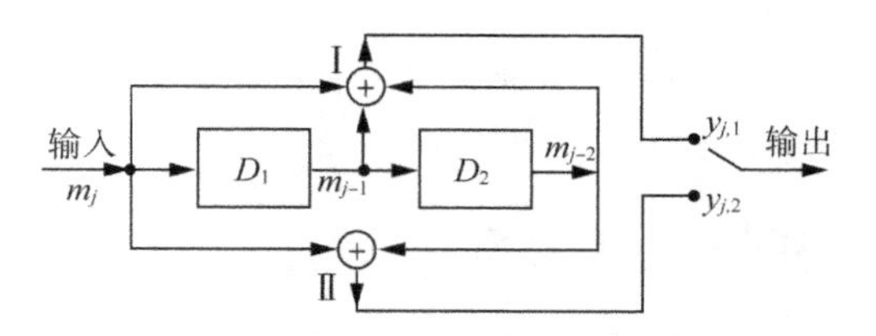

图 4.6.1 (2,1,2)卷积码编码器

(2,1,2)卷积码表示：子码长度 $n_0=2$，输入信息码元 $k_0=1$，移位寄存器级数 $m=2$。在编码器编码过程中，每输入 1 个信息码元，输出开关就在 $y_{j,1}$ 和 $y_{j,2}$ 之间轮流切换一次，输出 2 个码元，称一个子码，编码效率 $\eta=1/2$。一般来说，卷积码编码器每输入 k_0 个信息元，输出 n_0 个输出码元。编码时，将信息序列$\{m_j\}$逐比特输入，即每一个单位时间输入一个信息码元，同时移位寄存器内的数据往右移一位。设当前输入的信息元为 m_j，则 D_1 寄存器将存储的前 1 个信息元 m_{j-1} 移出，D_2 寄存器将存储的前 2 个信息元 m_{j-2} 移出，则按照编码器连接方式，输出的编码子码 $y_{j,1}$ 和 $y_{j,2}$ 由式(4.6.1)给出。

$$\begin{cases} y_{j,1}=m_j \oplus m_{j-1} \oplus m_{j-2}, \\ y_{j,2}=m_j \oplus m_{j-2} \end{cases} \tag{4.6.1}$$

式中，$y_{j,1}$ 为当前信息元 m_j 与前两个信息元 m_{j-1}、m_{j-2} 的模 2 加；$y_{j,2}$ 为当前信息元 m_j 与前第 2 个信息元 m_{j-2} 的模 2 加。显然，输出码元不仅与当前输入码元有关，还与前面 $m=2$ 个输入码元有关，码组之间存在相互关系，我们称为约束关系。

以图 4.6.1 所示的(2,1,2)卷积码编码器为例来说明其工作过程。当输入信息元 m_j 时，m_j 分三路分别送入 D_1 存储、Ⅰ加法器、Ⅱ加法器。此时 D_1 中存储的前 1 个信息元 m_{j-1} 移出至 D_2 存储和Ⅰ加法器，D_2 中存储的前 2 个信息元 m_{j-2} 分别移出至Ⅰ和Ⅱ加法器。按式(4.6.1)编码，由开关轮流接通 $y_{j,1}$，$y_{j,2}$，输出一个编码子码 $C_j(y_{j,1},y_{j,2})$。然后输入下一个信息元 m_{j+1}，进行下一组编码。例如，设寄存器 D_1、D_2 的初始状态均为 0，逐比特输入信息元 10111000。当输入第 1 比特“1”时，按式(4.6.1) 运算，输出的子码为 11。当输入第 2 比特“0”时，第 1 比特“1”右移一位，此时的输出比特显然与当前输入比特和前一个输入比特有关，输出的子码为 10。当输入第 3 比特“1”时，第 1、2 比特都右移一位，此时的输出比特与当前输入比特和前两个输入比特有关，输出的子码为 00。当输入第 4 比特“1”时，第 2、3 比特都右移一位，此时的输出比特与当前输入比特和前两个输入比特有关，而这时第 1 比特已经不再影响当前的输入比特了。移位寄存器的状态与输入、输出的关系见表 4.6.1。

表 4.6.1 寄存器状态与输入、输出的关系

寄存器状态 D_1、D_2	00	10	01	10	11	11	01	00
输入码元 m_j	1	0	1	1	1	0	0	0

续表

寄存器状态 D_1、D_2	00	10	01	10	11	11	01	00
输出码元 $y_{j,1}$、$y_{j,2}$	11	10	00	01	10	01	11	00

则输出码组：1110000110011100。

4.6.2　卷积编码子码间的约束关系

从上例分析可看出，第 j 时刻输入的信息元 m_j 所编出的子码 $C_j(y_{j,1},y_{j,2})$ 不仅与前 $m=2$ 个信息元有关，而且还参与后 $m=2$ 个子码的监督关系。也就是说，卷积码的信息码元不仅参与确定本码元的监督码，还对其后相邻码元的监督码有影响，即信息码元使前后相邻码元之间具有相关性或约束关系。我们把编码过程中相互约束的子码个数称为约束度，用 N 来表示。由于这种相关性是通过信息码输入改变移位寄存器的状态来实现的，因此卷积码的编码约束度 N 与移位寄存器的级数 m 有关。一般说来，约束度 N 等于移位寄存器的级数加 1，即 $N=m+1$。相应的，把 $(m+1)n_0=Nn_0=N_A$ 称为编码约束长度，它表示编码过程中相互约束的码元个数。在(2,1,2)卷积编码器中，$n_0=2,k_0=1,m=2$，所以 $N=m+1=3,N_A=Nn_0=3\times2=6$，即每输入一个信息元，除了要对本子码编码外，还要参加后 2 位信息元的子码的编码。即输入 m_j 时，输出 $C_j(y_{j,1},y_{j,2})$，m_j 还将参加 $C_{j+1}(y_{j+1,1},y_{j+1,2})$ 和 $C_{j+2}(y_{j+2,1},y_{j+2,2})$ 的编码，所以有约束关系的码元个数为 $3\times2=6$，称为约束长度。卷积码的纠错能力随 N 的增加而增强，误码率随着 N 的增加而呈指数下降。由于卷积码在编码过程中充分利用了各码组之间的相关性，因此在传输速率和设备复杂性相同的条件下，一般卷积码的性能要优于分组码。

4.6.3　卷积码的树状图

卷积码的编码过程可以用树状图图解的方法形象地进行描述。对于图 4.6.1 所示的(2,1,2)卷积码，其树状图如图 4.6.2 所示。树状图用来描述输入任何信息序列时，所有可能的输出码字。本例中移位寄存器级数 $m=2$，因此 D_1D_2 有 4 种可能的状态，分别设为：$a=00,b=10,c=01,d=11$，作为树状图中每条支路的节点。按照习惯做法，树的起始节点位于左边，每一个分支表示一个单独的输入信息元，当输入码元是 0 时，用上面的分支作为其输出；当输入码元是 1 时，用下面的分支作为其输出。因此，输出可由此时的输入和状态共同决定。

设(2,1,2)卷积码编码器移位寄存器初始状态为 $a=00$，当编码器输入第 1 位信息码 $m_1=0$ 时，输出的卷积码编码 $y_{1,1},y_{1,2}$ 为 00，移位寄存器保持 a 状态不变，对应图中从起点出发走上支路；当 $m_1=1$ 时，输出编码 $y_{1,1},y_{1,2}$ 为 11，移位寄存器状态转移到 $b=10$，对应图中从起点出发走下支路；然后再分别以这两条支路的终节点 a 和 b 作为处理下一位输入信息 m_2 的起点，从而得到 4 条支路。以此类推，可以得到整个树状图。图中每条支路上标注的码元是输出码元，每个节点标注的 a、b、c、d 是移位寄存器的状态。显然，随着输入序列长度的增加，树图中可能的路径数目按指数规律增加，因此理论上图 4.6.2 所示的树状图为无限长。但仔细研究树状图结构发现，从第 4 位信息开始，树状图的上半部和下半部完全相同，这种特性称为重复特性，这意味着此时的输出码元已和第1位信息无关，由此可以看出把卷积码的约束度定义为 $N=m+1$。因此，用有限长度的树状图即可研究卷积码的编码。图中虚线标出了输入信息序列为“1011”时的支路运行轨迹和状态变化路径，从中可以读出对应的输出码元序列为11100001；当输入信息序列为“10111000”时，对应的输出码元序列为1110000110011100。

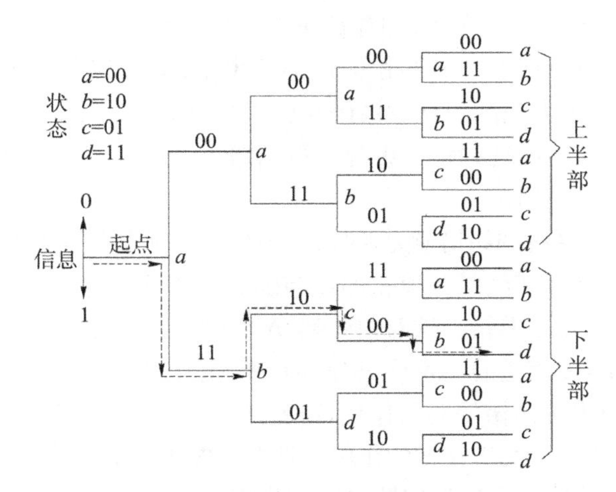

图 4.6.2 (2,1,2)卷积码树状图

4.6.4 维特比译码的基本原理

卷积码的译码方法主要有两类：一是基于信息码元和监督码元之间的代数运算关系进行的代数译码；二是根据信道的统计特性和编码规律进行的概率译码，如维特比译码和序列译码。维特比译码是目前用得较多的一种译码方法。

维特比译码建立在最大似然准则的基础上，它的基本思想是把已经接收到的序列与所有可能的发送序列进行比较，选择其中与接收序列汉明距离最小的那个序列作为最佳译码结果，这和运筹学中求最短路径的算法相类似。

维特比算法的基本原理可以用一个简单的例子来说明。假如我们要找一条从 A 到 B 费时最短的路。从 A 到 B 要经过一座桥 C，从 A 到 C 有5条路，从 C 到 B 有4条路。这样组合一下就有20(5×4)种走法，需要做20次测量来找出费时最短的路。但是，维特比指出了另一种方法：我们可以先找出 A 到 C 的最好路程，需要做5次测量，然后再找出从 C 到 B 的最好路程，需要做4次测量，总共测量9次(5+4)，这样就解决问题了。这个从乘法到加法的转变，就把复杂度从指数增长变成了线性增长。这个问题可以简化的关键在于：我们要优化的参数(时间)是每段路程之值的线性相加，而卷积码正好具有这个特性。

由于接收序列通常很长，因此将接收码字分段累接处理，每接收一段码字，计算、比较一次，保留码距最小的路径，直至译完整个序列。

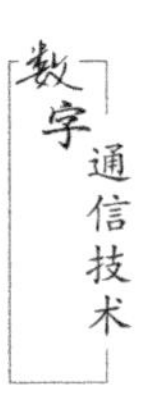

4.7 交织技术

4.7.1 交织技术的基本概念

我们先来举一个生活中的实例,如在读书时,偶尔遇到一个字看不清楚(这相当于一个随机误码),则通常可以由上下文的相关性推断出来;但如遇到一个整句甚至一整段文字都看不清楚(这相当于大范围的突发误码),就很难推断出其中的含义了。或者说,单个分散的错字要比集中成串出现的错字更容易得到纠正。这个例子可以帮助我们理解数字传输系统中交织技术的应用。

为了提高数字传输系统的纠错能力,纠错编码在实际应用中往往要结合数据交织技术。这是因为,实际信道中的差错经常是突发的或与随机差错并存的,所以误码经常成串发生,甚至连续一片数据都出现了差错。这时由于错误集中在一起,常常会超出纠错码的纠错能力,因此加入交织技术,使信道的突发误码分散开来,把集中出现的突发误码改成离散的随机误码,这样可以充分发挥纠错编码的作用,这就是交织技术的实质。加入交织技术后,系统的纠错能力可大大提高。交织技术的作用正是在于更加容易纠正突发误码。

交织技术是在传送信号之前先按照一定的规则,人为地打乱其排列顺序,使相邻的信息数据在时域或频域中尽可能远地分开来传送,而在接收端再重新恢复原顺序的编码方式。由于这种打乱排列只是改变了码元的传送次序,不需要另加监督码元,不会增加码率的冗余度,因此传输效率不会降低,它是一种非常有用的编码方式。

4.7.2 分组交织(块交织)

分组交织也称块交织,简单地说,就是将串行数据序列按行、列排成数据块(称交织码阵)。块交织器是一个二维存储器阵列,把串行数据先按行存入,然后按列读出。分组交织原理方框图如图 4.7.1 所示。

图 4.7.1 分组交织原理方框图

一般来说,对信号进行传输时,在发送端先对信息序列进行前向纠错编码,然后再进行交织处理。在接收端则先进行解交织处理,完成误码分散,再进行前向纠错解码,实现数据纠错。

分组交织是将 kl 个信息码元分为一组,按每行 k 个码元,共 l 行写入存储器,组成一个交织码阵。以(7,4)分组码 5 行交织为例进一步说明[块交织与(7,4)分组码一起编码使用]:以一行一个(7,4)分组码的码字顺序写入存储器,共写入 5 行组成一个交织码阵,如图 4.7.2 所示。各码元的下标中,第一个数字代表码字的序号;第二个数字代表本码字中的码元序号。

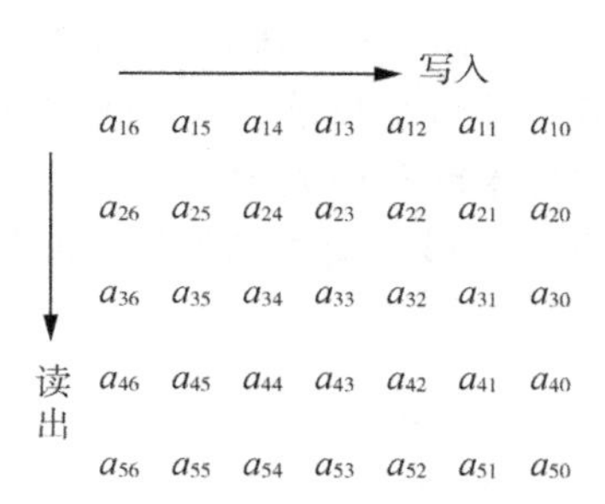

图 4.7.2 分组交织码阵

按行写入后，各码元再自左至右按列读出，故输出的交织码元序列以 $a_{16}a_{26}a_{36}a_{46}a_{56}a_{15}a_{25}\cdots a_{10}a_{20}a_{30}a_{40}a_{50}$ 的顺序在信道中进行传输。可见，传输顺序与原信息序列的顺序不同了。每个(7,4)分组码字的相邻码元之间相隔$(l-1)$个码元。因此，如果传输过程中发生突发误码，只要满足突发长度 $b\leqslant5$，则无论在何处发生差错，在接收端经解交织后，对任意一个(7,4)分组码字，最多只包含一个误码。所谓解交织（去交织）是将传送序列顺序恢复成原信息序列顺序的过程。如传输过程中 $a_{36}a_{46}a_{56}a_{15}a_{25}$ 连续 5 个码发生错误，到接收端经解交织，将传送序列按列顺序写入存储器，然后按行读出，就恢复出原信息序列。在解交织后的原信息序列中，突发长度为 5 的突发误码在时间上被分散，如图 4.7.3 所示。在任意一个(7,4)分组码字中，最多只包含一个误码。因为(7,4)分组码具有 1 位纠错能力，所以可纠正错误。原本对(7,4)分组码只有 1 位纠错能力，而经交织编码后，可以对连续 5 位误码的突发性错误进行纠正，这相当于把纠错能力提高了 5 倍。

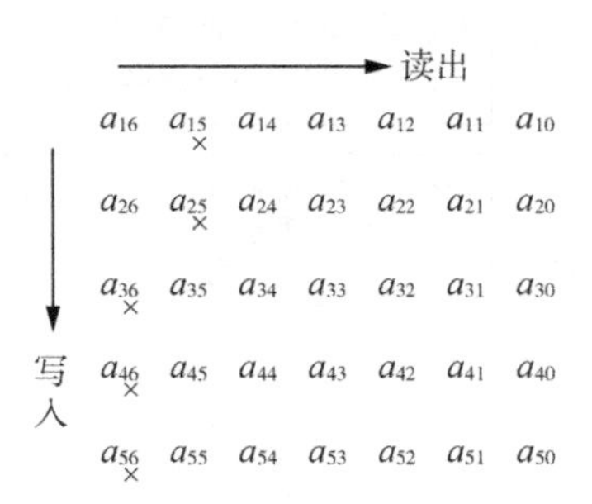

图 4.7.3 解交织码阵

在(7,4)分组码组成的交织码阵中，如果总行数为 l，则只要满足突发长度 $b\leqslant l$，就都可以得到纠正。通常 l 被称为交织深度（或交织度）。

对于任何纠错编码，若该码自身纠错能力为 t，通过交织编码后，若交织度为 l，则只要突发长度 $b\leqslant lt$，均可实现纠错。这是由于经过交织编码后，纠错能力提高了 l 倍，保证在去交织后的每个码组中误码数目为 $b/l\leqslant t$（b 突发长度的误码分散在 l 个码组中），故可纠错。

不言而喻，在交织码中交织度 l 越高，则相应纠正突发误码的能力也越强。但由于交织编解码是通过改变存储器的写入和读出次序来实现的，因此相应需要的存储器容量也越大，信息处理的时延也越长。所以说，交织编码的抗突发能力是以时间为代价的，这对实时业务，特别是对实时音视频业务带来很不利的影响，所以对于音视频等实时业务应用交织编码时，交织器的容量即尺寸不能取得太大。

另外，使用卷积交织技术也可以得到同样的效果，但是卷积交织技术更为复杂，这里不再详述。

【重点拓扑】

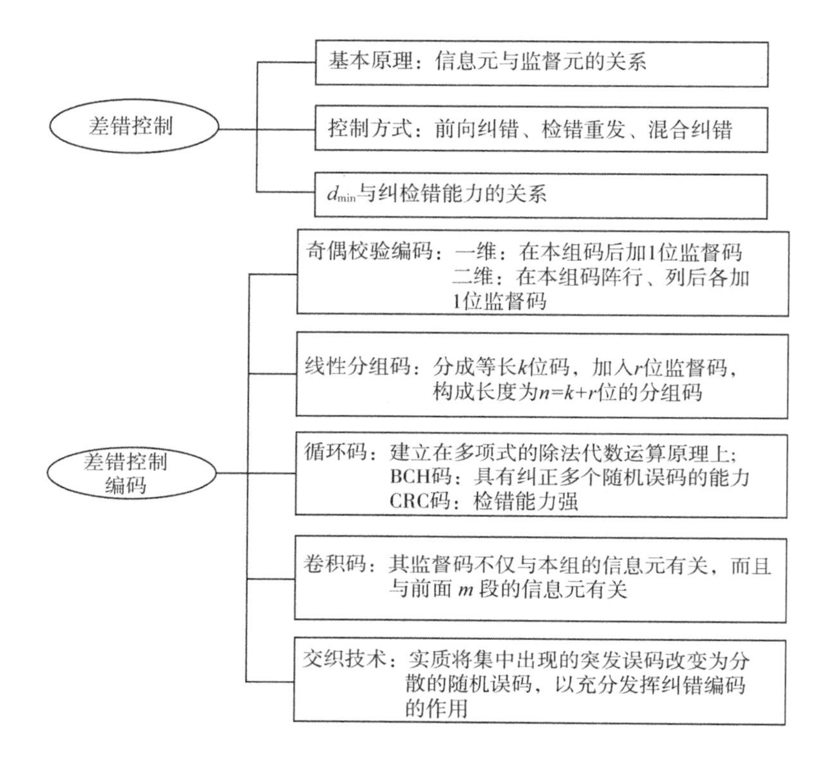

【基础训练】

1. 信道编码的任务是什么？
2. 信道编码与信源编码有什么不同？
3. 常用差错控制的方法有哪几种？各有什么特点？
4. 纠错码能检错或纠错的根本原因是什么？
5. 什么是码重、码距和最小码距？最小码距与纠检错的能力有什么关系？
6. 已知 8 个码组为 000000、001110、010101、011011、100011、101101、110110、111000，试求该码组的最小码距。
7. 上题给出的码组若用于检错，能检出几位错码？若用于纠错，能纠正几位错码？若同时用于检错与纠错，问纠错、检错性能如何？
8. 已知两码组为 0000、1111，若用于检错，能检出几位错码？若用于纠错，能纠正几位错码？若同时用于检错与纠错，问纠错、检错性能如何？

9. 对(n,k)线性分组码的编码，若要求它能检测 2 个差错，则最小码距应是多少？若要求它能纠正 1 个差错，则最小码距应是多少？若要求它能纠正 2 个差错，同时检测 4 个差错，则最小码距应是多少？

10. 二维偶监督码其检测随机及突发错误的性能如何？能否纠错？

11. 已知待传送信息序列 1110010100111100111001011000001……，现将每 6 个码元分成一组编成方阵，求二维偶监督编码。

12. 接收端接收一组正反码码组为 11101 11001，试用解码规则解码，并检测是否有错，若有错能否纠错？

13. 什么是线性分组码？线性分组码有哪些特点？

14. 设(7,4)线性分组码为$a_6a_5a_4a_3P_2P_1P_0$，信息码元$a_6a_5a_4a_3$为 1101，其监督方程为：

$$P_2=a_6\oplus a_4\oplus a_3$$
$$P_1=a_6\oplus a_5\oplus a_3$$
$$P_0=a_5\oplus a_4\oplus a_3$$

(1) 求 1101 的编码码组；(2) 当接收码组为 1101011 时，对接收码组进行纠错。

15. 什么是循环码？循环码的生成多项式如何确定？

16. 已知(7,3)循环码的生成多项式$G(x)=x^4+x^2+x+1$，求信息位为(111)时的循环码。

17. 什么是 BCH 码？有何特点？

18. 什么是 CRC 码？有何特点？

19. 什么是卷积码？卷积码与分组码有何区别？衡量卷积码性能的主要参数有哪些？

20. 简述交织技术的作用。交织技术是如何将纠错能力提高 l 倍的？

21. 什么是分组交织？

【技能实训】

技能实训 4.1　(7.4)汉明码的编译码

技能实训 4.2　卷积码的实现

技能实训 4.3　分组交织器(漏写)

模块五

数字信号的基带传输

【教学目标】

知识目标：

1. 掌握常用数字基带码型设计的原则及通信中几种常用的传输码型；
2. 了解数字基带信号的功率谱；
3. 了解数字基带系统的构成及各部分功能；
4. 弄清楚数字基带传输中引起码间干扰的原因，掌握无失真传输条件；
5. 了解部分响应系统提出的原因及部分响应信号的滚降特性；
6. 掌握加解扰的作用及基本原理；
7. 了解时域均衡的基本原理；
8. 了解眼图法估计数字基带传输系统性能的机理。

能力目标：

1. 清楚数字信号基带传输中的基本问题，掌握传输码型的特点与应用；
2. 掌握无失真传输条件及消除干扰的基本处理方法；
3. 掌握基带信号波形特点和码型转换的方法；
4. 能设计简单加解扰器。

教学重点：

1. 几种常用通信传输码型及特点；
2. 数字基带传输系统的模型；
3. 无失真传输条件；
4. 部分响应波形形成原理；
5. 加扰与解扰；
6. 时域均衡的概念及基本原理；
7. 眼图法估计数字基带传输系统性能的机理。

教学难点：

1. 数字基带信号的功率谱；
2. 无码间串扰的滚降系统特性；
3. 部分响应系统；
4. 时域均衡的基本原理。

数字信号在传输过程中会受到各种干扰的影响，因此会产生失真，从而使接收端产生误码。本章要讨论的问题是：一串数字信号如何通过给定的信道良好地传送到接收端。这里所谓的“良好”，就是接收端能以最小的差错率恢复出发送端发送的数字信号，而并不要求信号波形无失真地传输。要做到这一点，首先要了解信号的特性，在弄清其特性的基础上，设计一种适合于在给定信道上传输的信号波形，这种波形能在接收端以最小的差错率恢复出发送端发送的信号。因此，数字信号基带传输最本质的问题是波形设计问题及传输波形的改善技术。而一切改善技术都是为了减少接收端恢复发送信号时可能发生的差错率。

数字信号的传输,通常分为基带传输和频带传输。由消息转换过来的原始信号所固有的频带称为基本频带(简称"基带")。不搬移基带信号的频谱或只经过简单的频谱变换(不是搬移,只改变频谱结构属于线路编码问题)进行传输的方式叫作基带传输。将基带信号的频谱搬移到某个载频频带,再进行传输的方式叫作频带传输。

本章将对基带传输方式进行较为详细的讨论,并适当介绍信道均衡技术等问题。频带传输方式将在下一章中详细介绍。

5.1 数字基带信号的传输码型

5.1.1 线路编码的必要性

在 PCM 通信中,经抽样、量化、编码已获得数字信号,但从信源或编码器输出的码型都是单极性的二元码序列,为使该数字信号更适合在信道上传输,还需进行码型变换(线路编码),使其具有时钟分量等特性,在接收端易于同步接收发送端送来的数码流,并且还能根据码型变换形成的规律性自动进行检错和纠错。码型变换的输出即为数字基带信号,它可以不经调制直接在电缆信道中传输。

为了适应信道传输特性和再生恢复数字信号的需要,应选用合适的线路传输码型。选用传输码型应考虑的主要问题如下:

1. 要有利于提高通信系统的频带利用率

基带信号的编码要尽量采取压缩频带的编码方式,这样可以降低数码率和提高频带利用率。

2. 基带数字信号应具有尽量少的直流、甚低频或高频分量

对于传输频带低端受限的信道,基带信号的频谱中应该不含有直流分量,否则,当传输系统中有变压器或耦合电容时,信号中的直流分量就被阻隔,它相当于信号的零点漂移,必然会对信号传输造成干扰或失真。

尽量减小基带信号频谱中的高频分量,这一方面可节省传输频带,提高信道的频带利用率,另一方面还可减小串扰,因为高频分量越大,邻近码元之间产生的干扰就越严重。

3. 基带信号要便于提取定时信息

在基带传输系统中,要使接收端再生出原信息,必须要有定时信息。在某些应用中,定时信息可用单独的信道与基带信号同时传输,但在远距离传输系统中,这常常是不经济的。因此,需要从基带信号中提取定时信息,这就要求基带信号经过简单非线性变换后,能产生出定时信息。

4. 基带信号要具有内在的检错能力

从基带传输系统的维护和使用考虑,对基带信号中的错误信号状态应能及时实施监测,这就要求基带传输码型本身具有纠、检错能力。

5. 基带传输的码型应基本上不受信号源统计特性的影响,即应具有透明性

通常,对传输信息码"0""1"出现的概率不应有任何限制,即允许全"0"、全"1"或任何组合,这称作传输系统的透明性。为便于提取时钟信号,基带传输码型必须保证在任何情

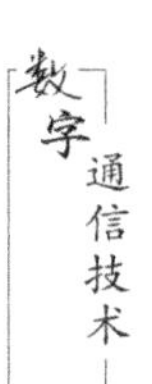

况下都要设法使序列中“0”“1”出现的概率基本上符合随机特性。

6. 传输码型经信道传输后的码间干扰应尽量小

数字信号在传输过程中，由于各种原因的影响会出现波形拖尾的现象，对后面的数码造成干扰，最终导致误码的产生，因此要求码间干扰要小。

7. 码型变换设备简单、易于实现

许多应用场景的数字信号传输要有良好的实时性，在能实现相同功能的前提下，码型变换设备越简单，信号处理越快捷，实时性越好。

5.1.2 常用的传输码型

1. 单极性不归零码[NRZ(L)]

A/D 变换器输出的就是 NRZ 码，为二元码。编码规则为：“1”用高电平表示，“0”用低电平表示，或反之；占空比为 100%(俗称不归零)，其码型如图 5.1.1 所示。

由图可见，单极性不归零码有如下缺点：

(1) 有直流成分，低频成分大；

(2) 无主时钟频率 f_B 成分，提取时钟 f_B 困难；

(3) 无自动误码检测能力，因传输码型无规律；

(4) 码间干扰比较大，因占空比为 100%，经传输后码元的拖尾比较长；

(5) 不能限制长连“1”和长连“0”的个数，因码序列中“1”和“0”出现的概率是随机的，出现的多少完全取决于信源幅度的变化规律，长串“1”和“0”的出现是不可避免的。

综上所述，单极性不归零码不符合要求，它不适合在电缆信道中传输。

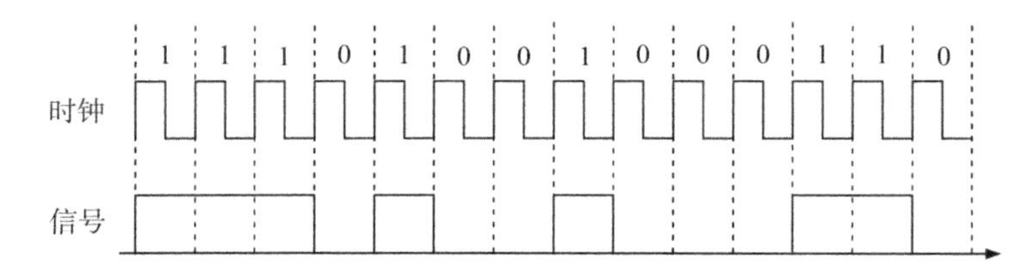

图 5.1.1 单极性不归零码

2. 双极性不归零码(NRZ)

在这种二元码中用正电平和负电平(即双极性)分别表示“1”和“0”，与单极性不归零码相同的是整个码元期间电平保持不变，因而在这种码型中不存在零电平，其码型如图 5.1.2 所示。

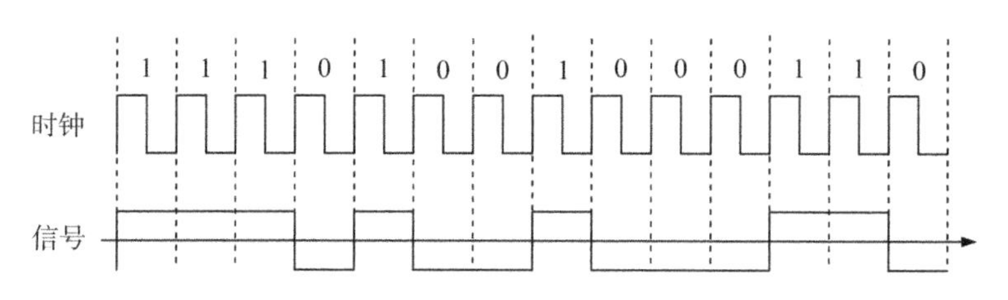

图 5.1.2 双极性不归零码

3. 单极性归零码(RZ)

RZ 码的占空比通常为 50%(俗称归零),也为二元码,其码型如图 5.1.3 所示。RZ 码与 NRZ(L)码相比,f_B成分不为零,有利于提取位同步信号。经传输后的码间干扰小,其他缺点仍然存在。所以单极性归零码也不适合在电缆信道中传输。但由于 NRZ(L)和 RZ 码型简单,电路容易实现,一般可在设备内使用。

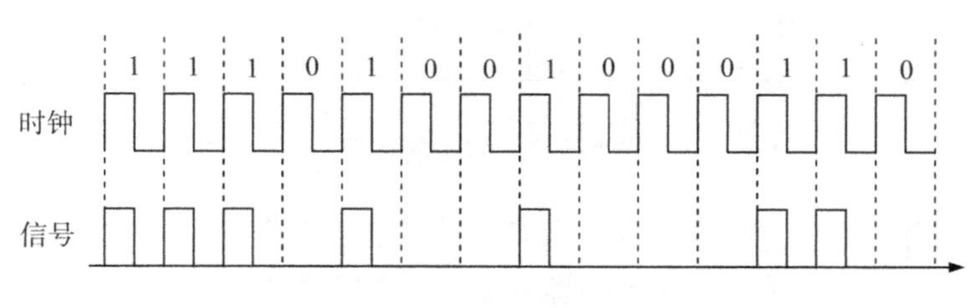

图 5.1.3 单极性归零码

4. 差分码(相对码)

在差分码中,“1”和“0”分别用电平跳变或不变来表示。若用电平跳变来表示“1”,则称为传号差分码(在电报通信中常把“1”称为传号,把“0”称为空号);若用电平跳变来表示“0”,则称为空号差分码。设二进制信号为 110101,图 5.1.4 分别画出对应的传号差分码和空号差分码,通常分别记作 NRZ(M)和 NRZ(S)。

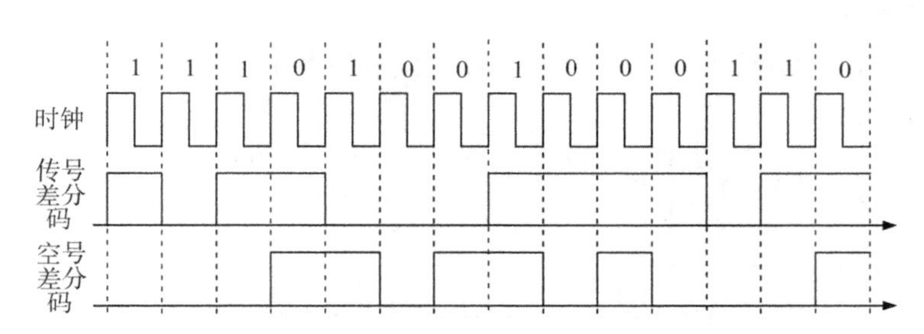

图 5.1.4 传号差分码和空号差分码

差分码并未解决前述 3 种二元码所存在的问题,但由于它的电平与信码“1”“0”不存在绝对的对应关系,而是用电平的相对变化来传输信息,因此,它可以用来解决相位键控同步解调时因接收端本地载波相位倒置而引起的信息“1”“0”倒换问题(即相位模糊问题),所以得到广泛应用。由于差分码中电平只具有相对意义,因而又称为相对码。

5. 数字双相码

数字双相码又称分相码或曼彻斯特码,其代码表示方式为:用一个周期脉冲表示“1”,用它的反相周期脉冲表示“0”,这样在每个码元间隔的中心部分都存在电平跳变,接收端易于提取定时信号。另外,由于脉冲周期内正负电平各占一半,因而不存在直流分量,最长连“0”、连“1”的个数为 2,定时信息丰富,编译码电路简单,具有检错能力,但其码元速率比输入的信码速率要高一倍,其码型如图 5.1.5 所示。

6. 传号反转码(CMI 码)

CMI 码是一种单极性不归零码,其编码原则为:将原来二进码的“0”码固定地编为

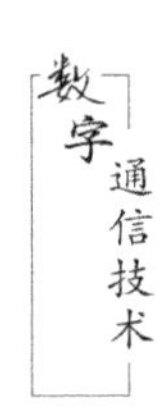

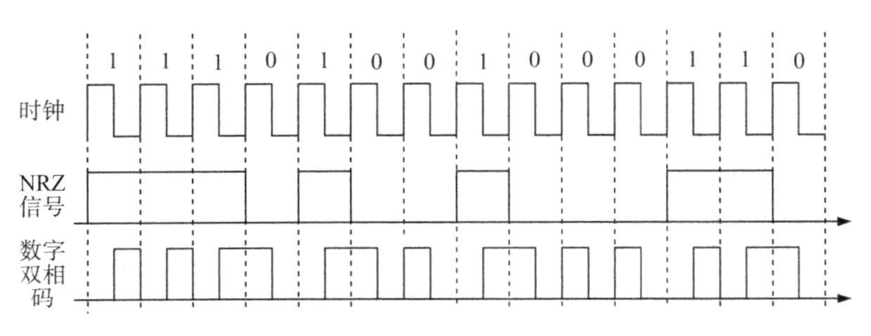

图 5.1.5　数字双相码

“01”，将“1”码交替地编为“00”或“11”，即若前一个“1”编为“00”，则紧跟后一个“1”编为“11”，“00”和“11”交替出现，从而使码流中的“0”和“1”出现的概率均等，CMI 码如图 5.1.6 所示。

由图可见，CMI 码的优点是：

(1) 无直流成分，低频和高频成分也少；

(2) 负跳变一定是一个周期的起始点，便于进行时钟提取，且能保证连“1”、连“0”的个数不大于 3；

(3) “10”作为禁用码字不准出现，接收方码流中一旦出现“10”，则判为误码，根据这个特性可以检查误码。

CMI 码是 ITU-T 推荐的 30/32 路 PCM 四次群设备的传输接口码型。

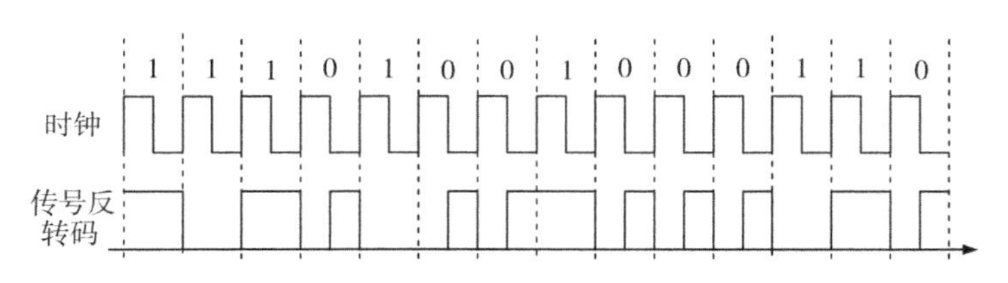

图 5.1.6　传号反转码(CMI 码)

7. 密勒码(Miller 码)

密勒码(Miller 码)也称延迟调制码，是一种变形双相码，其编码规则为：对“1”码起始不跳变，中心点出现跳变即用“10”或“01”来表示。对“0”码则分成单个“0”还是连续个“0”予以不同处理：单个“0”时，保持电平不变，即在码元边界处电平不跳变，在码元中间点电平也不跳变；连续个“0”时，使连续两个“0”的边界处发生电平跳变，密勒码码型如图 5.1.7 所示。

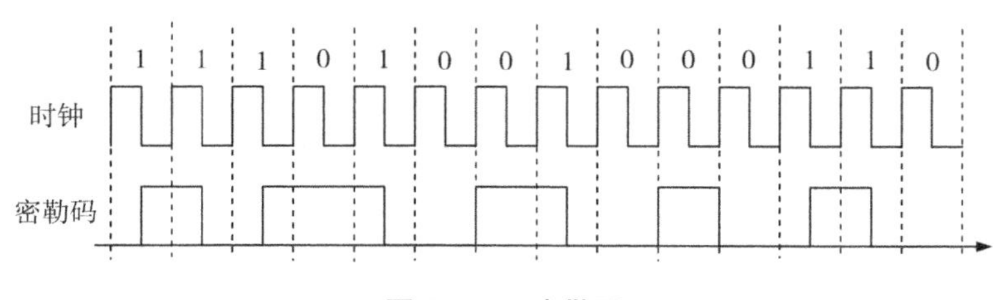

图 5.1.7　密勒码

8. 传号交替反转码(AMI码)

AMI码是一种三元码，所谓三元码就是幅度取值只有“负”“0”“正”三种状态的波形编码。AMI码的编码规则是：二进码序列中的“0”码编为“0”码，而“1”码则交替地用正、负脉冲表示，占空比为50%。因为“1”的极性交替，所以称为传号交替反转码，可以看出，AMI码属于双极性归零码，其码型如图5.1.8所示。由图可见传“0”码时输出0电平，传“1”码时交替输出正负幅度的归零码。

AMI码的特点是正负脉冲各占50%，无直流分量；具有一定的检错能力(极性交替规律被破坏)。所以，AMI码可作为基带码型在电缆线路上传输，但是与信源统计性能有一定关系，如出现多个连“0”时，同步信号的提取有困难。为了解决这个问题，可以采用HDB_3码。

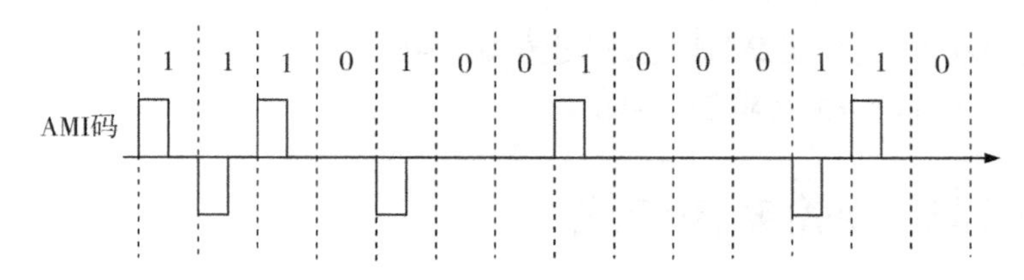

图5.1.8 传号交替反转码(AMI码)

9. 三阶高密度双极性码(HDB_3码)

HDB_3码是三阶高密度双极性码的简称，其码型如图5.1.9所示。HDB_3码保留了AMI码所有的优点，还可将连“0”码限制在3个以内，即克服了AMI码不能限制长连“0”的个数对提取时钟不利的缺点。

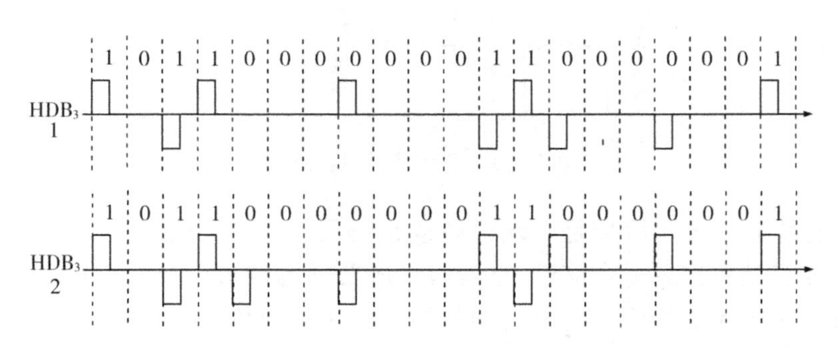

图5.1.9 三阶高密度双极性码(HDB_3码)

其码型变换规则为：

(1) 观察二进制码流中的连“0”，若连“0”的个数小于或等于3，则编码规则同AMI；若连“0”的个数大于3，则从第1个“0”开始，每4个“0”码划分为一组，称4连“0”组或者破坏节。

(2) 将所有的4连“0”组用破坏节000V代替，即把“0000”用“000V”代替，代替后要求V码与前面相邻的“1”码的极性相同，两个相邻V码之间的“1”的个数为奇数。否则把000V用B00V代替，B码与前面相邻的“1”码的极性相反。V码和B码都是插入的传号“1”码。

(3) V码的插入用于保证连“0”的个数小于或等于3,称为破坏点。V码本身要满足极性交替规则且必须和它前面相邻的“1”码同极性,其插入会破坏传号极性交替的规律;B码的插入用于保证正脉冲和负脉冲的总个数相等,从而保证无直流分量。

【例5-1】HDB_3码的编码,设输入二元代码为:

1 0 1 1 0 0 0 0 0 0 0 1 1 0 0 0 0 0 0 1

与前一破坏点之间有奇数个“1”:1+01−1+000V+0001−1+B−00V−001+

与前一破坏点之间有偶数个“1”:1+01−1+B−00V−0001+1−B+00V+001−

从该例可以看出,HDB_3码最大连“0”的个数为3。

HDB_3码具有AMI所有的优点,同时克服了由于长连“0”无法提取时钟分量的问题,而且HDB_3码中B码和V码均符合各自的极性交替规则,故出现误码后会破坏这一规律,接收端可以具备自检能力,适合在PCM电缆信道传输,因此可作为ITU-T推荐的30/32路PCM基群、二次群、三次群设备的传输接口码型。

5.2 数字基带传输系统组成

基带传输系统主要由波形变换器、发送滤波器、信道、接收滤波器和取样判决器等单元组成,其方框图如图5.2.1所示。

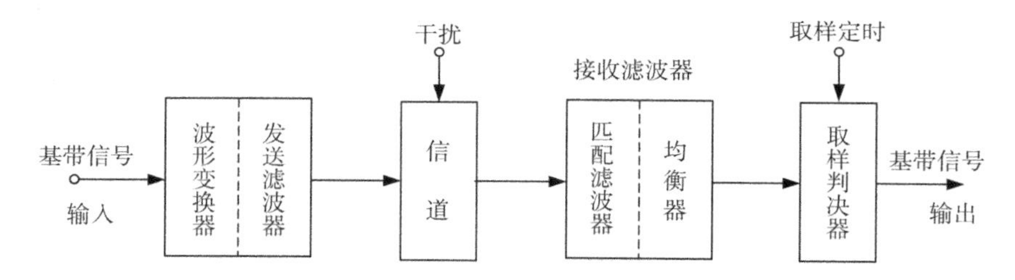

图5.2.1 基带传输系统组成

基带传输系统的输入信号是末端设备或编码器产生的脉冲序列,通常是单极性的NRZ码。为了使这种序列适合信道的传输,一般要通过波形变换器进行码型变换,以便把单极性的二进制脉冲序列变为双极性码,如AMI码或HDB_3码;或者进行波形变换,以减少信号在基带传输系统内的码间串扰。发送滤波器可以起抑制谐波或杂散频率分量的作用。信号经过信道时,由于信道的不理想和噪声干扰,会使信号受污染而变形。在接收端为了减小随机噪声与信号叠加所造成的影响,先使信号进入匹配滤波器,然后再经过均衡器。前者用来校正由于信道特性不理想而产生的波形失真和克服噪声干扰,后者则通过获得最佳传输波形来消除码间干扰。最后,在取样定时脉冲作用下,通过判决恢复基带信号。

5.3 基带信号波形与频谱特性

要讨论数字信号的基带传输，必须研究数字信号的功率谱特性。数字信号的波形有很多，其中较典型的是二进制矩形脉冲信号，它可以构成多种形式的信号序列。所以，可以从研究单个矩形脉冲的特性出发，导出数字信号序列的特性。

单个矩形脉冲的频谱可用下式表示：

$$F(\omega)=A\tau\frac{\sin(\omega\tau/2)}{(\omega\tau/2)} \tag{5.3.1}$$

式中，A 为脉冲幅度；τ 为脉冲宽度。通常定义 $B=1/\tau$ 为信号频带。要注意式(5.3.1)所表示的是电压谱密度函数，它是 ω 的连续谱，任一频率分量 ω 的振幅都是无穷小，只有在一个小的频率区间 $\Delta\omega$ 上才有频谱的振幅，其大小为 $|F(\omega)|\ \Delta\omega$。脉宽 τ 越窄，信号频带越宽，所以码元速率越高，信号带宽就越宽。

随机脉冲序列的功率谱可表示为

$$P_s(f)=2f_sP(1-P)|G_1(f)-G_2(f)|^2+f_s^2|PG_1(0)+(1-P)G_2(0)|^2\delta(f)+$$
$$2f_s^2\sum_{m=1}^{\infty}|PG_1(mf_s)+(1-P)G_2(mf_s)|^2\delta(f-mf_s),f\geqslant 0 \tag{5.3.2}$$

式中，$G_1(f)$，$G_2(f)$分别为 $g_1(t)$，$g_2(t)$的傅里叶变换；$g_1(t)$，$g_2(t)$分别表示符号“0”和“1”的波形，出现的概率分别为 P 和 $1-P$，且统计独立。$f_s=1/T$，T 是码元宽度。由式(5.3.2)可得出以下结论：

(1) 一般情况下，随机脉冲序列的功率谱密度包括连续谱 $G(f)$和离散谱 $G(mf_s)$两个部分。

(2) 由于代表“0”和“1”代码的 $g_1(t)$，$g_2(t)$不可能全相同，因此必有 $G_1(f)\neq G_2(f)$，所以 $P_s(f)$中总有连续谱存在。

(3) $P_s(f)$中的离散谱有可能不存在。例如 $g_1(t)$，$g_2(t)$是双极性脉冲且出现概率相等，则式 5.3.2 中的第二、三项均为零，即没有离散谱。显然由单极性不归零脉冲来代表“0”“1”，除存在直流分量 $G_1(0)$外，不存在离散谱 $G_1(mf_s)$，但变为归零脉冲即单极性归零脉冲后，总有 $G_1(0)$和 $G_1(mf_s)$存在，参看图 5.3.1。

(4) 仅从带宽而言，$P_s(f)$的带宽与单个脉冲电压谱相同，特别是用等概的双极性脉冲表示代码“0”“1”时，$P_s(f)$与单个脉冲的电压谱密度等效，即具有相同的成分和带宽。这个结论在工程应用上是很有用的，它使我们可以根据码元速率求出单个码元的频谱特性，从而知道这样的脉冲序列适合在什么样的信道中传输以及波形设计原则。

总之，通过随机脉冲序列功率谱的分析，一方面，我们了解到随机脉冲序列谱的特点和它的计算方法，从而能够找出适当的传输信道特性和选用合适的传输方式；另一方面，根据它的离散谱是否存在这一特点，我们明确能否从脉冲序列中直接提取定时时钟信号或通过什么变换就可以获得时钟(f_s)分量(最常用的变换办法是把不归零变成归零，再整流)。

特别要指出的是，在分析 $P_s(f)$时，并没有对 $g_1(t)$，$g_2(t)$应是什么波形进行任何限制，也就是说，上述分析方法对于确定数字调制波形的功率谱密度，无疑也是适用的。

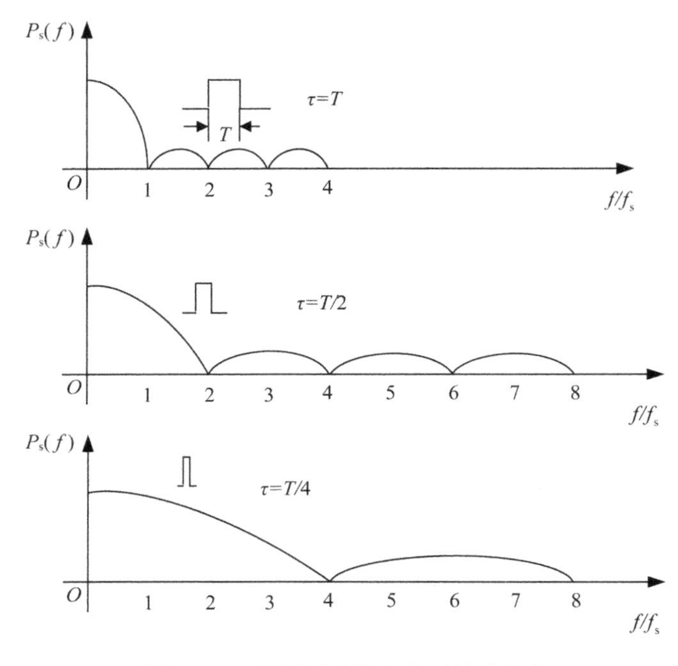

图 5.3.1　不同脉冲随机序列的功率谱

5.4　无失真传输条件

5.4.1　基带传输特性及码间串扰

在实际传输的数字信号序列中，其基本单元都是矩形脉冲，因此，研究矩形脉冲的频谱特性是确定最佳传输信道特性和选择合适传输方式的基础。

在研究数字信号传输时，为使分析过程简化，通常用单位冲激函数来表示数字信号，图 5.4.1 就是这种单位冲激函数及其对应的频谱。

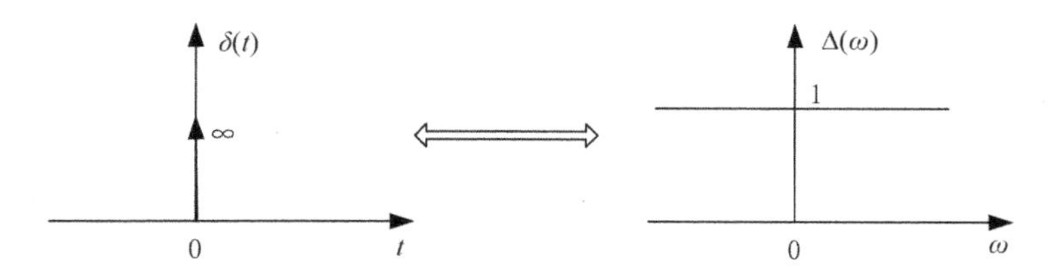

图 5.4.1　单位冲激脉冲及其对应频谱

可以看出，时域表示的单位冲激函数是 $t=0$ 时，$\delta(t)=\infty$；$t\neq0$ 时，$\delta(t)=0$。经傅里叶变换后，其对应的频谱则是无限的，即$-\infty<\omega<\infty$时，$\Delta(\omega)=1$。由此可以推断，对波形是有限时宽的数字信号，经傅里叶变换后，其所对应的频谱函数应是无限的，即带宽是

无限的。而在实际传输系统中，任何传输信道的频带宽度都不可能是无限的，这样，无限带宽的信号就要通过有限带宽的信道进行传输，必定会对信号波形产生不良影响，下面我们讨论这种影响。

设信道传输特性用一理想低通滤波特性表示，如图 5.4.2(a)所示。其对应的传输函数为

$$H(\omega)=\begin{cases}K, & |\omega|\leqslant\omega_c,\\0, & |\omega|>\omega_c\end{cases} \tag{5.4.1}$$

式中，ω_c 是低通滤波器的截止角频率，带宽为 $0\sim\omega_c$；K 是通带内的传输系数，可令 $K=1$。

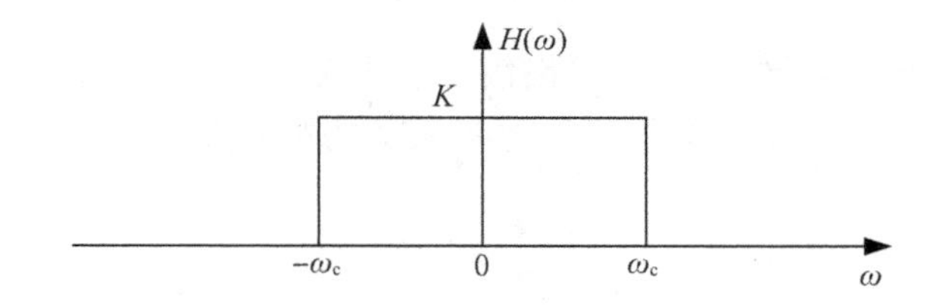

(a) 理想低通特性

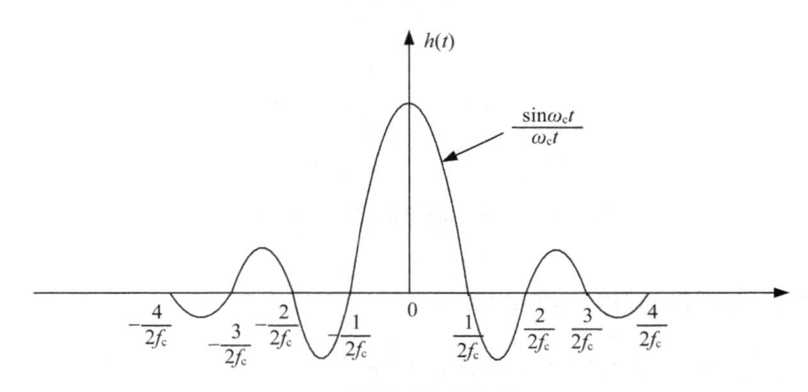

(b) 理想低通的冲激响应

图 5.4.2 理想低通滤波特性及其冲激响应

当认为理想低通网络是线性时不变系统，且不考虑信号间的相对时延关系时，单位冲激脉冲 $\delta(t)$ 通过此理想低通滤波后，其输出的响应可表示为

$$h(t)=\frac{\omega_c}{\pi}\cdot\frac{\sin(\omega_c t)}{\omega_c t} \tag{5.4.2}$$

与此式对应的响应波形图如图 5.4.2(b)所示，可以看出：

(1) 在 $t=0$ 时，响应 $h(t)$ 有最大输出值；随着时间的推移，输出响应的幅度逐渐振荡衰减，波形形成很长的拖尾。

(2) 输出响应在时间轴上具有很多零点，每个零点间隔都是 $\frac{1}{2f_c}\left(即\frac{T_c}{2}\right)$。

在实际传输中，如果通过理想低通的信号序列是：

$$S(t)=\sum_{n=-\infty}^{\infty}a_n\delta(t-nT) \tag{5.4.3}$$

式中，a_n 是二进制信号的取值，可取“1”或“0”，取“−1”或“+1”；$T=\frac{1}{2f_c}$，f_c 是理想低通滤波的截止频率。由于线性系统具有叠加性，因此输出响应是输入信号各分量的响应之和。假定理想低通的 f_c 与信号周期 T 之间没有 $f_c=\frac{1}{2T}$ 的关系，在只考虑式(5.4.3)中 $n=1$ 和 $n=2$，即只有 $a_1=1$，$a_2=1$，其他都为零的情况下，其输出响应如图 5.4.3 所示。由图可以看出，两个输入脉冲的响应总是相互影响的，我们把这一影响叫作码间干扰。也就是说，由于 $f_c\neq\frac{1}{2T}$，使 $a_1=1$，$a_2=1$ 的两个输出响应相互叠加，形成了干扰。其原因一方面是由于传输系统的带宽有限，使输出信号形成无限长拖尾所致；另一方面，输入脉冲频谱在第一个零点以外的较高频率分量上，还有较大的幅度，这也是引起码间串扰的原因。

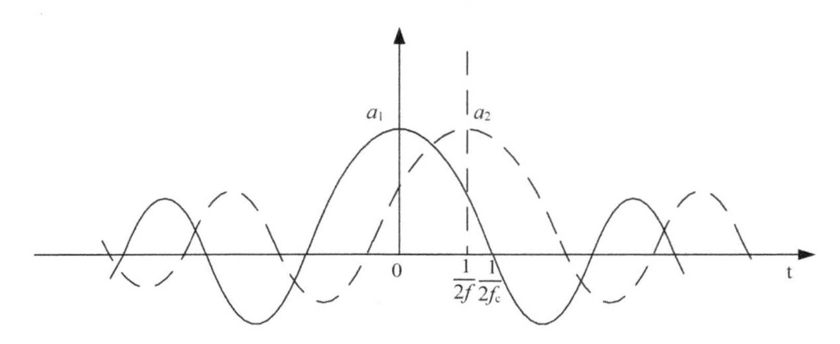

图 5.4.3　有码间干扰的脉冲序列响应

5.4.2　数字信号传输的基本准则

在数字基带传输中，码元波形是按一定间隔发送的，其信息荷载在幅度上，接收端再生判决，若能准确地恢复出幅度信息，则原始信码就能无误地得到传送。为此，只要找出特定时刻的波形能无失真地传送，就可不必要求整个波形不变。

从充分利用频带和不产生码间干扰的角度考虑，具有图 5.4.2 所示理想矩形特性的信道最为有利，这种信道特性的频谱在频带内是均匀的，在频带外则衰减为零；从信道响应看，沿时间轴延伸到无限远，每间隔 $t=\frac{k}{2f_c}$（k 为任意整数）出现一次零点。根据这一特点，如果我们在各 $\frac{k}{2f_c}$ 时刻分别加入一系列冲激脉冲作为取样脉冲，那么，该信道输出的信号序列在 $t=\frac{k}{2f_c}$ 点的取样值就仅与第 k 个输入脉冲有关。这是因为所有其他时刻输入的脉冲，通过信道后所产生的响应波形在该时刻都为零，自然不会产生码间干扰。

奈奎斯特等人研究了以上情况，提出了数字信号传输的无失真条件，即奈奎斯特第一准则。具体含义是：当数字信号序列通过某一信道传输时，如果信号传输速率 $f=2f_c$（f_c

为信道带宽)，各码元的间隔 $T=\frac{1}{2f_c}$，则该数字序列就可做到无码间干扰传输。这时，$f_c=\frac{1}{2T}$ 为奈奎斯特带宽，T 称为奈奎斯特间隔，$\frac{\sin\omega_c t}{\omega_c t}$ 响应波形称为奈奎斯特脉冲。由于码元间隔即取样值传输速率，也即 $\frac{1}{T}$，而所需频带宽度为 $\frac{1}{2T}$，因而采用理想低通滤波器的冲激响应波形作为接收波形，且取样值序列为二元信号时，其频带利用率为 2 bit/(s·Hz)。若取样值序列为 n 进制信号，则频带利用率为 $2\log_2 n$ bit/(s·Hz)。这也就是取样值无失真条件下所能达到的最高频带利用率。

奈奎斯特第一准则本质上是取样值无失真条件，它给我们指出了无码间干扰和充分利用频带的基本关系。同时说明，信号经传输后，虽然整个波形会发生变化，但只要取样值保持不变，那么用再次取样的方法(即再生判决)仍然可以准确无误地恢复原始信号。为此，采用理想低通滤波器的冲激响应波形作接收波形，就不会产生码间干扰。

5.4.3 无码间串扰的滚降系统特性

通过对理想低通滤波特性 $H(\omega)$ 的分析，我们来找到另外一种无码间串扰的系统——具有升余弦滚降特性(“滚降”是指升余弦信号的频谱过度特性，不是指波形的形状)的传输系统，来克服理想特性的两个缺点。

具有滚降系数的升余弦传输函数及其冲激响应波形如图 5.4.4 所示。对应的数学表示式为：

$$H(\omega)=\begin{cases}T, & 0\leqslant|\omega|<\frac{(1-\alpha)\pi}{T},\\ \frac{T}{2}\left[1+\sin\frac{\pi-\omega t}{2\alpha}\right], & \frac{(1-\alpha)\pi}{T}\leqslant|\omega|\leqslant\frac{(1+\alpha)\pi}{T},\\ 0, & |\omega|>\frac{(1+\alpha)\pi}{T}\end{cases}\tag{5.4.4}$$

$$h(t)=\frac{\sin\frac{\pi}{T}t}{\frac{\pi}{T}t}\cdot\frac{\cos\frac{\alpha\pi}{T}t}{1-\alpha^2t^2/T^2}\tag{5.4.5}$$

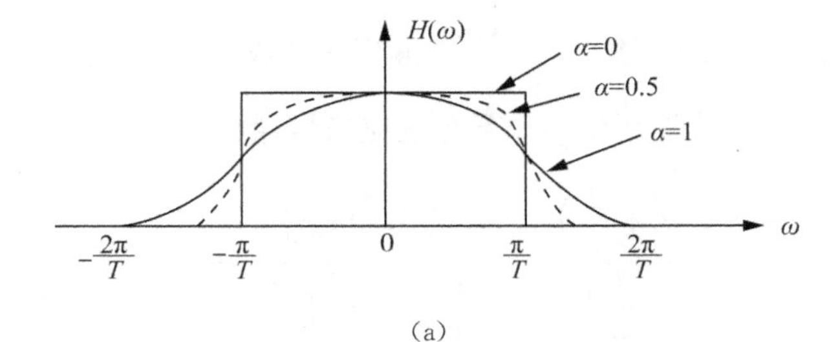

(a)

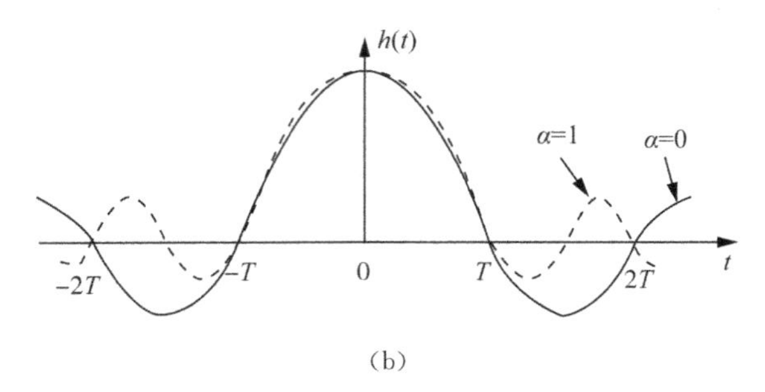

(b)

图 5.4.4 不同 α 值的升余弦响应

由式(5.4.4)、(5.4.5)和图 5.4.4 可以看出：

(1) 当滚降系数 $\alpha=0$ 时，系统为理想低通特性；当 $\alpha<1$ 时，系统为升余弦滚降特性。

(2) 对于 $\alpha>0$ 的升余弦特性，其冲激响应 $h(t)$ 的值除在取样点 $t=0$ 时不为零外，在其余各取样点上的值均为零，且在 $t>T$ 后，各样值点之间又增加了一个零，使“尾巴”随时间的延长而衰减加快，这对减弱定时抖动和消除码间干扰显然十分有利。

(3) 升余弦滚降信号在前后取样值处的串扰始终为零，因此它满足取样值无失真传输条件，α 越小，波形拖尾的振荡起伏越大，但传输频带减小；反之，α 越大，波形拖尾的振荡起伏越小，传输频带增加。极限情况下，$\alpha=1$ 时的滚降特性所占带宽比 $\alpha=0$ 时的带宽增加一倍，这样频带利用率只是 $\alpha=0$ 时的一半。

(4) 考虑到接收波形在再生判决中还要再进行取样才能实现无失真传输，而实际上理想的瞬时取样不可能实现，取样时刻不可能完全没有误差，取样脉冲宽度不可能等于零，因此，为了减小取样定时脉冲误差带来的影响，α 值不能取得太大，通常选择 $\alpha\geqslant0.2$。

5.5 部分响应系统

上面讨论了两种无码间串扰系统，即理想低通特性和升余弦滚降特性。理想低通虽然可使系统的频带利用率达到极限值 2 bit/(s · Hz)（二进制），但难以实现，且输出响应 $h(t)$ 拖尾严重。升余弦滚降特性虽然克服了上述缺点，但频带利用率下降。那么，我们能否找到一种既能达到最高的系统频带利用率，又能消除码间串扰的方法呢？这就是下面将要讨论的部分响应基带传输系统。

1. 部分响应信号的滚降特性

部分响应基带传输系统的滚降特性是利用 $\dfrac{\sin x}{x}$ 波形去克服 $\dfrac{\sin x}{x}$ 波形之缺点的一种特性，即用两个相隔一位码元周期 T 的 $\dfrac{\sin x}{x}$ 波形的合成波代替升余弦滚降的 $\dfrac{\sin x}{x}$ 波形，如图 5.5.1 所示。这种合成波形就叫作部分响应信号，数学式表示为

$$h(t)=\frac{\sin\frac{\pi}{T}\left(t+\frac{T}{2}\right)}{\frac{\pi}{T}\left(t+\frac{T}{2}\right)}+\frac{\sin\frac{\pi}{T}\left(t-\frac{T}{2}\right)}{\frac{\pi}{T}\left(t-\frac{T}{2}\right)}=\frac{4}{\pi}\left[\frac{\cos\frac{\pi t}{T}}{1-4t^2/T^2}\right]\tag{5.5.1}$$

$$H(\omega)=\begin{cases}Te^{j\frac{\omega T}{2}}+Te^{-j\frac{\omega T}{2}}=2T\cos\frac{\omega T}{2}, \\ 0\end{cases} \quad (5.5.2)$$

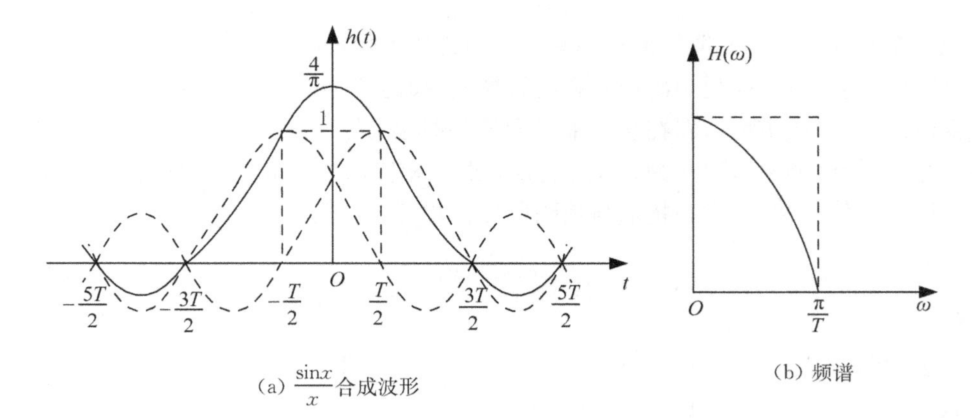

(a) $\frac{\sin x}{x}$合成波形　(b) 频谱

图 5.5.1　$\frac{\sin x}{x}$ 的合成波及频谱

由图 5.5.1 和式(5.5.1)、(5.5.2)可以说明以下几个问题：

(1) 合成的部分响应信号带宽为 $\frac{\pi}{T}$，码元间隔为 T，其频带利用率在二进制条件下可达 2 bit/(s·Hz)。

(2) 部分响应信号的 $H(\omega)$具有缓变的滚降过渡特性，其冲激响应 $h(t)$的波形拖尾，基本上按 $\frac{1}{t^2}$ 衰减。这是相距一个码元周期的 $\frac{\sin x}{x}$ 波形之正负振荡相反而互相抵消的结果。

(3) 部分响应信号的 $h(t)$在各取样点的值可分别求得为(取样间隔为 T)：

$$\begin{cases}h(t=0)=\frac{4}{\pi}, \\ h(t=\pm\frac{T}{2})=1, \\ h(t=\pm\frac{kT}{2})=0,(k=3,5,7,\cdots)\end{cases} \quad (5.5.3)$$

(4) 用部分响应信号的脉冲波形做系统传输波形，当以码元宽度 T 为间隔进行取样判决时，只在相邻的前后码元之间发生串扰[即当 $t=T$ 时，$0<h(t)<1$]，而其他判决时刻不发生码间串扰。这样，如果前一个码元已知，则后一个码元就可以从该时刻取样值减去前一个码元的串扰来得到。所以，这种部分响应信号的传输特性既可以达到极限频带利用率，又可以消除码间串扰。或者说，它的码间串扰是已知的、可以控制的，接收端可以将它除掉。例如，在 $t=0$ 时，先传送一个"1"码，接收端此时取样得"1"，就判决是"1"码。接着在 $t=T$ 时再发"0"码，即送出 $-h(t-T)$，这时接收瑞在 $t=T$ 时收到的是前一个"1"码响应的后尾(+1)，它与后一个"0"码(−1)叠加便得"0"。由于接收端已经收到了前

一个“1”，知道它还有正后尾，所以将样值减“1”后(得-1)再判决，结果判为“0”，正确地恢复了“0”码。

(5) 这种部分响应信号虽然解决了 $\frac{\sin x}{x}$ 波形的两个缺点，但它是以相邻码元取样时刻出现一个与发送端码元取样值相同幅度的串扰作为代价的。由于存在这种固定幅度的串扰，使部分响应信号序列中出现了新的取样值，我们把它称作“伪电平”。这个伪电平会造成误码的传播(或扩散)，即在前一个码元错判时会影响到几个码元的错判(直到连“0”出现为止)。如已知发送码元为 a_k，则接收波形在相应取样时刻上的取样值 c_k 应是 a_k 与前一位码串扰值之和，又因串扰值与信码取样值相等，故有：

$$c_k=a_k+a_{k-1} \tag{5.5.4}$$

例如：

二进制码：	1	0	1	1	0	0	0	1	0	1	1
a_k：	$+1$	-1	$+1$	$+1$	-1	-1	-1	$+1$	-1	$+1$	$+1$
a_{k-1}：		$+1$	-1	$+1$	$+1$	-1	-1	-1	$+1$	-1	$+1$
$c_k=a_k+a_{k-1}$：		0	0	$+2$	0	-2	-2	0	0	0	$+2$

其构成的部分响应信号的波形示意图如图5.5.2所示(为简单起见，图中忽略了该滚降波形的振荡部分)。可以看出，当 a_k 的取值为$+1$及-1(对应“1”及“0”码)时，采用上述部分响应信号作为接收波形的结果，使取样值出现-2、0、$+2$三种取值，从而构成一种伪三元序列。另外，当前一码元 a_{k-1} 出现，必然会影响到 a_k 的判决，这反映出它们的相关特性。

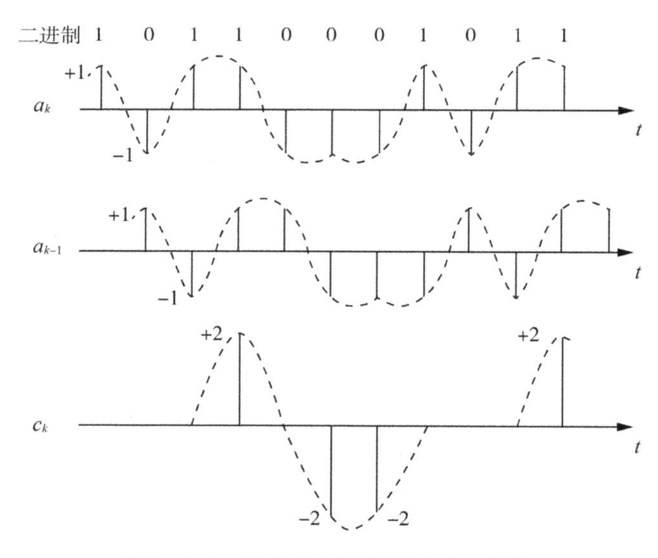

图5.5.2 部分响应信号的波形示意图

2. 部分响应波形的分类

利用上述合成波的构成方法，可以将 N 个 $\frac{\sin x}{x}$ 波形叠加，得到一般形式的部分响应

波形,其表达式为:

$$h(t)=r_0\frac{\sin\frac{\pi}{T}\left(t-\frac{T}{2}\right)}{\frac{\pi}{T}\left(t-\frac{T}{2}\right)}+r_1\frac{\sin\frac{\pi}{T}\left(t+\frac{T}{2}\right)}{\frac{\pi}{T}\left(t+\frac{T}{2}\right)}+\cdots+r_N\frac{\sin\frac{\pi}{T}\left(t+\frac{2N-1}{2}T\right)}{\frac{\pi}{T}\left(t+\frac{2N-1}{2}T\right)} \tag{5.5.5}$$

式中,$r_0,r_1,\cdots,r_N$ 是加权系数,均为整数,且可正、可负,也可为零。

此部分响应波形的频谱函数是:

$$H(\omega)=\begin{cases}T\sum_{k=0}^{N}r^k\mathrm{e}^{-\mathrm{j}T(2k-1)/2}, & |\omega|<\frac{\pi}{T},\\ 0, & |\omega|\geqslant\frac{\pi}{T}\end{cases} \tag{5.5.6}$$

由式(5.5.5)和式(5.5.6)可以看出,部分响应波形的一般表示式是$(N+1)$个相继出现的奈奎斯特脉冲的加权组合波形。为此,我们根据加权系数 r_k 的不同取值,可得到不同的部分响应波形,并分别定名为Ⅰ、Ⅱ、Ⅲ、Ⅳ、Ⅴ类部分响应信号。其中应用最多的第Ⅰ类和第Ⅳ类部分响应信号的波形、频谱特性及加权系数值列于表 5.5.1 中。

由表 5.5.1 可以看出:

(1) 各类部分响应信号的频谱均不超过理想低通信号的频谱宽度(即 $\frac{\pi}{T}$),但它们的频谱结构和对邻近码元取样时刻的串扰并不相同。

(2) 第Ⅰ类部分响应信号的频谱能量主要集中在低频段,因此适用于传输系统中信道频带高端严重受限的情况,第Ⅳ类部分响应信号具有无直流分量且低频分量很小的特点。

(3) 第Ⅰ、Ⅳ类部分响应信号的二进制取样值电平数在五类响应信号中为最少(只有3个)。当输入为 L 进制信号时,经部分响应传输系统得到的第Ⅰ、Ⅳ类信号的电平数为$(2L-1)$。

表 5.5.1 Ⅰ、Ⅳ类部分响应信号

类别	r_0	r_1	r_2	$h(t)$	$\|H(\theta)\|$	二进制输入时取样值电平数
二进制	1			t	T, O, π/T, ω	2
Ⅰ	1	1		t	T, $2T\cos\frac{\theta T}{2}$, O, π/T, ω	3

续表

类别	r_0	r_1	r_2	$h(t)$	$\lvert H(\theta)\rvert$	二进制输入时取样值电平数
Ⅳ	1	C	−1		T $2T\sin\theta T$ O π/T ω	3

3. 部分响应系统的相关编码和预编码

(1) 相关编码

前文已指出，当输入信码取样值为“1”时，部分响应信号的当前取样值 c_k 与其他信码的串扰值有关。用一般形式表示时，如设发送序列为 a_k，则接收端在 $t=kT$ 时刻的样值：

$$c_k=r_0a_k+r_1a_{k-1}+\cdots+r_Na_{k-N} \tag{5.5.7}$$

此式说明 c_k 不仅与 a_k 有关，还与 a_k 以前的 N 个码元有关，我们把式(5.5.7)称为部分响应信号的相关编码。显然，式中不同的加权值 r_i 会产生不同的编码，也会出现多电平的波形，而不同的相关编码方式就会得到不同类别的部分响应信号。这里，相关编码的目的则是为了得到预期的部分响应信号频谱。

在接收端，如果要从接收到的取样值序列 c_k 中恢复出原来的 a_k 序列，由于存在相关编码，则必须对式(5.5.7)做如下运算：

$$a_k=\frac{1}{r_0}\left(c_k-\sum_{i=1}^{N}a_{k-i}r_i\right) \tag{5.5.8}$$

显然，如果在传输过程中 c_k 序列的某个取样值因干扰而发生差错，则不仅会造成当前恢复值 a_k 出现错误，而且还会影响到以后所有的 a_{k+1}，a_{k+2}…的取样值，这种现象就是因相关编码而引起的“误码传播”现象。

(2) 预编码

相关编码引起的误码传播问题可以在发送端相关编码之前用预编码来解决，其方法是：

①设发送端序列 a_k 为 L 进制序列，在进行相关编码之前先变换为 b_k 序列，其编码规则为

$$a_k=r_0b_k+r_1b_{k-1}+\cdots+r_Nb_{k-N}(\text{模 } L) \tag{5.5.9}$$

式中，b_k 为预编码后的新序列，并以模 L 运算表示其结果。当 $L=2$ 时，为模 2 和相加运算。

②将预编码后的 b_k 序列进行相关编码，即代入式(5.5.7)，可在接收端得到 c_k 取值为

$$c_k=r_0b_k+r_1b_{k-1}+\cdots+r_Nb_{k-N} \tag{5.5.10}$$

③结果比较

将式(5.5.9)与式(5.5.10)进行比较，可得：

$$c_k = a_k (\text{模 } L) \tag{5.5.11}$$

这说明：预编码后的部分响应信号各取样值之间已解除了相关性，这样由当前的 c_k 值就可直接恢复出当前的 a_k 值。当然，也就解决了错误传播的问题。以第Ⅰ类部分响应信号为例，由表 5.5.1 可以看出，加权系数为 $r_0=1, r_1=1$，据式(5.5.7)可得：

$$c_k = r_0 a_k + r_1 a_{k-1} = a_k + a_{k-1} \text{ 或 } b_k = a_k \oplus b_{k-1}$$

接收端接收到的 c_k 为：

$$c_k = b_k \oplus b_{k-1} = (a_k \oplus b_{k-1}) \oplus b_{k-1} = a_k$$

(3) 部分响应信号的产生

部分响应信号由预编码器、相关编码器、发送滤波器、信道和接收滤波器共同产生。其中预编码器和相关编码器可以合并简化，如图 5.5.3 所示。

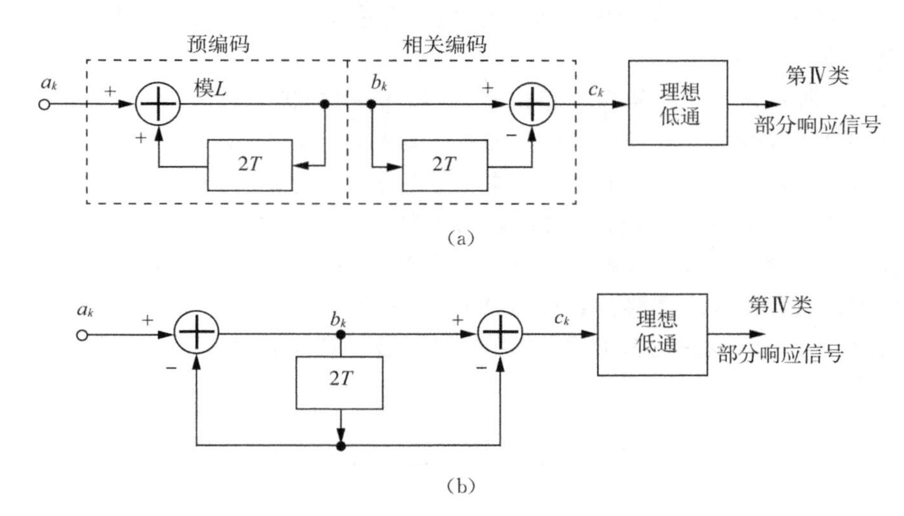

图 5.5.3 第Ⅳ类部分响应系统发送端方框图

5.6 加扰与解扰

当输入的序列是长连“0”码或“1”码时，由于长时间不出现零交点，位时钟将出现漂移，从而使定时误差过大，甚至引起帧失步。因此，减少连“0”码或连“1”码以保证位定时的恢复质量就成为数字基带信号传输中的一个重要问题。

为了实现减少长连“0”、连“1”码的目的，一种方法是将二进制数字信息先做“随机化”处理，使之变为伪随机序列，这种“随机化”处理常被称作加扰或“扰码”。

一个数字传输系统，如果能够传输任何给定的数字序列，我们就称该系统具有数字序列的透明性。这样，从广义上说，扰码就是使数字传输系统(含基带传输或载波传输)对各种数字信息具有透明性的一种有效方法，也就是说，扰码不仅能改善位定时的恢复质量，而且可使信号频谱平滑，使帧同步和自适应时域均衡等系统的性能得到改善。

扰码虽然“扰乱”了数字信息的原有形式，但这种“扰乱”是人为的、有规律的，因而也是可以被解除的，在接收端解除这种扰乱的过程称为“解扰”，完成扰码和解扰的电路相应地被称为扰码器和解扰器。通常采用伪随机序列对原序列进行扰码，常用的伪随机序列是 m 序列。

5.6.1　m 序列的产生及性质

1. m 序列的产生

伪随机序列也称伪噪声序列。顾名思义，这种序列具有与随机噪声类似的尖锐的自相关特性。但这种序列并非随机的，而是按一定规律形成的周期性序列，故称伪随机序列。m 序列是其中最常用的一种，由于它是由带线性反馈的移位寄存器产生的，其全名应是最长线性反馈移位寄存器序列，这种序列具有最长周期。

当设定各级寄存器的初始状态后，带线性反馈的移位寄存器在时钟触发下，每一次移位，各级寄存器状态都会发生变化。从输出级看，随着移位时钟节拍的推移会产生一个数字序列，这就是 m 序列。

图 5.6.1 所示为一个 4 级反馈移位寄存器。若初始状态为$(a_3,a_2,a_1,a_0)=(1,0,0,0)$，则在移位一次时，由 a_3 和 a_0 模 2 加产生新的输入 $a_4=a_3\oplus a_0=1\oplus 0=1$，新的状态变为$(a_3,a_2,a_1,a_0)=(1,1,0,0)$，这样移位 15 次后又回到初始状态(1,0,0,0)，如表 5.6.1 所示。不难看出，若初始状态为全“0”状态，则移位后得到的仍然为全“0”状态。这就意味着在这种反馈移位寄存器中避免出现全“0”状态，否则，寄存器的状态将不会改变。因为 4 级反馈移位寄存器共有 $2^4=16$ 种可能的不同的状态，除了全“0”状态外，还有 15 种可能的状态可用，即由任何 4 级反馈移位寄存器产生的序列周期最长为 15。

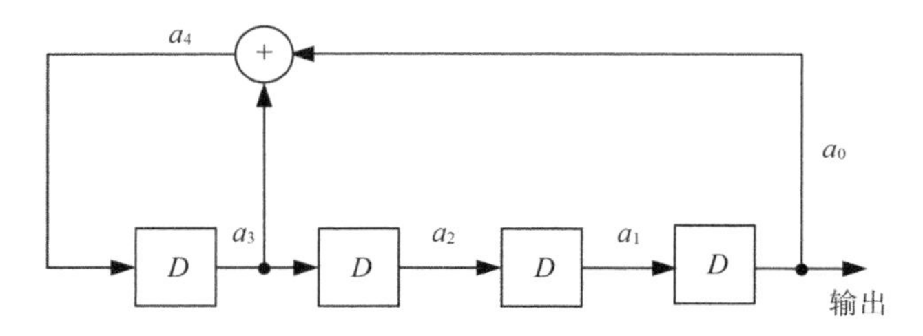

图 5.6.1　m 序列的产生

表 5.6.1　m 序列发生器状态转移

移位脉冲节拍	a_3	a_2	a_1	a_0	反馈值 $a_4=a_3\oplus a_0$
0	1	0	0	0	
1	1	1	0	0	1
2	1	1	1	0	1
3	1	1	1	1	1
4	0	1	1	1	0

续表

移位脉冲节拍	a_3	a_2	a_1	a_0	反馈值 $a_4=a_3\oplus a_0$
5	1	0	1	1	1
6	0	1	0	1	0
7	1	0	1	0	1
8	1	1	0	1	1
9	0	1	1	0	0
10	0	0	1	1	0
11	1	0	0	1	1
12	0	1	0	0	0
13	0	0	1	0	0
14	0	0	0	1	0
15	1	0	0	0	1

2. m 序列的性质

(1) 周期性

m 序列是一个周期性序列，周期为 $m=2^n-1$，n 为移位寄存器级数。其周期不仅与移位寄存器的级数有关，而且与线性反馈的逻辑关系有关。在相同级数的情况下，采用不同的线性反馈逻辑所得的周期长度也不同。此外，周期还与移位寄存器的初始状态有关。当图 5.6.1 线性反馈电路改为 $a_4=a_2\oplus a_0$ 的逻辑关系时，如仍假定移位寄存器的初始状态为$(a_3,a_2,a_1,a_0)=(1,0,0,0)$，则末级输出序列的周期为 6(读者可列表自验)。显然它不是周期最长的序列(即周期小于 15)。

以上结果说明，线性反馈移位寄存器序列的周期不仅与线性反馈电路的位置有关，而且与初始状态有关。但在产生最长线性反馈移位寄存器序列(即 m 序列)时，初始状态并不影响序列的周期长度。这里关键是合理确定线性反馈电路的位置，使其重复周期达到 $T=2^n-1$，n 为移位寄存器级数。

(2) 均衡性

除全“0”状态外，n 级移位寄存器的各种可能状态都在 m 序列的一个周期内出现，而且只出现一次。由此可知，m 序列中“1”和“0”出现的频率大致相同，“1”码只比“0”码多 1 个。即在一个周期内，一定会出现 2^{n-1} 个“1”，出现$(2^{n-1}-1)$个“0”，n 为移位寄存器级数。

(3) 游程分布

我们把一个序列中取值相同的那些连在一起的元素合称为一个“游程”。在一个游程中元素的个数称为游程长度。例如，在图 5.6.1 中给出的 m 序列可以重写如下：

000111101011001

在其一个周期中，共有 8 个游程，其中长度为 4 的游程有 1 个，即“1111”；长度为 3 的游程有 1 个，即“000”；长度为 2 的游程有 2 个，即“11”与“00”；长度为 1 的游程有 4 个，即

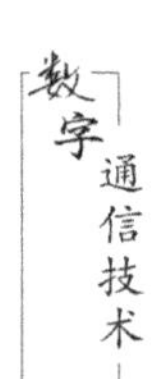

两个“1”与两个“0”。

一般来说，在 m 序列中，长度为 1 的游程占游程总数的 1/2；长度为 2 的游程占游程总数的 1/4；长度为 3 的占 1/8……严格地讲，长度为 k 的游程数目占游程总数的 2^{-k}，其中 $1\leqslant k\leqslant n-1$，而且在长度为 k 的游程中（其中 $1\leqslant k\leqslant n-2$），连“1”的游程和连“0”的游程各占一半。

（4）序列有尖锐的周期自相关特性

周期函数 $s(t)$ 的自相关函数的定义为：

$$p(j)=\frac{1}{T_0}\int_{-T_0/2}^{T_0/2}s(t)s(t-j)\mathrm{d}t \tag{5.6.1}$$

式中，T_0 为 $s(t)$ 的周期。

在二进制编码理论中，常常采用二进制数字“0”和“1”表示码元的可能取值，经过推导，上式还可以改写成如下形式：

$$p(j)=\frac{A-B}{n}=\frac{\mathrm{SUM}(x_i\oplus x_{i+j}=0)-\mathrm{SUM}(x_i\oplus x_{i+j}=1)}{n} \tag{5.6.2}$$

式中，A 是该序列与其 j 次移位序列一个周期中对应元素相同的数目；B 是该序列与其 j 次移位序列一个周期中对应元素不同的数目；$x_i=0$ 或者 1；n 为该序列的周期。

根据 m 序列的性质，其自相关函数为：

$$p(j)=\begin{cases}1, & j=0\\ \dfrac{-1}{n}, & j=1,2,\cdots,n-1\end{cases} \tag{5.6.3}$$

式中，n 为 m 序列的周期。

如图 5.6.2 所示，$p(j)$ 有两种取值（1 和 $-1/n$），m 序列的这种特性非常有利于接收端采用相关检测和解调。

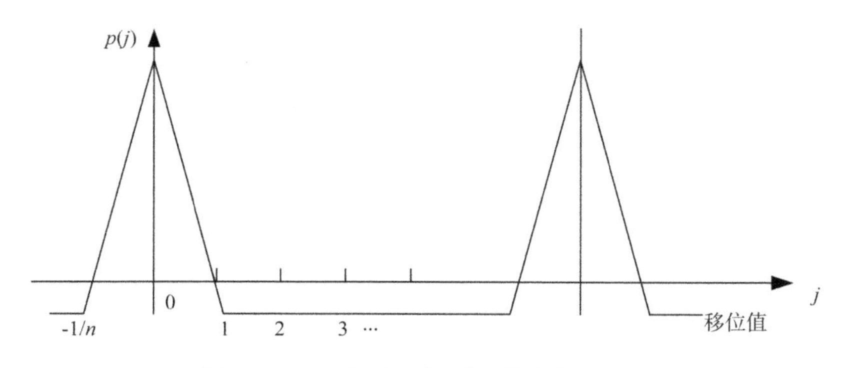

图 5.6.2　m 序列（n 级）的周期自相关特性

5.6.2　加扰和解扰的原理

扰码原理以线性反馈移位寄存器理论为基础。图 5.6.3 是扰码器的一般形式。

在分析扰码器的工作原理时先引入一个运算符号“D”，它表示将序列延时一位，D^kS 表示将序列延时 k 位。这样由图 5.6.3 可得到输出序列：

$$G = S \oplus \sum_{i=1}^{n} C_i D^i G = \frac{S}{1 \oplus \sum_{i=1}^{n} C_i D^i} \tag{5.6.4}$$

式中，求和符号 $\sum$ 是模 2 和运算；C_i 是线性反馈移位寄存器各级的反馈系数，取值为“0”或“1”。

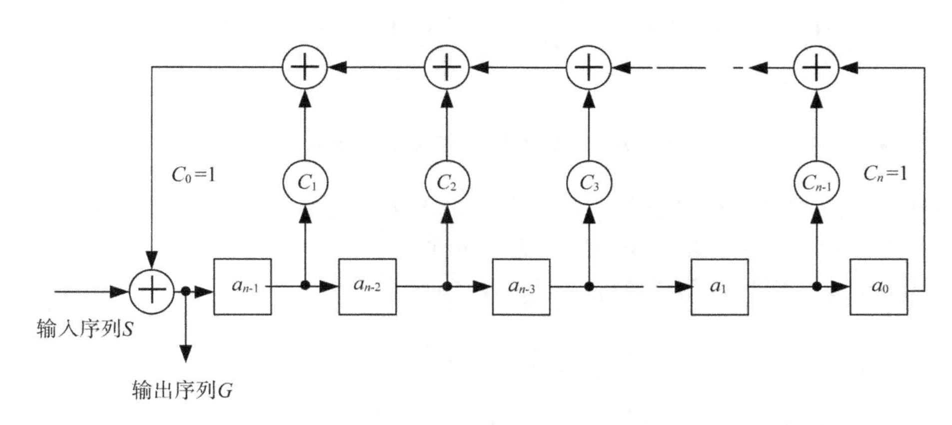

图 5.6.3　扰码器的一般形式

以 4 级移位寄存器构成的扰码器为例，可在图 5.6.1 的基础上形成如图 5.6.4 的扰码器。假设各级移位寄存器的初始状态为全“0”，输入序列为周期性的 101010……，则输出序列及各反馈抽头处的序列为：

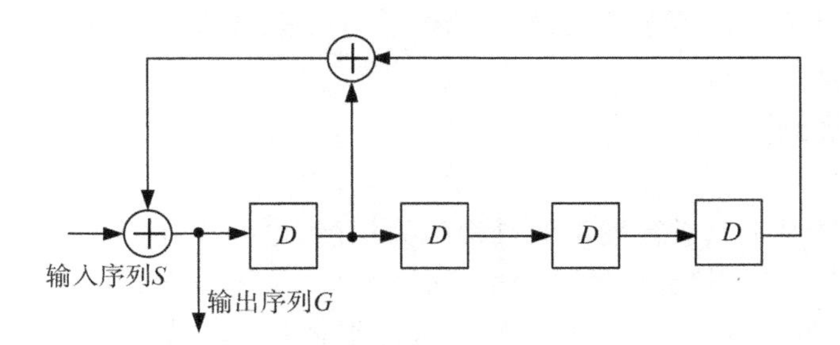

图 5.6.4　4 级扰码器

$$S = 10101010101010$$
$$D^3S = 10110010001111$$
$$D^4S = 01011001000111$$
$$G = 01100010010111$$

由上可知，输入周期性序列经扰码器后变为周期较长的伪随机序列。不难验证，输入序列中有连“1”或连“0”串时，输出序列也将会呈现出伪随机性。显然，只要移位寄存器初始状态不为全“0”，则当输入序列为全“0”时（即无数据输入），扰码器就是一个线性反馈移位寄存器序列发生器。选择合适的反馈逻辑关系，即可得到 m 序列伪随机码。

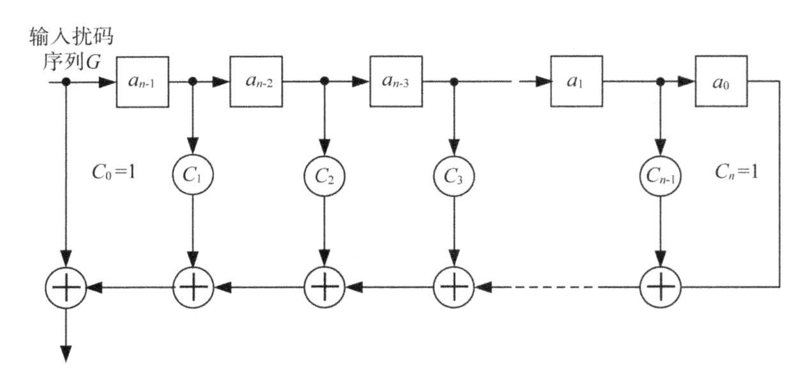

图 5.6.5　前馈移位寄存器式的解扰器

解扰器在接收端可采用如图 5.6.5 所示的电路。这是一种前馈移位寄存器结构，可以自动地将扰码后的序列恢复为原始的输入序列。

采用延时运算符号，可求得解扰输出序列为

$$R=G\oplus\sum_{i=1}^{n}C_iD^iG=G\left(1\oplus\sum_{i=1}^{n}C_iD^i\right)\tag{5.6.5}$$

将式(5.6.4)代入式(5.6.5)可得 $R=S$。

由此证明解扰器输出序列与扰码器输入序列完全相同。

扰码器的优点是能使包括连“0”码(或连“1”码)在内的输入序列变为伪随机码。因此，它可以在基带传输中代替本章前几节讨论的旨在限制连“0”码的复杂码型变换。

在系统中插入扰码器的缺点是会带来“差错传播”，即在传输过程中，一个比特出错可能在解扰器输出端引起多个差错。为限制差错传播的长度，要求移位寄存器的级数不宜过多。

5.7　均衡原理

对系统中的线性失真进行校正的过程称为均衡，也称为补偿。专门用来实现均衡的滤波器称为均衡器，其应接在传输系统的线性部分。由于线性失真包括振幅频率失真和相位频率失真(或群时延失真)，因此对数字基带传输来说，它们造成的主要危害是引起波形畸变，从而产生码间串扰。

均衡一般有两个基本实现途径：频域均衡和时域均衡。

1. 频域均衡

频域均衡是利用可调滤波器的频率特性去补偿信道幅频特性和相频特性(或群延时特性)的一种方法。频域均衡器相应地分为幅度均衡器和相位均衡器。前者主要用来补偿信道及接收滤波器的总幅频特性；后者则主要用来补偿相频特性或群延时特性，最终使这两种频率特性变得平坦。频域均衡在信道特性不变，且在传输低速数据时是适用的。如果在信道特性不断变化或在高速传送数字信号的系统中，信道不可避免地会带来码间干扰，这时单靠频域均衡不能有效地减弱码间干扰，而需要采用时域均衡。

2. 时域均衡

时域均衡的出发点与频域均衡不同，它不是为了获得信道的平坦幅频特性和群延迟特性，而是直接对畸变波形进行校正，使整个基带系统形成码间干扰最小的波形。或者说，是直接对时间响应考虑，使包括均衡器在内的整个系统的冲激响应满足无码间串扰的条件。另外，时域均衡可以不必预先得知信道的特性，而可通过观察波形直接进行均衡器的调整。所以，时域均衡也称波形均衡。

时域均衡是通过横向滤波器来实现的。所谓横向滤波器就是具有固定延迟时间间隔、增益可调的多抽头的滤波器。图 5.7.1(a)给出了一个具有$(2N+1)$个抽头的横向滤波器示意图。为了有效地实现均衡，通常把它设置在接收滤波器和取样判决器之间。

横向滤波器的核心部分是带有$(2N+1)$个抽头的延时线。其抽头延时间隔等于取样周期 T。延迟线各个抽头的输出都是经过一个可变增益(可正可负，即可反相)放大器，然后在一个相加器中将经过不同延时和增益调整的波形相加，输出就是经过校正和均衡的波形。

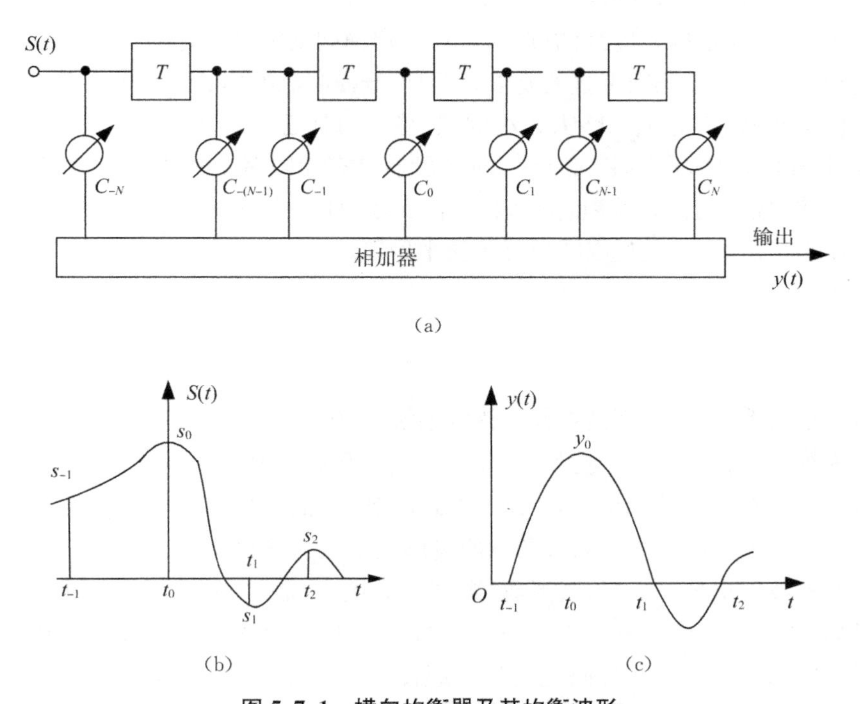

图 5.7.1 横向均衡器及其均衡波形

一般说来，延时线有$(2N+1)$个抽头，各抽头输出的波形是一样的，只是时间上顺序延迟一个取样周期 T。接延时线中心抽头的放大器增益 C 比其他 $2N$ 个放大器增益 C_i (i 是从$-N$ 到$+N$ 之间除 0 以外的整数)大得多。这样，输出波形就主要由中心抽头的输出来决定，其他各抽头输出加权(即增益调整的倍率)后用来校正波形的过零点。

例如，一个输入波形如图 5.7.1(b)所示。在 t_{-1}，t_1，t_2 等取样时刻取值不为零，这样必然存在码间干扰。时域均衡的目的就是要校正这个波形，使校正后的输出波形在 t_{-1}，t_1，t_2 时刻通过零点。而且当输入波形的峰值出现在中间抽头时，输出波形也达到峰值。

这个时刻就是该脉冲的取样时刻 t_0，对应的输出值为

$$Y_k=\sum_{i=-N}^{N}C_iS_{k-i} \tag{5.7.1}$$

上式说明，均衡器在第 k 个取样时刻得到的样值 Y_k 将由 $(2N+1)$ 个 C_i 与 S_{k-i} 乘积之和确定。为了消除码间串扰，希望 Y_k 在 $k=0$ 即 t_0 时取一定值，而在 $k\neq0$ 时，$Y_k=0$。据此，可得 t_0 时刻的输出值为 $Y_0=S_{-1}C_1+S_0C_0+S_1C_{-1}+S_2C_{-2}$。由于 S_0 和 C_0 各比其他的 S_i（输入样值）及 C_i 大得多，若令 $C_0=1$，则可近似认为 $Y_0\approx S_0$。在 t_{-1} 时刻，输入波形峰值出现在中心以左第一个抽头，其输出值为 $Y_{-1}=S_{-1}C_0+S_0C_{-1}+S_1C_{-2}+S_2C_{-3}$。略去后面两项较小值，且使 $C_{-1}=-(S_{-1}/S_0)$，则得 $Y_{-1}=0$。这说明，输出波形在 t_{-1} 时刻通过零点。同样，在其他取样时刻，Y_0 输出波形峰值出现在其他相应的抽头处，这时只要满足 $C_i=-(S_i/S_0)$，则均有 $Y_i=0$。这样，就可得到如图 5.7.1(c)所示的均衡输出波形，并满足无码间干扰的要求。

由上可知，只要根据接收到的波形，就可决定横向滤波器的各抽头增益 C_i，进而很方便地使输出波形满足无码间干扰的要求。但是，当横向滤波器延迟线抽头数较少时，不能完全消除码间干扰，就像上面略去较小的项，得到的是近似结果一样。理论分析表明，为了完全消除码间干扰，需要使 $N\to\infty$，即均衡器要有无限多个抽头，这当然是不现实的。因为抽头越多，成本越高，调整也越困难。在实际使用时，横向均衡器的抽头数是由所需的均衡精度来决定的，并通过眼图反复调整来确定。

5.8 眼图

在数字通信系统中，尤其是在基带传输系统中，码间干扰是使错码率增大的一个重要原因。当系统同时存在码间干扰和噪声时，它们都会对判决产生影响，也很难对系统的性能做定量分析。对此，工程上常用所谓的“眼图”来衡量系统性能和直接观察码间干扰的大小。这时只要把判决电路输入端的脉冲波形显示在示波器上，并与脉冲重复频率同步，使出现的所有波形重叠在一起，就形成“眼图”，如图 5.8.1 所示。可以看出，当波形无失真时，各码元波形在眼图中重合成一条清楚的轮廓线，好像一只完全睁开的眼睛；而当波形失真时，即有码间干扰时，各码元波形在眼图中不完全重合，轮廓模糊，“眼睛”部分闭合，故可通过眼睛睁开的大小反映码间干扰的强弱。

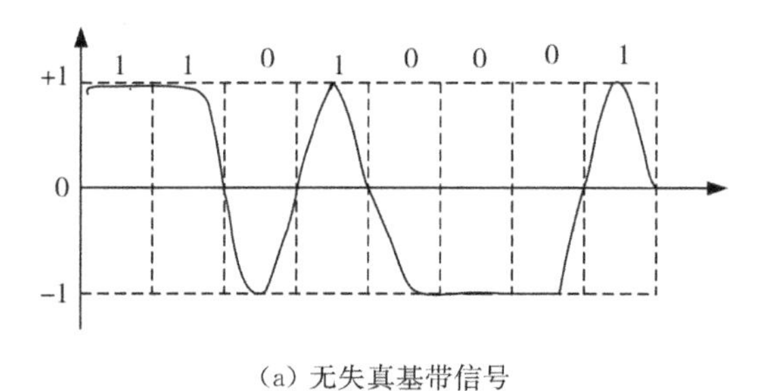

(a) 无失真基带信号

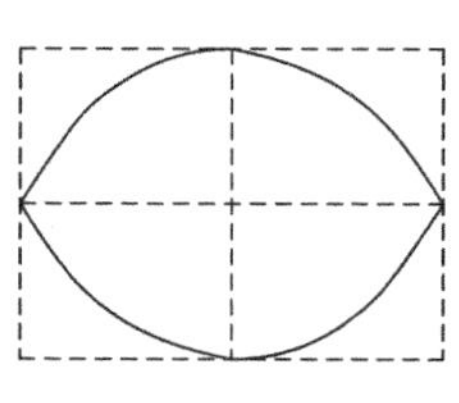
(b) 对应眼图

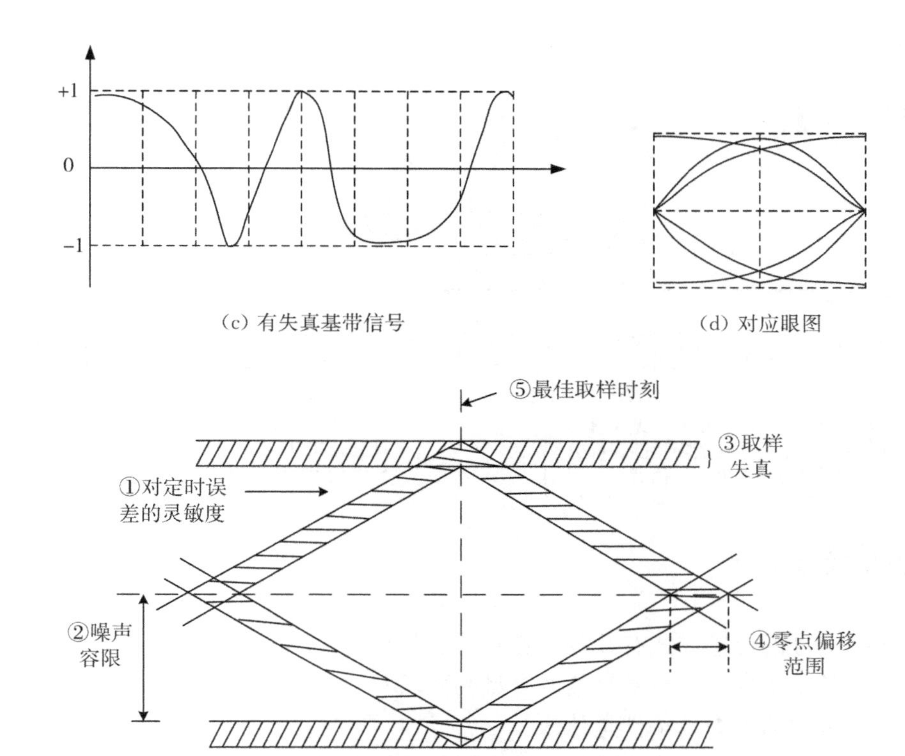

(c) 有失真基带信号

(d) 对应眼图

(e) 眼图模型

图 5.8.1　不同情况下的眼图及其模型

为了说明眼图与系统性能之间的关系，我们把眼图简化成图 5.8.1(e)所示的模型，它可以表示如下性能：

(1) 系统性能对定时误差的灵敏度

它以“眼睛”两边人字形斜线的斜率来表示，斜率越大，定时误差所引起的取样值减小越严重，性能下降也越严重。简言之，眼图斜边越陡，对定时误差越灵敏。

(2) 噪声容限

它表示可能引起错误判决的最小噪声值。噪声小于此值不会引起错误判决，噪声大于此值，则可能(但不一定)引起错判，但是否错判要看该时刻信号失真是否达到阴影区的边界，即噪声加失真的影响是否使该时刻的信号值越过门限电平。

(3) 取样失真

取样失真表示在取样时刻信号的最大失真量。

(4) 零点偏移范围

零点偏移范围代表信号波形零点的最大偏移量。此值越大，性能越差，尤其是对从信号的平均零点位置提取定时信息的接收装置影响很大。

(5) 最佳取样时刻

最佳取样时刻是眼睛睁开最大的时刻。在此时刻眼睛睁开得越大，码间干扰就越小。由于这一时刻对应码元信号的最大值和最小值，因此眼睛睁开得越大，差值也越大，抗干扰能力就越强。

【重点拓扑】

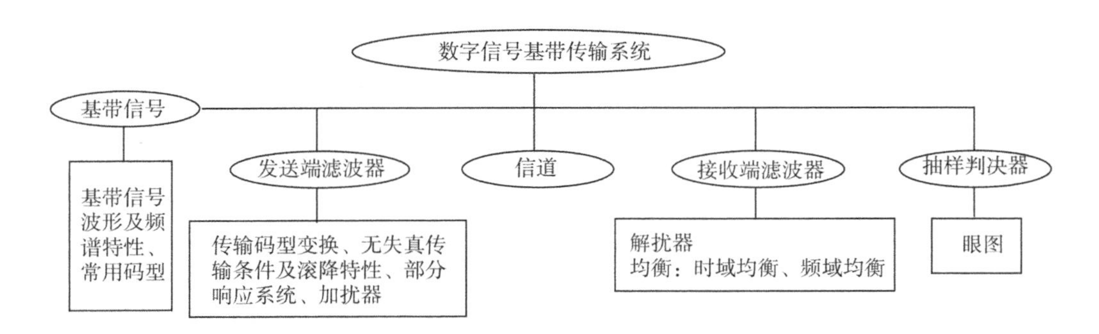

【基础训练】

1. 数字信号的传输方式有几种？各有什么特点？
2. 什么是基带信号？对基带信号有哪些要求？
3. 波形传输的无失真条件是什么？
4. 如何理解奈奎斯特第一准则是消除码间干扰的条件？
5. 部分响应的滚降特性有何特点？
6. 什么是相关编码？它为什么能得到预期的部分响应信号频谱？
7. 以理想低通特性传输 PCM 30/32 路系统信号时，所需传输通路的带宽为多少？
8. 眼图是如何形成的？根据眼图如何了解系统的性能和判断码间干扰的大小？

【技能实训】

技能实训 5.1　基带信号的码型变换

技能实训 5.2　加扰与解扰

模块六

数字信号的频带传输

【教学目标】

知识目标：

1. 掌握数字频带传输系统原理框图的组成、工作原理；
2. 掌握2ASK、2FSK、2PSK、2DPSK调制解调原理，掌握已调信号的表示方法和频谱特点；
3. 了解二进制数字调制系统的抗噪性能分析方法；
4. 建立多进制数字调制的概念；掌握4PSK(QPSK)调制原理；对QAM调制方式有一定的认识。
5. 理解数字信号的再生中继系统的作用及原理。

能力目标：

1. 清楚数字频带传输中的基本问题，明确调制在数字通信中的意义与作用；
2. 掌握ASK、FSK、PSK、DPSK调制解调原理及频带、抗噪声性能、适于应用的环境；
3. 掌握2ASK、2FSK、2PSK、QPSK调制解调方法。

教学重点：

1. 数字调制的基本方法；
2. 2ASK、2FSK、2PSK及2DPSK调制解调原理；
3. 二进制数字调制系统性能比较；
4. 多进制数字调制的概念；
5. QPSK信号产生的基本原理；
6. 数字信号的再生中继系统的作用及原理。

教学难点：

1. 2ASK、2FSK、2PSK及2DPSK调制解调原理；
2. 2DPSK的提出和实现；
3. 多进制数字调制的概念；
4. QPSK信号的产生。

我们已经讨论了数字基带传输系统，但对大多数信道来说，并不能直接传送基带信号，必须用基带信号对载波波形的某些参量进行控制，使这些参量随基带信号的变化而变化，即所谓调制。调制的目的在于实现多路复用，完成频率分配和减小干扰噪声的影响等，这也是载波传输的任务。

用调制方式实现载波传输，从受调载波的波形考虑，理论上可以是任意波形，只要已调信号适合媒质传输，且各路信号能相互区分就可以了。但实际上，在大多数数字通信系统中，都选择正弦信号作为载波，这是因为正弦信号形式简单，便于产生和接收。由于正弦信号有振幅、频率和相位三个参量可以携带信息，因此可以构成调幅、调频和调相三种基本调制方式，并可以派生出多种形式。数字调制与模拟调制相比，其原理并没有什么不同，只是模拟调制是对载波信号的参量进行连续调制，在接收端再对载波信号的调制参量连续地进行解调;数字调制则是用载波信号的某些离散状态来表征所传送的信息,在接收端只要对载波信号的离散调制参量进行检测就可恢复原信息。因此,数字调制信号也称键控信号,并根据调制参量的不同,分别有振幅键控(ASK)、频移键控(FSK)和相移键控(PSK)三种基本形式。

数字调制根据已调信号的频谱结构特点的不同,可以分为线性调制和非线性调制。在线性调制中,已调信号的频谱结构和基带信号的频谱结构相同,只不过搬移了一个频率位置,没有新的频率成分出现。在非线性调制中,已调制信号的频谱结构与基带信号的频谱结构不同,不是简单的频率搬移,而是有新的频率成分出现。振幅键控属线性调制,频移键控和相移键控属非线性调制。

6.1 数字信号频带传输系统组成

数字信号频带传输系统的组成框图如图 6.1.1 所示。

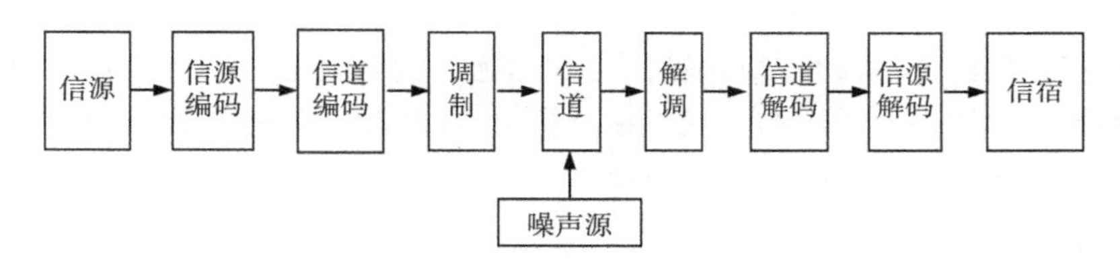

图 6.1.1 数字信号频带传输系统框图

1. 信源与信宿

信源将非电信号(音频信号、图像信号、文字信号、光信号等)转换成与之相对应变化的电信号(电流或电压)。一般来说,信源的输出信号为模拟信号。信宿则进行信源的反变换,即将电信号转换成原来的非电信号,信宿的输入信号是模拟信号。

2. 信源编码器与信源解码器

信源编码器将模拟信号转换为数字信号,它包括时域取样电路、量化电路和编码电路。时域取样电路将幅度和时间都连续的模拟信号转换为幅度连续、时间离散的模拟信号;量化电路将幅度连续的模拟信号转换为幅度离散的多电平信号;编码电路将量化电路输出的多电平信号按传输系统对数字信号进制的要求转换成或二进制或四进制或八进制等数字信号。一般来说,信源编码器输出的信号没有自行检测纠正错码的能力。信源解码器则进行信源编码器的反变换,即将信道解码器输出的数字信号还原成原来的模拟信号。

3. 信道编码器与信道解码器

信道编码包括纠错编码和线路编码(又称码型变换)两部分。纠错编码将信源编码器输出的数字信号按一定的规则重新组合或添加一定位数的监督位,使该数字信号具有一定的自行检测错码或纠正错码的能力。线路编码将基带码型变换为适合信道传输的码型。信道解码则与信道编码相对应,它包括检纠错和将传输码型转换为原基带码型两部分，将信道编码的信号还原成信源编码的信号。

4. 加密器与解密器

加密器的位置可以在信道编码器的前面，也可以在信道编码器的后面。加密的方法很多，其中常用的是将信道编码器输出的数字信号和一个 m 序列信号模 2 加，这样就将原来的数字信号变成一个不可理解的另一个序列信号（或者简单地说把数字信号序列搞乱了），这样被人窃取后使其无法理解其内容。解密器的位置可以在信道解码器的后面（与加密器的位置在信道编码器的前面相对应），也可以在信道解码器的前面（与加密器的位置在信道编码器的后面相对应）。解密方法是加密方法的逆过程。例如，加密方法是将信道编码器输出的数字信号和一个周期很长的 m 序列信号模 2 加，则解密方法就是将接收到的信号与加密时采用的序列信号模 2 加，从而可以恢复原来的数字信号。

5. 数字调制器与数字解调器

数字调制器将接收到的数字基带信号变换为适合信道传输的频带信号。它的基本原理与模拟调制相似，不过其调制信号为数字信号，而载波信号依然为高频正弦振荡波或高频余弦振荡波。数字解调器则将接收到的数字频带信号还原成原来的数字基带信号。

6. 信道

信道是指信号的传输媒介，即传输信号的通道。信号在通信系统中传输时不可避免地会受到系统外部和内部噪声的干扰。在分析时，往往将所有的干扰（包括内部噪声）折合到信道上统一用一个等效噪声源来表示。

6.2 数字调制

6.2.1 振幅键控系统(ASK)

用振幅调制方式来传输数字基带信号时，常以矩形的基带脉冲去控制正弦载波的振幅，即所谓振幅键控（ASK）。二进制的振幅键控又称作开关键控（OOK）。当基带脉冲中无直流分量时，得到的已调信号是抑制载波的双边带信号。由于载频分量不携带基带信号的任何信息，却又占有最大的功率，因此，振幅调制通常都是抑制载频的，并称为抑制载波双边带调制，有时简称双边带（DSB）调制。

1. 2ASK 的基本原理

前文已指出，振幅键控属于线性调制。线性调制信号可以看作是携带信息的基带信号与正弦载波相乘，然后通过一带通滤波器而形成。线性振幅调制的一般模型如图 6.2.1 所示。对于二进制振幅调制信号，可以认为是一个单极性的矩形脉冲序列 $s(t)=\sum_{k=-\infty}^{\infty} a_k \cdot g(t-kT_s)$ 与载波 $\cos\omega_c t$ 相乘，即

$$e(t)=s(t)\cos\omega_c t=\left[\sum_{k=-\infty}^{\infty} a_k \cdot g(t-kT_s)\right]\cos\omega_c t \tag{6.2.1}$$

式中，$g(t)$ 是持续时间为 T_s 的矩形脉冲；a_k 是取"0""1"两种可能值的随机变量。当第 k 个码为"1"时，$a_k=1$；第 k 个码为"0"时，$a_k=0$。由式(6.2.1)可以看出，它与模拟调制的数学表达式完全一样，只是这里的调制信号不是连续模拟量，而是基带信号的矩形脉冲。

因此，其已调信号的频谱也应是相同的，均由载频和两个对称边带组成。

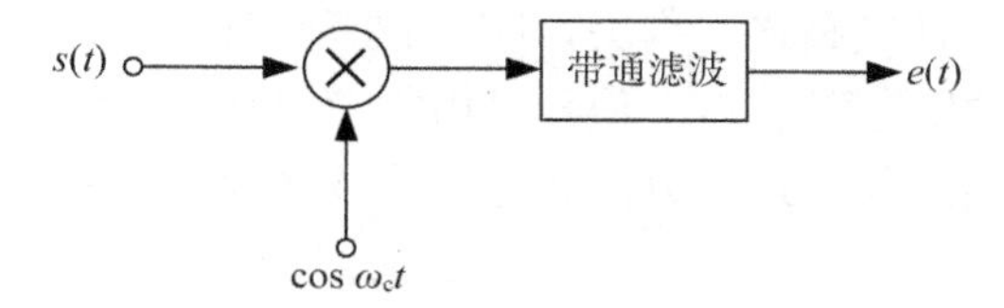

图 6.2.1 线性振幅调制的一般模型

二进制振幅调制信号以键控方式产生。即传送信息“1”时，发送一组幅度为 A 的正弦信号 $A\cos(\omega t+\theta)$；传送信息“0”时，不发送载波信号。它完全等效于用开关来控制载波信号：传送“1”码时，开关闭合，有正弦信号 $A\cos(\omega t+\theta)$输出；传送“0”码时，开关断开，没有载波信号输出。2ASK 的已调波信号如图 6.2.2 所示。

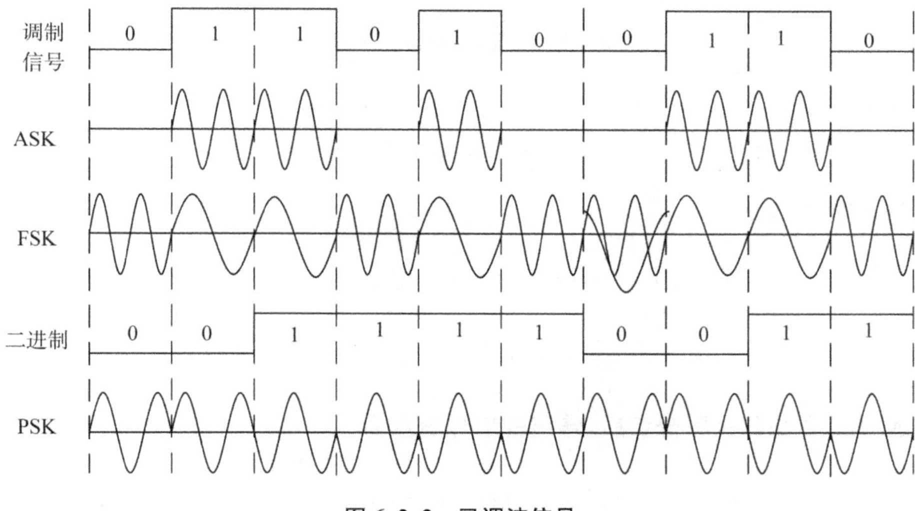

图 6.2.2 已调波信号

2. 2ASK 的解调

振幅键控信号的解调主要有两种方法：非相干解调（包络检波法）和相干解调。

非相干解调又称为包络检波法，如图 6.2.3 所示为一种采用包络检波法解调器的原理方框图。在图中，接收信号首先通过一个带通滤波器，滤除带外噪声和杂散信号，同时图中的整流器和低通滤波器构成一个包络检波器。与常见的模拟调幅信号的解调器相比，该图中增加了一个抽样判决器，它用来对解调后的有畸变的数字信号进行定时判决，以提高数字信号的接收性能。

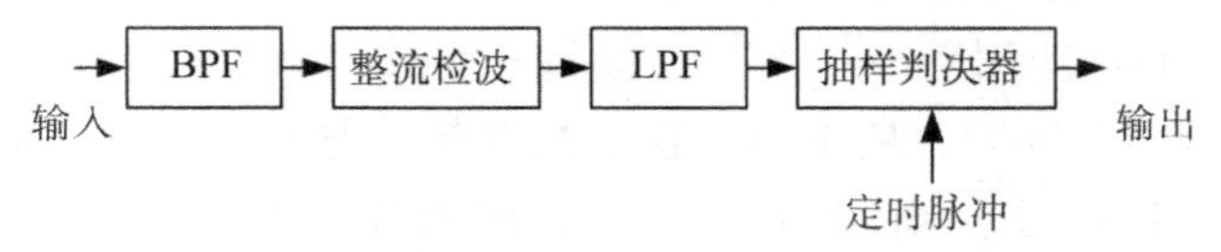

图 6.2.3 非相干解调的原理框图

相干解调是一种常见的解调方法，它是在接收端利用本地载波与接收信号进行相乘，得到包含基带信号频率分量的输出信号，然后通过低通滤波器滤除无用频率分量让基带信号通过，并将其送至抽样电路进行判决，其电路原理图如图 6.2.4 所示。因为在相干解调法中相乘电路需要有相干载波，这个信号是由收信机从接收信号中提取出来的，并且和接收信号的载波同频同相，所以这种方法比包络检波法要复杂些。

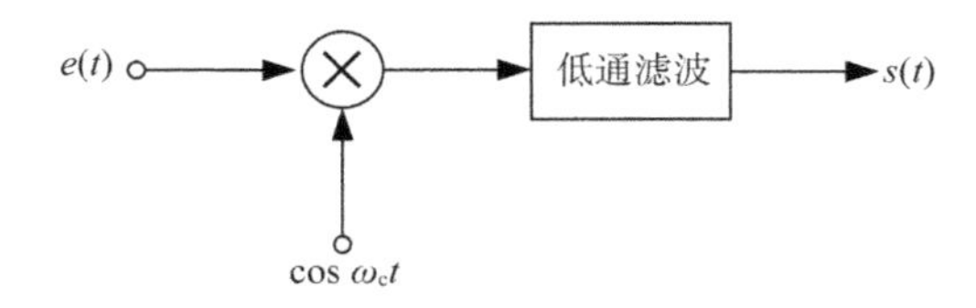

图 6.2.4　相干解调

设输入信号为

$$e(t)=s(t)\cos(\omega_c t+\theta_c) \tag{6.2.2}$$

相干载波为

$$c(t)=\cos(\omega_L t+\theta_L) \tag{6.2.3}$$

乘法器输出为

$$\begin{aligned}e(t)c(t)=&\frac{1}{2}s(t)\cos[(\omega_c-\omega_L)t+(\theta_c-\theta_L)]+\\&\frac{1}{2}s(t)\cos[(\omega_c+\omega_L)t+(\theta_c+\theta_L)]\end{aligned} \tag{6.2.4}$$

低通滤波器滤除高频分量后，输出的信号表示为

$$m_0(t)=\frac{1}{2}K_c s(t)\cos[(\omega_c-\omega_L)t+(\theta_c-\theta_L)] \tag{6.2.5}$$

式中，K_c 是低通滤波器的电压传输系数。

当相干条件 $\omega_c=\omega_L$，$\theta_c=\theta_L$ 时，相干检测器的输出为

$$m_0(t)=\frac{1}{2}K_c s(t) \tag{6.2.6}$$

以上分析说明，采用相干解调法，接收端必须提供一个与 ASK 信号的载波保持同频同相的相干载波，否则将会造成解调后的波形失真。此相干载波原则上可以通过窄带滤波或锁相环路来提取，但实现起来比较困难。

3. 正交振幅调制(QAM)

所谓正交振幅调制(QAM)是用两个独立的基带信号对两个相互正交的载波进行抑制载波的双边带调制，利用已调信号在相同带宽内的频谱正交来实现两路并行的数字信息传输。它的信道频带利用率同单边带一样，主要用于高速数字通信系统中。

正交振幅调制系统的组成如图 6.2.5 所示。其中 $s_1(t)$ 和 $s_2(t)$ 是两个独立的带宽受限的基带波形，$\cos\omega_c t$ 和 $\sin\omega_c t$ 是两个相互正交的载波。这样，发送端形成的正交振幅

调制信号为

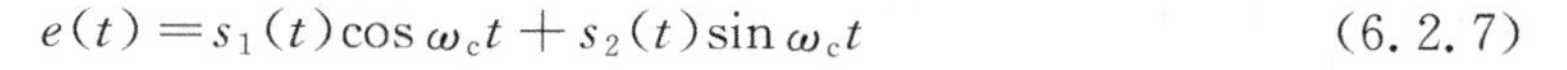

$$e(t)=s_1(t)\cos\omega_c t+s_2(t)\sin\omega_c t \tag{6.2.7}$$

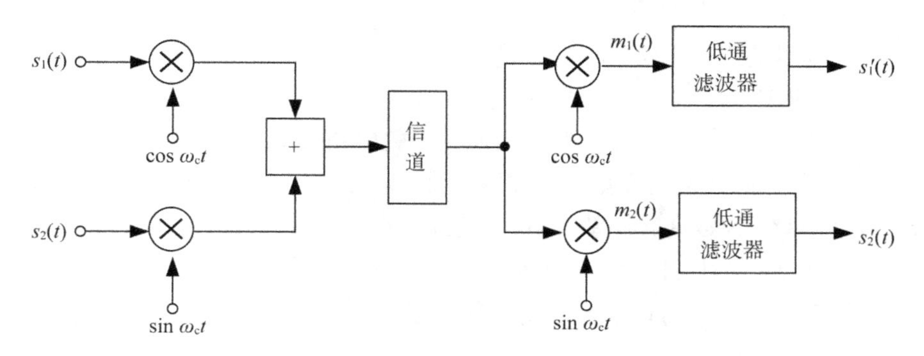

图 6.2.5　QAM 系统方框图

若信道具有理想传输特性，则加到解调器输入端的信号也是 $s(t)$。假设接收端所产生的相干载波与发送端完全相同，那么两个解调器的输出分别为

$$\begin{aligned} m_1(t)&=[s_1(t)\cos\omega_c t+s_2(t)\sin\omega_c t]\cos\omega_c t\\ &=\frac{1}{2}s_1(t)+\frac{1}{2}[s_1(t)\cos 2\omega_c t+s_2(t)\sin 2\omega_c t] \end{aligned} \tag{6.2.8}$$

$$\begin{aligned} m_2(t)&=[s_1(t)\cos\omega_c t+s_2(t)\sin\omega_c t]\sin\omega_c t\\ &=\frac{1}{2}s_2(t)+\frac{1}{2}[s_1(t)\sin 2\omega_c t+s_2(t)\cos 2\omega_c t] \end{aligned} \tag{6.2.9}$$

经过低通滤波器滤波后，上下两路的基带波形分别为

$$s_1'(t)=\frac{1}{2}s_1(t),s_2'(t)=\frac{1}{2}s_2(t)$$

这样，就无失真地完成了波形的传输。

需要指出的是，在 QAM 系统中，对信道传输函数的对称性和接收端相干载波的相位误差也必须有严格要求，否则，在接收端恢复的基带波形中将出现邻路干扰和正交干扰。

6.2.2　频移键控系统(FSK)

数字调频也称频移键控(FSK)，它用不同频率的载波来传递数字信号。如二进制的频移键控就是用两个不同频率的载波来代表数字信号的两种电平。接收端收到不同的载波信号再变换为原数字信号，完成信息传输过程。产生 FSK 信号的方法有两种：键控法和直接调频法。

1. 2FSK 的基本原理

二进制数字频移键控信号码元的“1”和“0”分别用两个不同频率的正弦波形来传送，而其振幅不变，所以其表达式为

$$e(t)=s(t)\cos\omega_1 t+\overline{s(t)}\cos\omega_2 t \tag{6.2.10}$$

式中，$\overline{s(t)}$ 是 $s(t)$ 的反码。根据公式(6.2.10)可以得出：当 $s(t)=1$ 时，$e(t)=\cos\omega_1(t)$；而当 $s(t)=0$ 时，$e(t)=\cos\omega_2(t)$，所以2FSK信号可以看作是由两路频率分别为 ω_1 和 ω_2 的2ASK信号合成的。

2. 2FSK信号的产生方法

(1) 频率选择法

频率选择法是采用一个受基带脉冲控制的开关电路去选择两个独立频率源的振荡信号作为输出，在某一码元期间究竟选择和发送哪个频率，则受传送的信息比特所控制。如图6.2.6所示，$s(t)$ 为数字脉冲基带信号，起到键控的作用。当 $s(t)=1$ 时，开关电路选择载波 f_1；当 $s(t)=0$ 时，开关电路选择载波 f_2。这两个信号经过相加器，输出就是FSK信号。为了提高输出信号的频率稳定度和准确度，实际上是用一个频率合成器提供这两个频率的标准振荡。

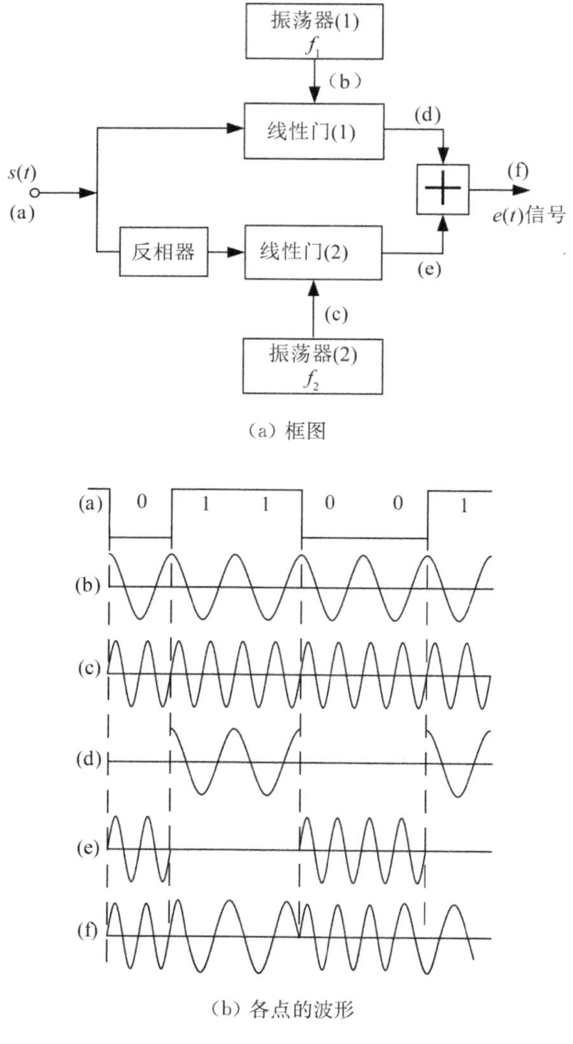

(a) 框图

(b) 各点的波形

图 6.2.6　键控法产生FSK信号的框图及波形

（2）直接调频法

直接调频法是用数字基带信号去控制一个振荡器的电抗元件（电感或电容）或其他影响频率的参数，以此实现振荡频率的键控。这种方法产生的频移键控信号在频率转换的过渡点，相位是连续的，其基本电路图及波形如图 6.2.7 所示。

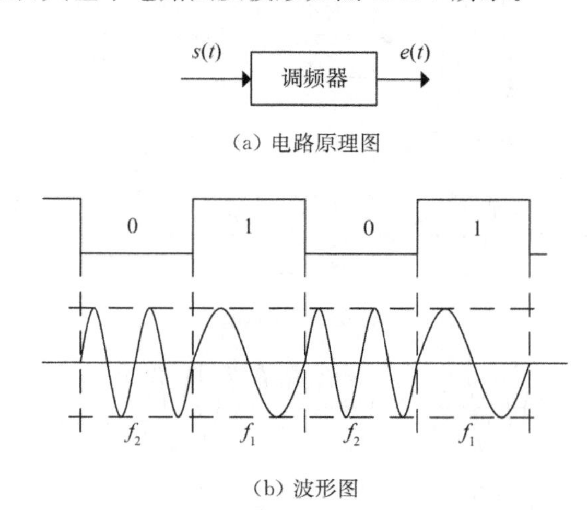

（a）电路原理图

（b）波形图

图 6.2.7　直接调频法

3. 2FSK 的解调方法

2FSK 的解调方法与 2ASK 一样，其解调也分为相干解调和非相干解调两类。从最佳接收观点考虑，相干解调的抗干扰性能最好，但它要求设置相干载波作为本地参考载波，这使得设备复杂，因此在一般数字调频系统中都采用非相干解调。

（1）相干解调

相干解调的原理方框图如图 6.2.8 所示。图中接收信号通过并联的两路带通滤波器滤波，与接收机电路产生的本地相干载波相乘并经过包络检波后，在本地的定时脉冲的控制下进行抽样判决。判决的准则是比较两路信号包络的大小。在判决过程中需要的本地相干载波也必须从接收信号中提取出来，并且要保持和发送端的载频同频同相，所以按照这种方式设计出来的接收机都比较复杂。

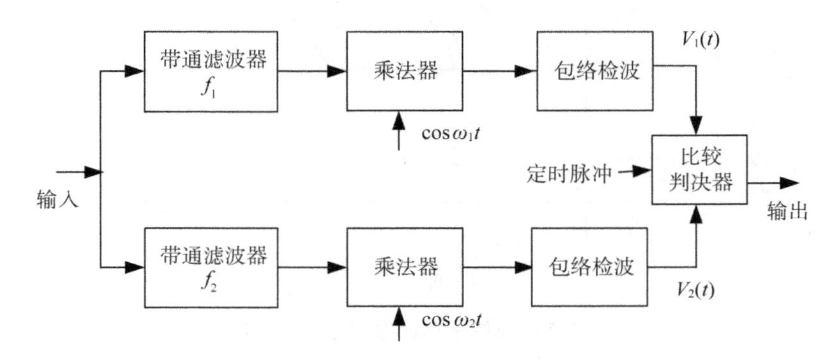

图 6.2.8　2FSK 相干解调原理方框图

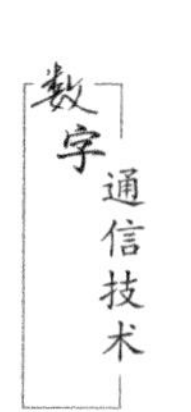

（2）非相干解调

常见的 2FSK 信号的非相干解调方式为包络检波法，包络检波法的电路原理图如图 6.2.9(a)所示。

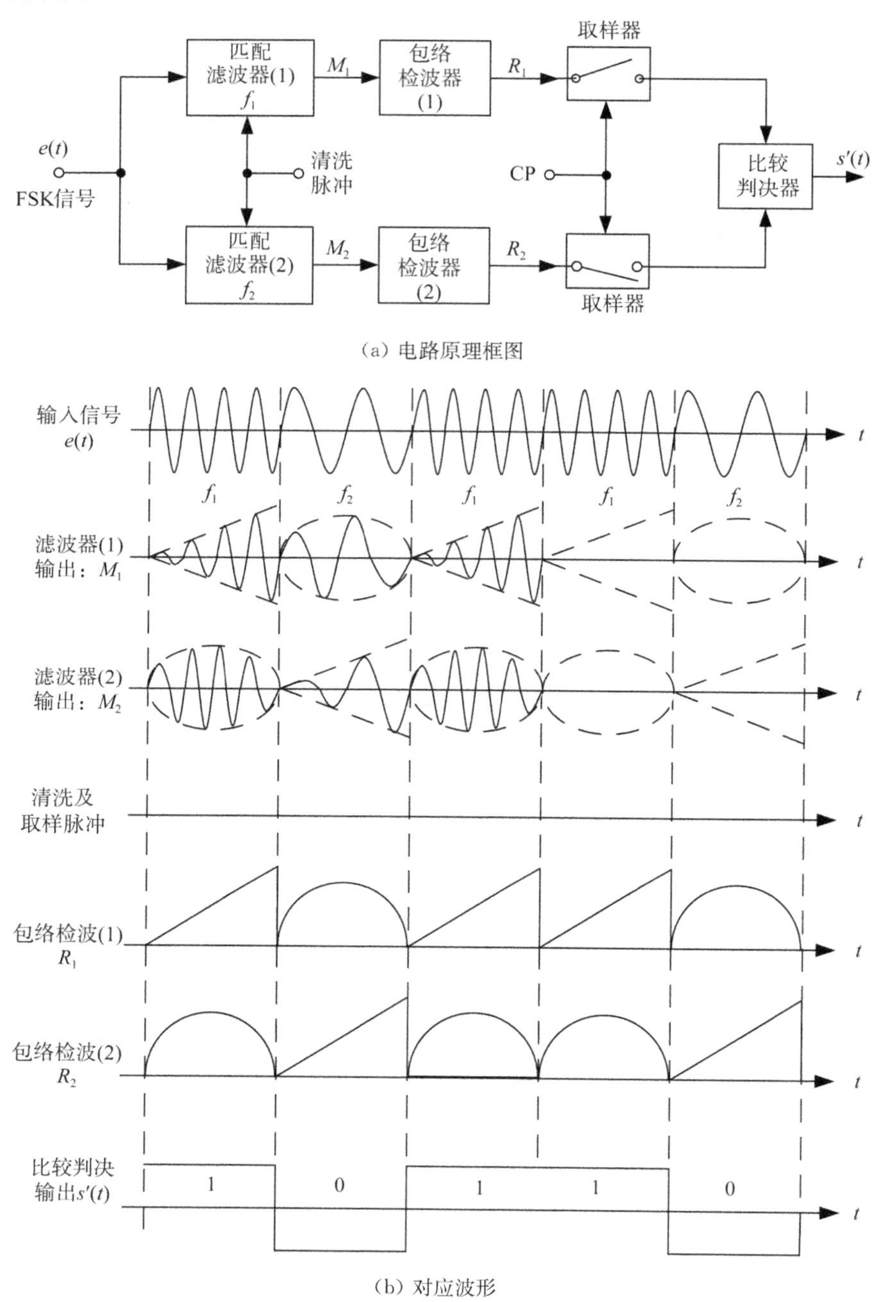

(a) 电路原理框图

(b) 对应波形

图 6.2.9　2FSK 非相干解调原理电路及对应的波形

二进制非相干 FSK 解调器的方框图对应波形如图 6.2.9(b)所示。由图可以看出，输入信号是两个频率为 f_1 和 f_2 的键控正弦信号，经两个匹配滤波器分别选出 $f_1=f_0+$

$\Delta f/2$ 和 $f_2 = f_0 - \Delta f/2$ 的码元信号。当包络检波器(1)收到 f_1 载波后，检波输出对应的非零包络 R_1 到取样器，此时匹配滤波器(2)因对 f_1 失谐，输出近似为零；同理，当收到 f_2 载波时，匹配滤波器(1)对 f_2 失谐，使输出近似为零，只有 f_2 通过检波器才能形成非零包络 R_2 到取样器，最后两路信号在比较判决器中恢复出原信号。

在这种解调器中，关键元件是匹配滤波器，在通信接收中则广泛利用动态滤波器来实现匹配滤波器的功能。常用的一种是由内高 Q 谐振电路附加清洗电路构成，其原理图如图 6.2.10 所示。这种电路之所以被称为"动态"滤波器，是因为人们利用了这种回路对输入信号的暂态响应，而不是利用它的稳态响应。

当一个存在 $0<t<T_b$ 期间的正弦信号加到回路输入端时，在这个回路中将有两个工作过程：

①在 $0<t<T_b$ 期间，电子开关 K 处于断开状态。信号输入时，由于振荡回路的品质因数 Q 值很高，因此回路建立时间远大于输入信号的持续时间(即码元宽度)。如果外加信号频率与回路自然谐振频率一致，则在回路两端将产生一幅度随时间线性增长的正弦振荡波形；如果两者不同，则在回路两端产生一幅度按差拍变化的正弦振荡波形。

②在 $t=T_b$ 瞬间，输入信号消失，电子开关 K 闭合，把一个很小的电阻并接到回路两端，能量很快被吸收，回路输出迅速下降为零，这一过程被称为清洗。

动态滤波器用在 FSK 信号的解调电路中，可以提供最佳的分路特性，即当发送某一频率的信号时，与输入频率谐振的那个动态滤波器的包络在码元终止时刻的取样值为最大，而另一个支路的取样值为零，从而消除了两个支路的相互干扰。

动态滤波器还有一个重要特性就是它具有记忆输入信号相位的功能。如果在 $t=T_b$ 时刻不对动态滤波器进行清洗，则 Q 谐振电路将能使已建立的振荡保持相当长的时间，而这个振荡的相位等于 $0<t<T_b$ 期间输入信号的相位，这一特性在数字调相的解调中特别有用。

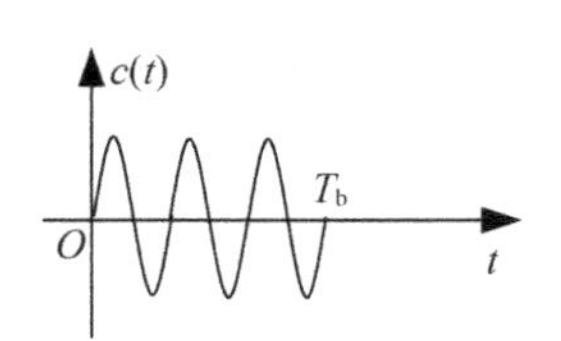

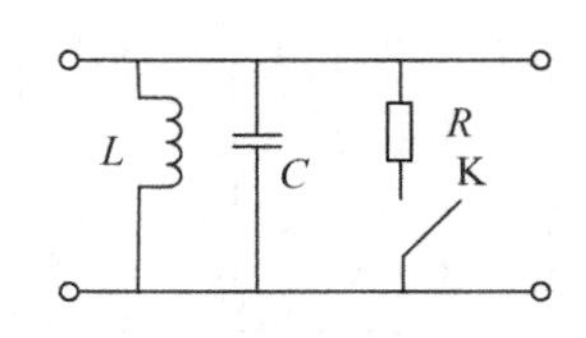

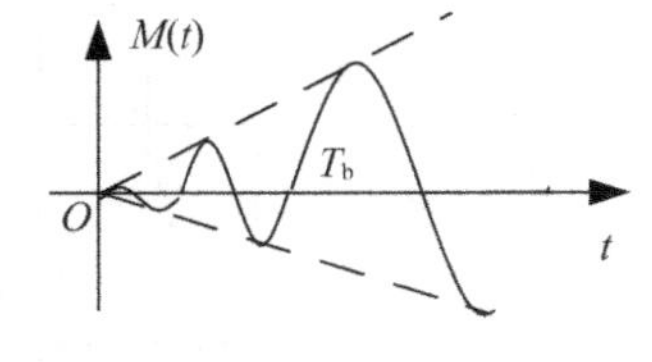

图 6.2.10 动态滤波器原理图

6.2.3 相移键控系统(PSK)

相移键控(PSK)是用同一个载波的不同相位来传递数字信息的。由于 PSK 系统的抗噪声性能优于 FSK，而且可以有效地利用频带，电路易于实现，因此是目前数字通信中最常用的载波传输方式之一，尤其是在微波和卫星通信中。一般认为数字调相是最好的调制方式，得到了广泛的应用。

数字调相一般分为绝对调相(PSK)和相对调相(或差分调相 DPSK)。二进制绝对调相记为 2PSK，二进制相对调相记为 2DPSK，它们的已调波信号分别如图 6.2.11 所示。

1. 2PSK

2PSK 信号以载波的不同相位直接表示相应的数字码元，这种调制方式称为绝对相移键控。

(1) 2PSK 的基本原理

在二进制相移键控(2PSK)中，用二元数字信号“1”或“0”分别控制载波相位的改变，通常载波信号用相位 0 和 π 分别代表“0”和“1”，而其振幅和频率保持不变。所以 2PSK 信号表达式为

$$e(t)=\sum_{k=-\infty}^{\infty} a_k \cdot g(t-kT_s)\cos\omega_c t \tag{6.2.11}$$

当发送的二进制符号为“1”时，a_k 的取值为 -1，$e(t)$ 取 π 相位；当发送的二进制符号为“0”时，a_k 的取值为 $+1$，$e(t)$ 取 0 相位。

即
$$e(t)=\begin{cases}\cos\omega_c t, \\ -\cos\omega_c t\end{cases} \tag{6.2.12}$$

这个信号可以通过键控的方式得到，其公式为

$$e(t)=s(t)\cos\omega_c t \tag{6.2.13}$$

式中，$s(t)$ 为双极性脉冲信号，则式(6.2.13)可以写成

$$e(t)=\pm\cos\omega_c t=\cos(\omega_c t+\theta) \tag{6.2.14}$$

式中，θ 为“0”或者“π”。

其信号的波形图如图 6.2.11 所示。

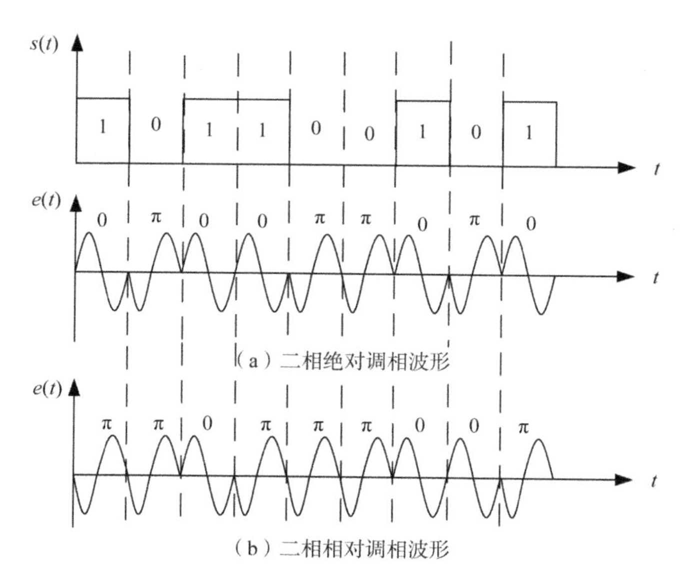

图 6.2.11　2PSK 与 2DPSK 波形示意图

(2) 2PSK 信号的产生与解调

2PSK 信号的产生方式主要有两种：一种为相乘法，它是使用二进制基带不归零矩形脉冲信号与载波相乘，得到相位互为反相的两种码元；另一种为选择法，它是采用二进制数字基带信号去控制一个开关电路，以选择输入信号，开关电路的两个输入端分别输入相位相差 π 的同频载波。

2PSK 信号的解调方法通常采用相干解调法，其具体电路框图如图 6.2.12 所示，图中经过带通滤波的信号在相乘器中与本地载波相乘，然后用低通滤波器滤除高频分量，再对得到的信号进行抽样判决。

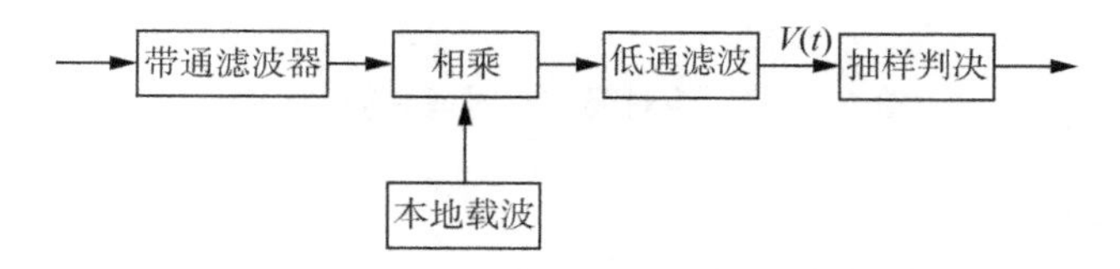

图 6.2.12　2PSK 相干解调电路

但是在解调的过程中经常会出现严重的问题——倒"π"现象，这种现象是指在接收电路提取本地载波过程中会出现"0"相位和"π"相位模糊，其结果是解调得到的数字信号可能与实际信号的极性恰好相反。

为了解决相位模糊问题，人们提出了相对(差分)调相方法，从此，数字调相技术才得到迅速推广和应用。在介绍 DPSK 之前先介绍相对码和码元的相量表示。

2. 相对码和码元的相量表示

(1) 相对码的概念

数字调相有绝对调相和相对调相之分，对应的也有两个概念：绝对码和相对码。以前，我们习惯用有脉冲或无脉冲、正脉冲或负脉冲来表示数字信息的"1"或"0"。这里，每个脉冲只取决于它所表示的本位码元值，与前后脉冲互不相关，我们把这种码称作绝对码。而相对码则是用前后脉冲的差别来表示所传输的数字信息。以二进制相对码为例，可以规定：凡前后脉冲同极性代表"0"，前后脉冲极性相反代表"1"。绝对码一般用于各种终端设备和编解码器中，相对码则通常用于相对调相系统中，目的是便于传输。但在接收端，需要将解调所得的相对码还原为绝对码。

设 a_n 为序列绝对码的第 n 位码元，b_n 为序列相对码的第 n 位码元，则相对码与绝对码的转换关系为

$$\begin{cases} b_n = a_n \oplus b_{n-1}, \\ a_n = b_n \oplus b_{n-1} \end{cases} \tag{6.2.15}$$

此式说明，若 a_n 为"1"，则 b_n 与其前一位的 b_{n-1} 码元不同；若 a_n 为"0"，则 b_n 与 b_{n-1} 码元相同。根据这种关系，可画出绝对码与相对码的转换电路，如图 6.2.13 所示。其中图(a)是把输出的 b_n 经 D 触发器延时一个码元周期 T 得到 b_{n-1}，再与 a_n 进行模 2 和运算来实现绝对码到相对码的转换；图(b)则是 b_n 同时进行 D 延时和模 2 和运算的接收端转换电路，经过它实现相对码到绝对码的转换。

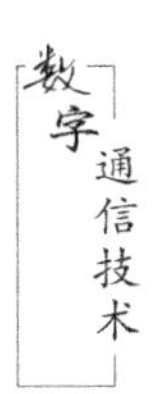

相对码的一个重要特点是:即使起始值不同,也不会改变前后码元之间的相对极性关系。例如,a 序列为 110010,b 序列的起始码元 b_0 无论是"0"还是"1",得到的 b 序列不同,即一个为 100011,一个为 011100,但根据式(6.2.15)对它们进行反变换,均可得到相同的原 a 序列。

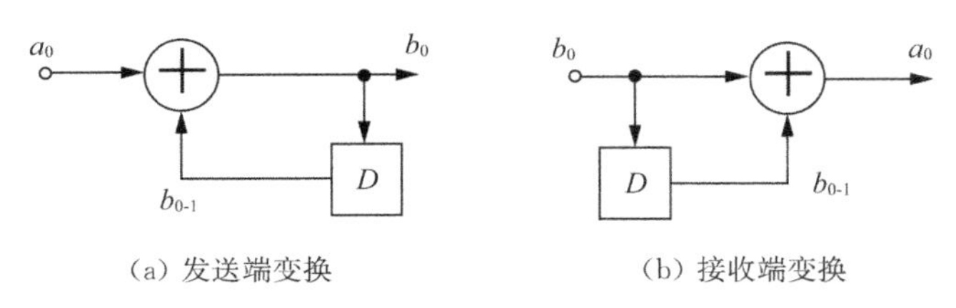

图 6.2.13　绝对码与相对码之间的转换

(2) 码元的相量表示

为了便于说明调相的概念,可以把每个码元用一个相量表示,如图 6.2.14 所示。图中虚线相量位置称为基准相位。在绝对调相中,它表示未调载波的相位;在相对调相中,它为前一个码元的相位。如果假设每个码元中包含整数个载波周期,则两相邻码元载波的相位差既表示调制引起的相位变化,也是两码元交界点载波相位的瞬时跳变量。根据 ITU-T 建议,将图 6.2.14(a)的码元表示称为 A 方式。在这种方式中,每个码元载波相位相对于基准相位可取 0、π,因此,在相对调相中,若后一码元载波相位为 0,则前后两码元载波相位就是连续的,否则,相位在两码元之间发生突变。同样,我们把图 6.2.14(b)称为 B 方式,在这种状态下,每个码元载波相位相对于基准相位可取 $\pm\pi/2$,于是在相对调相时,相邻码元之间必然发生相位变化,只要检测其变化,便知每个码元的起止时刻,这意味着可以不间断地传送码元定时信息,这也是 B 方式被广泛采用的原因。

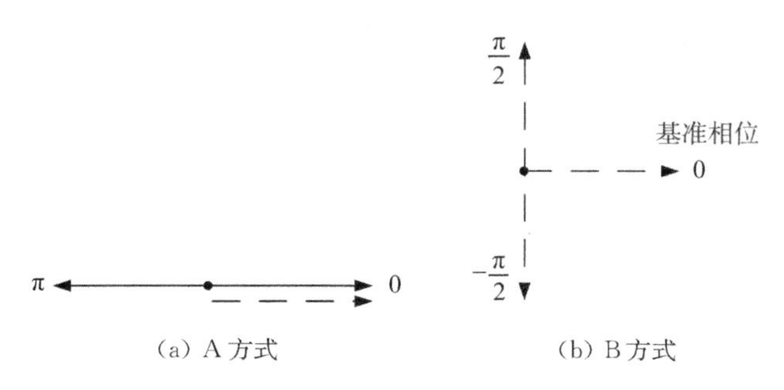

图 6.2.14　二相调相码元向量图

在多相调制中,载波相位的状态数大于 2,相量的位置数也相应地多于 2。同时,每一个相量位置表示一个多进制码元,而这个多进制码元又与已调信号载波的某一相位相对应,因此,码元的相量图可以直观地说明调相信号的基本调制状态。

3. 2DPSK

(1) 2DPSK 的基本原理

与 2PSK 调制方式不同,2DPSK 的调制规则是利用前后相邻码元的相对相位变化来表示所传送的数字信息"0"和"1",这种调制方式称为相对相移方式,现在用 θ 表示载波的初始相位，设 $\Delta\theta$ 为当前码元和前一码元的载波相位之差：

$$\Delta\theta=\begin{cases}0, & \text{发送“0”时}\\ \pi, & \text{发送“1”时}\end{cases} \tag{6.2.16}$$

则已调波信号码元可以表示为

$$e(t)=\cos(\omega_c t+\theta+\Delta\theta),0<t<T \tag{6.2.17}$$

式中，载波角频率 $\omega_c=2\omega f_c$；θ 为前一个码元的载波相位。

(2) 2DPSK 信号的产生与解调

产生相对调相信号的具体方法很多，但总的来说可分为调相法和相位选择法两类。2DPSK 信号的解调也有两种：一种是直接对接收信号前后码元进行载波相位比较的相位比较法；一种是将接收信号与基准载波振荡进行相位比较的极性比较法。

①二相相对调相信号的产生

相对调相系统是可以利用相对码进行调制的调相系统，因此，二相相对调相(2DPSK)需要将输入的绝对码序列先转换成相对码序列，然后利用相对码去进行二相绝对调相，这样就可获得 2DPSK 信号。据此，我们可画出如图 6.2.15 所示的 2DPSK 生成方框图，图中虚线框内是一个用相位选择法产生二相绝对调相信号的原理图。振荡器输出 0 和 π 两种不同相位的载波，在相对码序列 b_n 控制下，高电平时，输出相位为 0 的载波；低电平时，输出相位为 π 的载波。

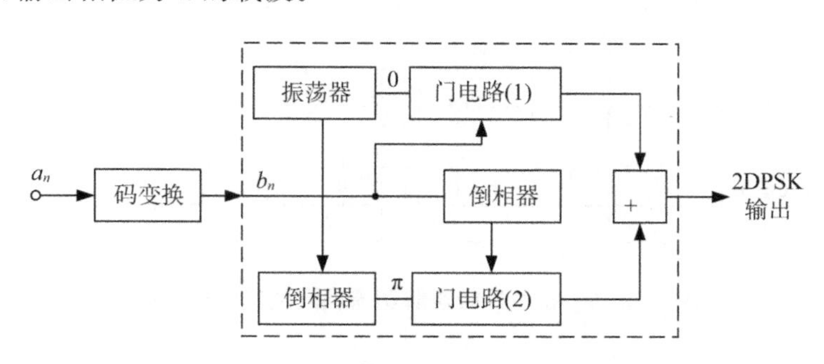

图 6.2.15　2DPSK 信号的产生

②二相相对调相信号的解调

2DPSK 信号的解调主要有两种方法：第一种方法称为相位比较法(差分相干解调法)，第二种方法称为极性比较法(相干解调法)。

相位比较法又称差分相干解调法，是通过直接比较相邻码元的相位，从而判决接收码元是“1”还是“0”。为此，需要将前一码元延迟一个码元的时间，然后将当前码元的相位与前一码元的相位做比较。解调方法的原理方框图如图 6.2.16 所示。图中利用延迟电路将前一码元延迟一个码元时间 T_s 作为参考相位，并与后一码元相乘(鉴相)，再经低通滤波。当前后码元信号相位相同时，输出一正极性脉冲；当前后码元信号相位相反时，输出一负极性脉冲。假设发送端用前后码元载波相位差为 0 的相移表示数字信息“0”，用前后码元载波相位差为 π 的相移表示数字信息“1”，那么，将解调输出的正极性脉冲判为发送

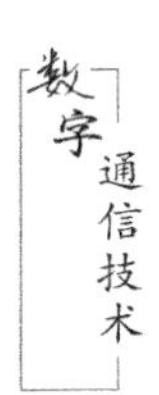

“0”，而将负极性脉冲判为发送“1”，便可恢复原二进制码。至于图中的取样判决器和码元形成器，则是用来对低通滤波器输出的脉冲信号取样判决，并形成输出的码元信号。在实际通信系统中，为了进一步提高系统的抗干扰能力，低通滤波器也可用积分器来代替，这时它的输出波形如图 6.2.16(d)所示。

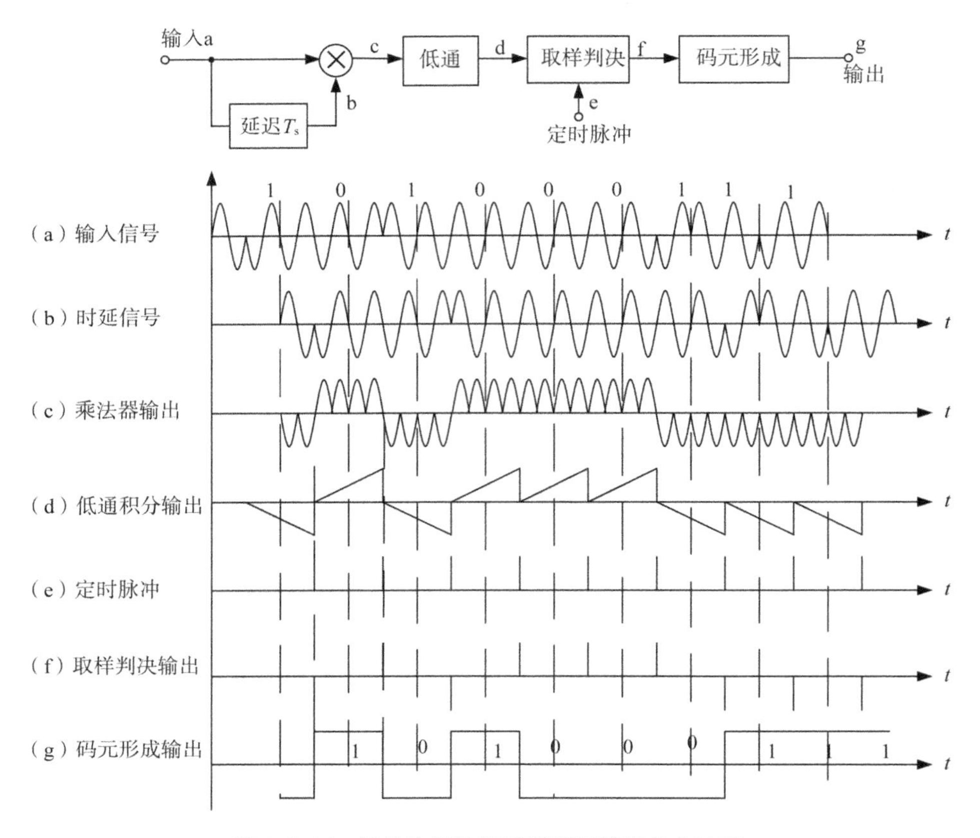

图 6.2.16　相位比较法解调原理图及其各点波形

极性比较法又称相干解调法。在用这种方法解调 2DPSK 信号时，所需的相干载波是从接收信号中提取的，其相位固定，因此，相干解调器的输出是相对码，还必须经码变换器把相对码变换成绝对码。极性比较法解调 2DPSK 信号的原理图及对应各点波形如图 6.2.17 所示。2DPSK 信号的解调过程是：将接收到的 2DPSK 信号在相乘器中与基准载波振荡信号相乘后，再经低通滤波器滤除谐波，当接收信号与载波同相时，滤波器输出一正脉冲；当接收信号与载波反相时，滤波器输出一负脉冲，它们经取样判决和码元形成电路，得到相对码输出。最后通过码变换器将相对码变换成绝对码，这就是原信息码。同样，为了进一步提高解调系统的性能，图中的低通滤波器也可用积分器来代替，这时的输出波形如图 6.2.17(d)所示。

需要指出的是，图 6.2.17(b)是提取载波的一种可能的相位，若它的相位反转 180°，则置 d、f、g 各点的波形极性都要改变，但输出信号 h 点的波形仍不变，这正是相对调相能克服“相位模糊”现象的原因。也就是说，在相对调相中，由于它与绝对相位值无关，仅取

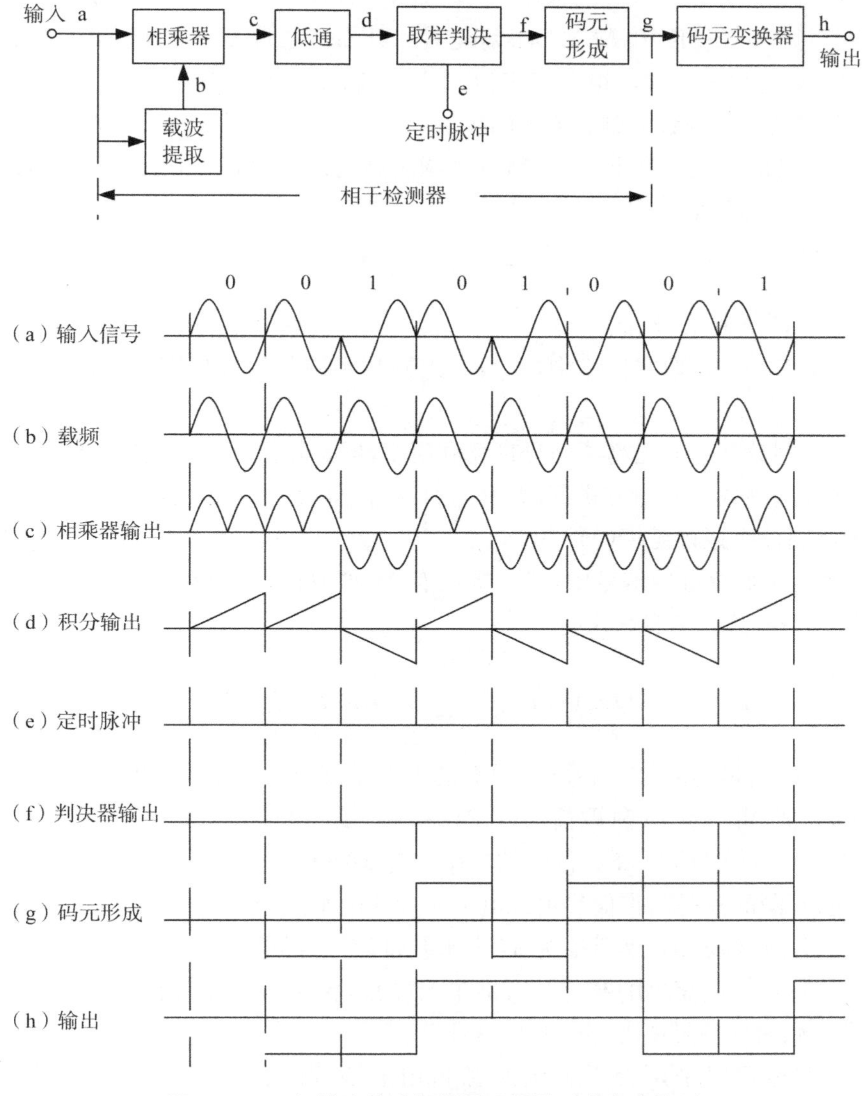

图 6.2.17 极性比较法解调原理图及对应各点波形

决于相对相位值，这样，只要前后码元载波相位差不变，解调恢复的数字信息就不会出现反相，解调也就不会受"倒相"现象的影响。

极性比较法与相位比较法相比，其相干载波的噪声较小，因而误码率较小。

6.2.4 多进制数字调制的概念

所谓多进制数字调制是指将多进制数字基带信号作为调制信号，去控制载波的各项参数，如振幅、频率、相位，并由此产生了多进制振幅调制、多进制频率调制和多进制相位调制等调制方式。对于多进制数字调制，在每个符号间隔 $0<t<T_s$ 内，可能发送的符号有 M 种：$s_1(t)$，$s_2(t)$，…，$s_M(t)$。在实际应用中，通常取 $M=2^n$，n 为大于 1 的正整数。

当携带信息的参数分别为载波的幅度、频率或相位时，可以有 M 进制幅度键控（MASK）、M 进制频移键控（MFSK）和 M 进制相移键控（MPSK）之分；也可以把其中的两个参数组合起来调制，如把幅度和相位组合起来得到 M 进制正交幅度调制（MQAM）等。多进制数字调制方式是二进制数字调制方式的扩展，与二进制数字调制方式相比较有如下特点：

（1）在相同的码元速率下，多进制数字调制系统的信息速率高于二进制数字调制系统的信息速率。其关系式为

$$R_b = R_B \log_2 M \tag{6.2.18}$$

式中，M 代表 M 进制信号。

（2）在基带和频带数字传输中，一般多进制数字调制信号带宽与二进制数字调制信号相同。

（3）多进制数字信号提高了信号带宽利用率，但是降低了该系统信号传输的可靠性。

（4）在多进制数字调制方式下，力争达到各信号状态之间相互正交。

1. 多进制数字振幅键控（MASK）

M 进制数字振幅键控信号中，载波幅度有 M 种取值，每个符号间隔 T_s 内发送一种幅度的载波信号，其数学表达式为

$$e(t) = s(t)\cos\omega_c t = \left[\sum_{k=-\infty}^{\infty} a_k \cdot g(t - kT_s)\right]\cos\omega_c t \tag{6.2.19}$$

式中，$s(t)$ 是单极性的多进制信号；$g(t)$ 是基带信号波形；ω_c 是载波角频率；T_s 是信号间隔；a_k 是幅度值，可以有 M 种取值：$0,1,2,\cdots,M-1$。

由式(6.2.19)可知，MASK 信号的功率谱与 2ASK 完全一样。MASK 的调制方法与 2ASK 相同，不同的只是基带信号由二电平变为多电平。为此，可以将二进制信息序列分为 n 比特一组，$n=\log_2 M$，然后变为 M 电平基带信号，再送入调制器。

MASK 调制中最简单的基带信号波形为矩形，为了限制信号频谱，也可以采用其他波形，如升余弦滚降信号或者部分响应信号等。

MASK 信号可以采用相干解调或者非相干解调的方法恢复基带信号，其原理与 2ASK 完全相同。图 6.2.18 是 4ASK 已调波示意图。

2. 多进制数字频移键控（MFSK）

多进制数字频移键控（MFSK）是二进制数字频移键控方式的推广。下面以四进制频移键控方式（4FSK）来说明多进制数字频移键控（MFSK）的基本原理。

在四进制频移键控方式（4FSK）中采用 4 个不同的频率分别表示四进制码元，每个码元含有 2 bit 信息。与 2FSK 相同，为了便于使用带通滤波器分离不同频率码元的频谱，要求每个载频之间的频率间隔足够大，或者说要求不同频率的码元相互正交。

由于 MFSK 的码元采用 M 个不同的载波，因此它占用了较大的带宽，其频带宽度为

$$B_{\text{MPSK}} = f_{\text{M}} - f_1 + \Delta f \tag{6.2.20}$$

式中，f_{M} 为最高频率；f_1 为最低频率；Δf 为单个码元的带宽。

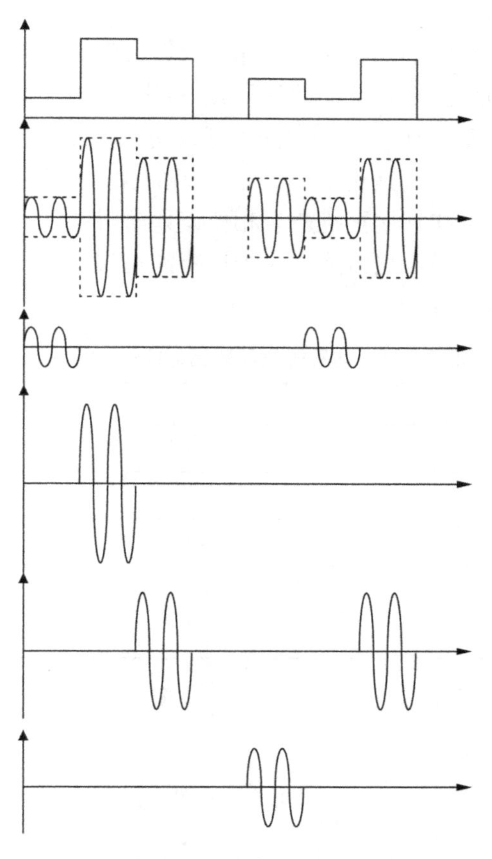

图 6.2.18 4ASK 已调波示意图

6.2.5 QPSK 四相相移键控

1. MPSK 的基本原理

在数字相位调制中，除采用二相调制外，还常采用多相相位调制。在二相调制中，用两种不同的相位或相位差来表示信息。在多相调制中，则用多种相位或相位差来表示信息。如果把输入的二进制信息数字序列每 K 比特编为一组，那么便构成了 K 比特码元。每一 K 比特码元都有 2^K 种不同的状态，因而必须用 $M=2^K$ 种不同的相位和相位差来表示。由于 K 比特码元包含的信息量是二进制码元所含信息量的 K 倍，因此多相调制系统与二相调制系统相比，在系统信息传输速率相同的条件下，由于多相调制系统在单位时间传输的码元数比二相调制时少，即多进制数码率低于二进制数码率，因此多相调制信号码元的持续时间比二相时长。这样，既可以压缩信号的频带，又可以减少因信道特性引起的码间串扰的影响。可见，多相调制方式是提高数字通信有效性和可靠性的一个有效途径。

所以，MPSK 信号是利用具有多个相位状态的正弦波来代表多组二进制信息码元，即用载波的一个相位对应一组二进制信息码元。多进制相移键控也分为多进制绝对相移键控和多进制相对（差分）相移键控。

2. QPSK 的基本原理

下面的讨论主要以 $M=4$ 为例做进一步的分析。4PSK 又称为 QPSK，它表示四相调制，用载波的四个离散的相位来表示四种信号状态(即 00、01、10、11)，通常它也被称为正交相移键控，它的每个码元含有 2 bit 的信息，可以用两位二进制代码“a”和“b”的组合来表示，通常我们使用的编码方式是格雷码。格雷码的优点是相邻相位所代表的两个比特只有一位不同，由于在噪声和其他干扰产生相位误差时，最大的可能性是发生相邻相位的错误，因此这样的相邻相位错误只能造成一个比特的错误。在采用格雷码编码方式下，信号相位和码元之间的对应关系如表 6.2.1 所示。

表 6.2.1　信号相位和码元之间的对应关系

双比特码元		载波相位	
a	b	A 方式	B 方式
0	0	0°	225°
1	0	90°	315°
1	1	180°	45°
0	1	270°	135°

按照这种对应关系得到的矢量图如图 6.2.19 所示。

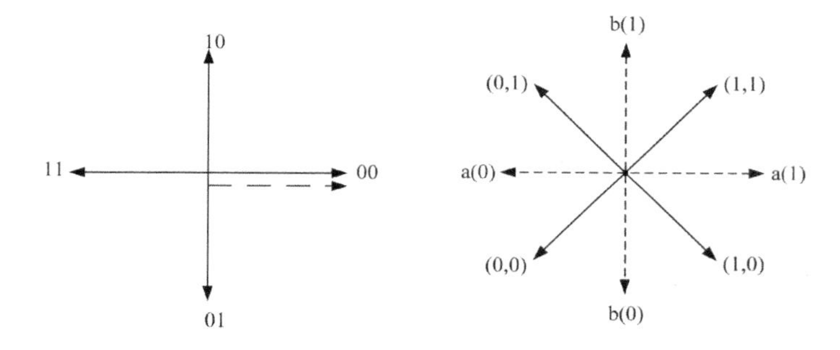

图 6.2.19　4PSK 矢量图

3. QPSK 调制解调

QPSK 信号的产生原理框图如图 6.2.20 所示。

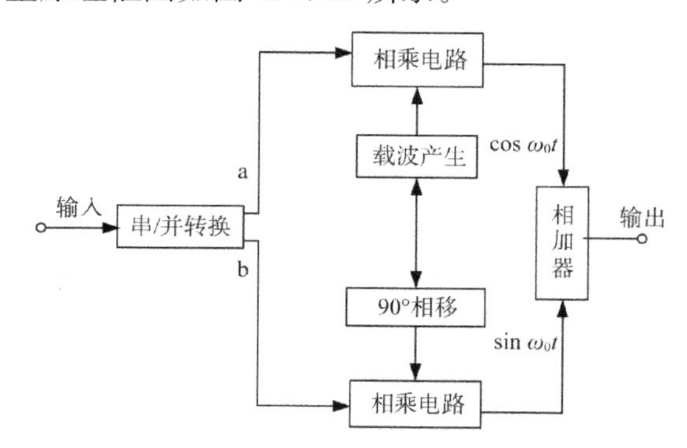

图 6.2.20　QPSK 调制电路原理图

图中输入的基带信号是二进制不归零双极性信号码元，被“串/并转换”后变为两路码元 a 和 b，它们分别和两路正交载波相乘，相乘的结果送入相加器中合成串行信号输出。

QPSK 信号的解调可用两个正交的载波信号实现相干解调，其原理框图如图 6.2.21 所示。

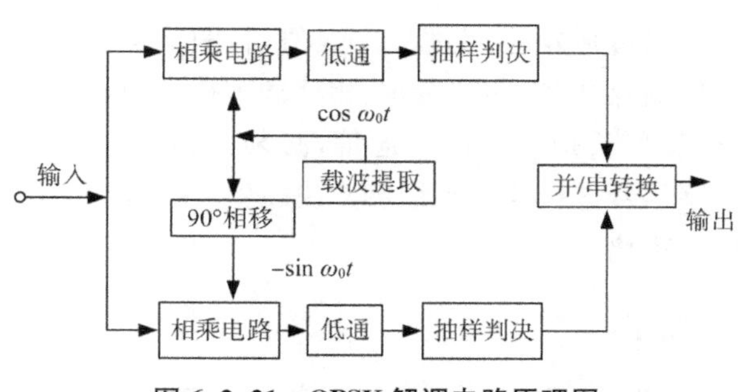

图 6.2.21　QPSK 解调电路原理图

QPSK 信号采用相干解调的方法可以很容易地分离出两路正交的 2PSK 信号，解调后的两路基带信号码元 a 和 b，经“并/串转换”后，形成串行数字信号输出。

6.3　各种调制方式的主要性能比较

系统的有效性和可靠性是判断数字调制系统性能好坏的标准。对于数字系统来说，有效性主要是指系统的码元传输速率、信息传输速率、频带利用率等，可靠性主要是指误码率、误信率等。

对于二进制数字调制系统，其主要性能从以下几个方面进行比较。

1. 频带宽度

当码元宽度为 T_s 时，即码元速率为 f_s 时，

二进制振幅键控信号带宽：$B_{2ASK} \approx 2f_s$；

二进制频移键控信号带宽：$B_{2FSK} \approx |f_1 - f_2| + 2f_s$；

二进制相移键控信号带宽：$B_{2PSK} \approx 2f_s$ 。

从上面公式中可以得出，2FSK 系统占用的系统频带最宽，其频带利用率最低。

2. 误码性能

在实际应用中，二进制数字通信系统的误码率与系统的信噪比有关。信噪比越大，误码率越小。

在相同的信噪比和解调方式下，三种调制方式的误码率之间的关系为：2PSK 的误码率最低，2FSK 的误码率次之，2ASK 的误码率最高。

在要求相同误码率的前提下，三种调制方式的信噪比关系为：

$$r_{ASK} = 2r_{FSK} = 4r_{PSK} \qquad (6.3.1)$$

同时，对于同一数字调制方式来说，相干解调的误码率低于非相干解调。

3. 设备复杂程度

通常相干接收设备都要比非相干接收设备复杂。在同样的接收方式下，2PSK 设备

最复杂,其次是 2FSK,2ASK 最简单。

6.4　数字信号的再生中继

一个完整通信系统,当传输距离超过某一限值后,只有终端设备和传输媒介是不够的,因为不管是哪一种传输媒介,均存在衰减、相移和干扰,终端设备输出的基带信号传输距离受到一定限制。要实现长距离的数字通信,必须有再生中继系统,对波形产生了失真,并叠加了干扰的数字信号进行均衡整形和判决再生,恢复出和发送端一样的脉冲再继续向下传输,以延长传输距离。

6.4.1　信道特性和噪声

数字基带信号的种类很多,常见的有单极性不归零码、单极性归零码和双极性归零码,它们的特点在前面已有描述。数字基带传输信道的种类却不太多,一般为市话电缆,在实际使用时都不具备理想低通特性或滚降低通特性。

研究表明,电缆信道的衰减同 $\sqrt{f}$ 成正比,不是线性的。另外,电缆信道的相位特性也不是完全线性的,在低频段同 $\sqrt{f}$ 成正比,在高频段同 f 成正比(线性)。这样,数字信号在经过电缆信道传输后就会产生衰减频率失真(幅频失真)和传输时延失真(相频失真),同时传输过程中还会受到各种噪声的干扰。

信道的幅频失真、相频失真和外来噪声干扰会使传输波形变坏,随着传输距离的增加,这种影响也逐渐严重。当波形失真严重到一定程度时,很难从接收到的信号中识别出传输后的码是“0”还是“1”。为此,在波形变坏到不能识别之前,必须对其进行恢复,变成和发送端送出的数字脉冲序列一样的信号才能继续传输,这需要通过每隔一段距离设置一个再生中继器来实现。

6.4.2　再生中继系统

再生中继系统的任务是对基带信道进行均衡,使总的传递函数成为理想低通特性或滚降低通特性。对已经失真的波形进行判决,再生出和发送端相同的数字脉冲序列,防止误码。

一个完整的再生中继器由三大部分组成,即均衡放大器、定时提取电路、抽样判决及码形成(即判决再生)电路,如图 6.4.1 所示。

均衡放大器将经电缆传输后有衰减和失真的基带信号加以放大和均衡,以补偿传输线带来的衰减频率失真。均衡放大器类似于前面所述数字基带传输模型的接收滤波器,它对信道传输函数进行均衡,使总的传输函数成为理想低通特性或滚降低通特性。经过均衡之后时间的波形通常称为均衡波。

定时提取电路从接收到的信码流中提取出时钟频率,得到的时钟频率和相位必须和发送端的时钟频率和相位一致,以产生用于判决和再生电路的定时脉冲。

抽样判决和码形成电路对已均衡放大的信号进行抽样判决,并产生与发送端形状相同的脉冲,其中码形成电路类似于前述数字基带传输模型中的发送滤波器。判决时取均衡波最大值的 1/2 处为门限电平,当判决时钟到来时,如果此时均衡波的幅度大于该门限，则判为“1”，反之判为“0”。

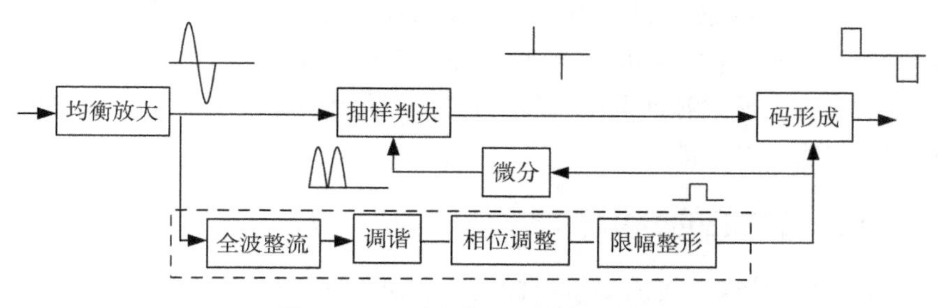

图 6.4.1 再生中继系统组成框图

6.4.3 信号波形的均衡

数字脉冲序列经电缆传输有波形失真，不仅波形幅度下降，而且脉冲被展宽产生拖尾。如果对这种失真的波形进行抽样判决，则会产生码间干扰，严重的会导致误判。所以不能直接对其进行抽样判决，而是要在抽样判决前先进行均衡，相关内容在第五章已介绍。

6.4.4 时钟提取

时钟提取部分如图 6.4.1 虚线框图部分所示。抽样判决在判断脉冲的有无时，判决时刻必须和原脉冲序列的基本周期完全一致，为此在中继器中必须产生一串与输入脉冲序列同步的信号，此信号就是定时信息。从输入脉冲序列本身提取定时分量的方式通常称为自定时方式。除自定时方式外，还有一种产生定时信号的方法是外同步定时，它是在发送端发送 PCM 信号的同时用另外一个附加信道发送定时信号，供各中继器(站)接收端使用，这种方法因需要一条附加信道，故应用较少。

我们知道，即使输入信号是严重失真和畸变的脉冲序列，由于它的频谱分量中含有相当于基本周期的频率，因此可以通过“谐振”电路把它们分离出来，这一过程就是“定时提取”。为了使判决电路动作正确，要通过“微分”电路把定时信号变为窄幅定时脉冲，如图 6.4.1 所示。对定时时钟脉冲的要求是其周期应与已均衡 PCM 信号的码元间距相等，并有固定的相位关系。具体来讲，这个相位关系应确保对应已均衡信号的峰值时刻，以便能获得最大的判决信噪比。

6.4.5 判决再生

判决再生部分由判决和脉冲形成两部分电路组成，其功能有三个：

(1) 在最佳门限电压下判决均衡波是“1”还是“0”，或脉冲是有还是无。

(2) 在最佳判决时刻取样。

(3) 再生形成所要求的码型。

这就是说，判决电路要根据判决时刻和判决电平两个基准，对已均衡脉冲序列判断脉冲的有无。如果在判决时刻信号电平在判决电平以上，则判决为有脉冲或为“1”；否则就判决为无脉冲或为“0”。

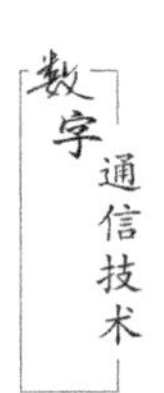

判断脉冲有无的电平称为“判决电平”，其值约为脉冲序列幅高的 1/2，这是为了在有噪声叠加而形成波形失真时，使“有脉冲”和“无脉冲”的判决余量相等。

在脉冲形成部分，根据判决电路判断脉冲有无的结果，由脉冲发生电路产生新的脉冲，并借助定时脉冲与原始脉冲取得同步。这样，就得到与原始脉冲序列完全相同的脉冲序列，从而完成再生中继功能。

6.4.6 中继传输性能的分析

数字通信中衡量传输系统的质量指标主要有误码率和相位抖动。误码和抖动都与数字信号传输时信道特性不理想及信道中的噪声干扰等因素有关，它们的存在将影响整个通信系统的信噪比。

1. 误码率

发信端发送的传号（1 或 −1）经传输系统后误判为空号（0）称漏码或丢码；若将空号错判为传号，则称增码。数字信号经过传输后所发生的漏码和增码统称为误码。为了判断误码对数字通信质量的影响，常用误码率 P_e 衡量，其定义为

$$P_e = \lim_{N \to \infty} \frac{\text{发生的误码数}(n)}{\text{发送的总码元数}(N)} \tag{6.4.1}$$

这种定义在理论分析和系统设计时使用。由于实际维护测试中无法实现 $N \to \infty$，因此常将一定时间内的 n/N 值作为误码率。

2. 相位抖动

PCM 信号的码流经过信道传输后，各中继器中终端站提取的时钟脉冲在时间上不是等间隔的，即时钟脉冲在相位上出现了偏差，这种现象称为相位抖动，如图 6.4.2 所示。图(a)为正常没有相位抖动的时钟脉冲；图(b)为有相位抖动的时钟脉冲；图(c)为相位抖动对重建信号的影响，其中曲线①为没有相位抖动时的重建模拟信号，曲线②为有相位抖动时的重建模拟信号。相位抖动将增加误码率，这是因为相位抖动使得判决时刻偏离均衡波的波峰，而使判决误判，同时由于重建后的 PAM 信号脉冲发生相位抖动，最终使话路接收端引起失真和噪声。

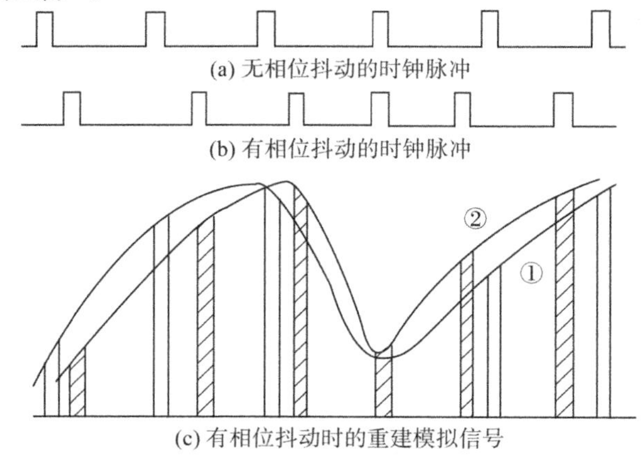

图 6.4.2 相位抖动及对解码的影响

抖动的大小可以用相位弧度、时间或者比特周期来表示。根据 ITU-T 建议，一个比特周期的抖动称为 1 比特抖动，常用“100% UI”表示，UI 即单位间隔。“100% UI”也相当于 2π rad 或 360°。对于数码率为 f_b 的信号，“100% UI”也相当于$(1/f_b)$s。引起相位抖动的原因有很多，如定时提取电路调谐回路失谐、信道噪声和串音干扰、PCM 信码码型中“1”“0”码数目变动等。

【重点拓扑】

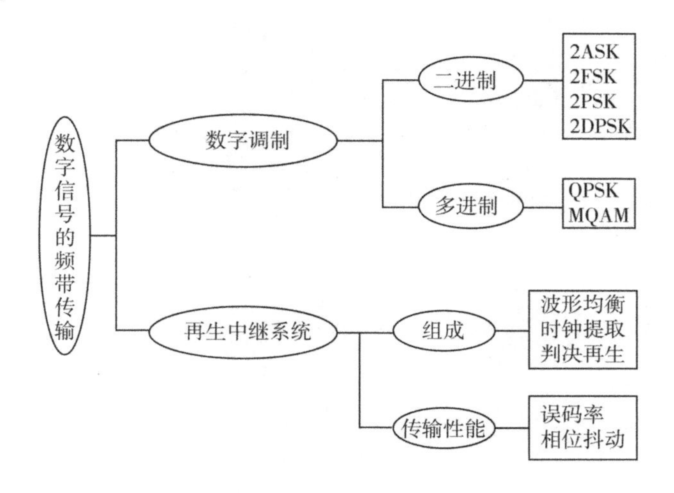

【基础训练】

1. 什么叫作非相干接收？什么叫作相干接收？
2. 请问 2ASK 信号的带宽和其基带信号的带宽之间有什么关系？
3. 请问 2FSK 信号的带宽和其基带信号的带宽之间有什么关系？
4. 请问 2PSK 和 2DPSK 之间有什么区别？
5. 请比较三种二进制数字调制系统的性能。
6. 多进制数字调制的特点是什么？
7. 设 8ASK 信号的波特率是 1 000 B，它的信息传输速率是多少？
8. 设某二进制数字信号的带宽是 100 kHz，试计算进行 2ASK 调制后信号的带宽。
9. 设二进制信号序列为 100111011，请画出对应的 2ASK、2FSK、2PSK 和 2DPSK 的示意波形。
10. 什么是绝对码和相对码？在数字调相中各有何作用和特点？
11. 试简述再生中继的原理。

【技能实训】

技能实训 6.1　2ASK、2FSK、2PSK 的调制与解调

技能实训 6.2　QPSK 的调制与解调

模块七

定时与同步

【教学目标】

知识目标：

1. 掌握定时与同步的概念与重要性；
2. 掌握载波同步的概念，了解载波同步的方法；
3. 掌握位同步的概念，了解位同步的方法；
4. 掌握群(帧)同步的概念，了解群同步的方法；
5. 掌握网同步的基本概念，了解网同步的方法。

能力目标：

1. 明确定时与同步在数字通信中的地位及重要性；
2. 掌握载波同步、位同步、群同步、网同步在数字通信中的位置和关系；
3. 学会帧同步信号、载波信号的提取。

教学重点：

1. 定时与同步的概念与重要性；
2. 载波同步、位同步、群(帧)同步及网同步的基本概念和方法。

教学难点：

1. 帧同步保护；
2. 巴克码的自相关函数、间隔式插入帧同步法的基本原理。

7.1 定时与同步的基本概念

在数字通信系统中的数字信号，不论是二进制还是多进制，都是由一串串等长度的码元构成的序列，这些码元在时间上按一定的顺序排列，并代表不同的信息。要使数字信号在通信过程中能保持完整的信息，必须保持这些码元所占时间位置的准确性，也就是说，在发送端和接收端都要有稳定而准确的定时脉冲，以保证各种电路自始至终处于定时状态，保证数字信息的可靠传输。定时脉冲，有时也叫做时钟脉冲或节拍脉冲。

发送端和接收端分别有自身的定时还不够，就像大家都有手表还需要与广播电台的报时信号对准一样，为了保证整个通信过程准确可靠，必须使发送、接收两端的定时脉冲在时间上一致起来，这就叫“同步”。或者说，同步是指发送、接收两端的载波、码元速率及各种定时标志都步调一致地工作，不仅要求同频，而且对相位也要有严格的要求。

定时与同步是数字通信中重要的实际问题。如果通信系统出现同步误差或失去同步，性能就会降低甚至失效，所以定时与同步是系统可靠工作的前提。

数字通信系统的同步，一般按照作用的不同分为：载波同步、位(码元)同步、帧(群)同步，以及通信网同步。

载波同步是根据接收码元的需要而设置的一种同步方式。载波同步是指在数字调制解调系统中，当采用相干解调(同步检波)时，接收端必须获得一个与发送端载波同频同相的载波，提取这个载波的过程称为载波同步。

位同步就是码元同步，也称比特同步。由于任何信息都是通过一串二进制码元序列传送的，因此在接收端解码时，必须提供准确的码元判决时刻，使判决时钟的周期相位都严格与发送端一致，也就是说，为了实现数字信号的接收，要求准确地知道每一个码元的起止时刻，以便在适当时刻取得准确的取样判决，这就是位同步。当位同步出现误差时，会造成信号取样值的下降和码间串扰的增加，并严重影响通信质量。

帧同步有时也称群同步。在数字信号的时分复用过程或在30/32路PCM基群中，每32个时隙构成一帧，在接收端分接时，就存在如何辨别每一帧起止位置的问题。为此，要求发送端必须提供每帧的起止标志，以使接收端能有效地确定起止时刻，我们把在接收端检测并获取起止标志的过程称为帧同步。

随着数字通信的发展，尤其是计算机技术和通信系统相结合后，出现了多层之间的通信和数据交换，构成了数字通信网。这样，全网就需要有一个统一的时间标准使整个通信网同步工作，这就是网同步。

数字通信中的各种同步关系，可以用对表(时间)来比拟。实现帧同步、位同步和载波同步好比对表时要准确到几时几分几秒；实现通信网同步则好比大家的表都要与电台报时信号对准一样。

7.2 载波同步

由第六模块“数字信号的频带传输”可知，在高速、高可靠性的数字通信系统中，经常采用相干解调，因为它具有频带利用率高和抗干扰性能好的优点。但是，这种解调方式的设备较复杂，且要求接收端必须获得一个与发送端载波信号相干(同频同相)的本地参考载波信号(基准信号)，这正是载波同步所要解决的问题。

产生本地相干参考载波信号的方法，常称作载波提取。一般有两类：一类是插入导频法，它是在发送端发送信息码元的同时，再发送一个载波或包含载波信息的导频信号，且要求这个导频信号不随传输的信息而变化；另一类是直接提取法，即从接收到的有用信号中直接(或经变换)提取相干载波，而不需要另外传送载波或其他导频信号。

7.2.1 插入导频法

插入导频法有两种：一种是在传送信息的同时也传送与信息频谱不重叠的导频信号，称作频域插入导频法；另一种是将信息在时间上分段传送，在每段信息之间留一段时间传送导频信号，称作时域插入导频法。

插入导频法主要用于接收信号频谱中没有离散载频分量，并且在载频 f_0 附近频谱幅度很小的情况，如图7.2.1所示。其具体实现方式是：在发送有用信号的同时，在信号频谱适当的频率位置上插入一个或者多个称为导频的正弦波信号，但它们的相位一般要求与被调载波正交，故称为“正交载波”。在接收端通过提取导频信号再移相90°得到本地载波，这种方法称为插入导频法，该过程如图7.2.2方框图所示。

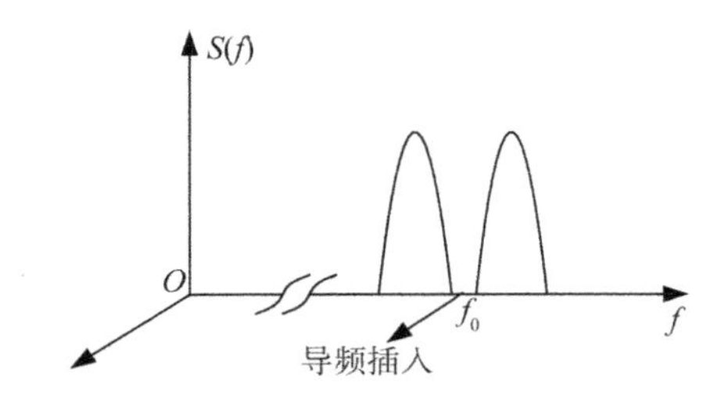

图 7.2.1 插入导频法示意图

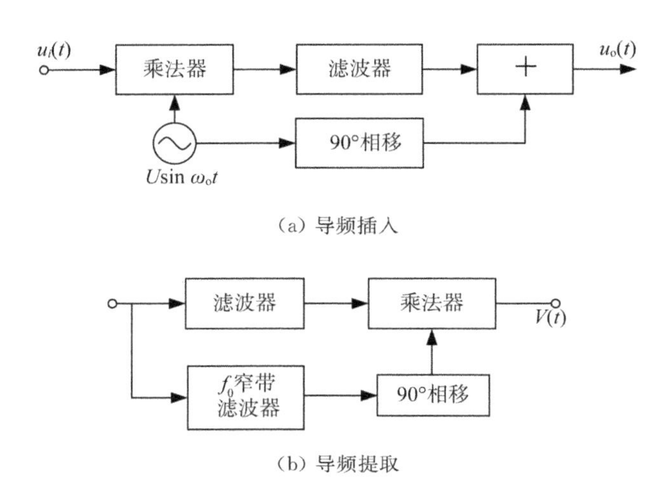

（a）导频插入

（b）导频提取

图 7.2.2 导频插入和提取

下面以 2PSK 信号为例，来说明插入导频法的实现方式。因为 2PSK 信号可以看作是抑制载波的双边带调幅信号，同时 2PSK 信号的频谱中没有载频分量，而且在其已调信号频谱中，载频附近的分量也很小。所以，2PSK 信号适合采用插入导频法。

设载波信号为 $A\sin\omega_c t$，基带调制信号为 $m(t)$，插入导频信号为 $A\cos\omega_c t$，则调制电路的输出信号可表示为

$$e(t)=Am(t)\sin\omega_c t+A\cos\omega_c t \tag{7.2.1}$$

在接收端，使用窄带滤波器滤出导频分量，并将其移相 π/2，变成 $\sin\omega_c t$，然后将得到的信号和接收信号相乘。

设接收信号仍用 $e(t)$ 表示，则得到如下公式：

$$\begin{aligned}e(t)\sin\omega_c t&=Am(t)\sin\omega_c^2 t+A\cos\omega_c t\sin\omega_c t\\&=\frac{A}{2}m(t)-\frac{A}{2}m(t)\cos 2\omega_c t+\frac{A}{2}\sin 2\omega_c t\end{aligned} \tag{7.2.2}$$

从该式中得到的信号经过低通滤波后，可以将 $2f_c$ 频率分量滤除掉，得到原调制信号 $m(t)$。

如果在图 7.2.1 中插入的导频是同相载波，而不是正交导频，那么经系统的相加处理后必然会使调制信号的频谱发生改变，解调后会因导频分量的加入使直流分量附加到基

带数字信号上，造成输出信号失真。

时域插入导频法较多应用在时分多址通信卫星中，其原理如图 7.2.3 所示。由图 7.2.3(a)可看出，导频是按照一定的时间顺序在指定的时间间隔内发送的。或者说，信号是分帧传输的，每帧开始时，先依次传送位同步信号、帧同步信号、载波同步信号等，然后才是所传送的数字信息，具体的导频提取如图 7.2.3(b)所示。它是在接收端用相对于时间 t_3 的定时选通信号先将载波信号取出，将其作为控制调节锁相环的标准，锁相环输出即为本地相干载波信号。这里考虑到发送的载波信号是不连续的，即只用一帧中的很少时间来发送载波信号，所以时域插入导频法常用锁相环来提取相干载波，目的是得到准确而稳定的参考载波信号。

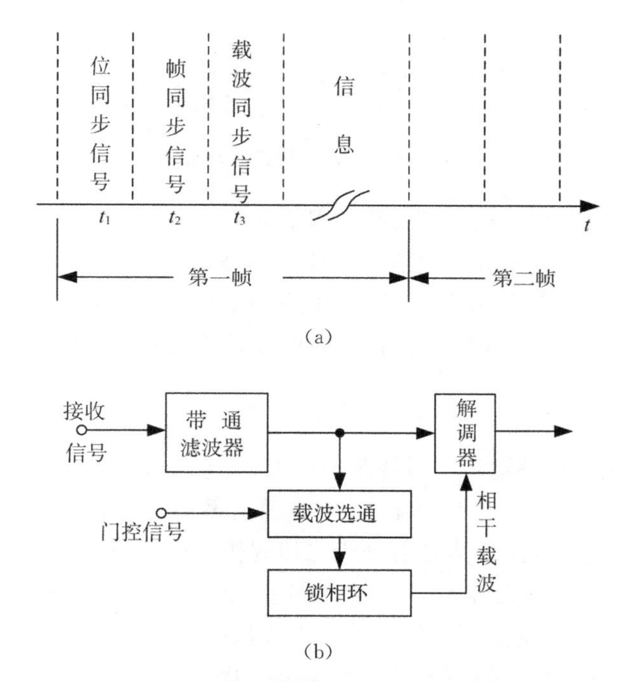

图 7.2.3 时域插入导频法原理图

7.2.2 直接提取法

考虑到有些接收信号中具有载波分量，有些接收信号(如 PSK 信号)在进行某种非线性变换后，具有载波的谐波分量，在接收端将这些信号经过适当处理后，就可以从中提取出所需的相干载波，这就是直接提取法的依据。

直接提取法的常用方式有：平方变换法(或平方环法)、反调制环法、判决反馈环法和同相正交环法。下面对前三种方式做简单讨论。

1. 平方变换法

平方变换法在二相调制情况下的载波提取原理如图 7.2.4 所示。接收信号经带通滤波器后，一路送入解调器进行解调，一路送入载波提取器。这里，载波提取器采用倍频-分频电路(对 4PSK 采用四倍频-四分频方式)。输入信号经过平方电路(如平方律器件或全波整流等）产生出的信号，其频谱将包括上、下边带各频率分量的和频与差频，而处于载频两边对称位置的各频谱分量（f_c+F）与（f_c-F）的和频为 f_0。这样，通过中心频率为 $f_0=2f_c$ 的窄带滤波器，就可分离出载频的倍频分量 $2f_c$ 项。限幅器用来消除信号幅度的波动，然后经二分频器，即可恢复出频率为 f_0 的相干参考载波，这个相干载波加到解调器就可完成对输入信号的解调。

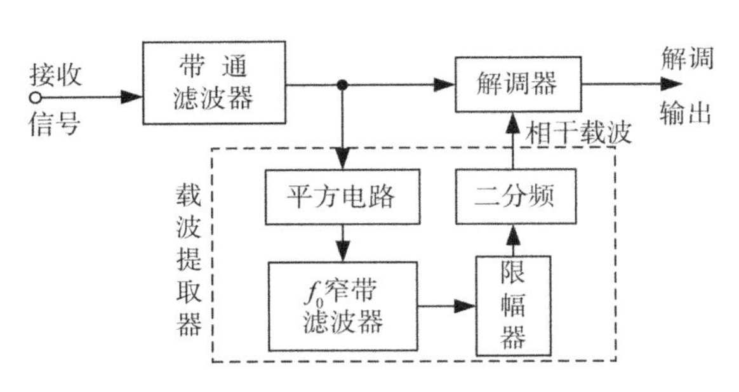

图 7.2.4　平方变换法提取载波

图 7.2.4 中应用了二分频器，使得载波提取存在 180°的相位模糊（四相调制时有 90°的相位不确定性）。对差分相位键控信号来说，这种载波相位倒置没有什么不良后果；但对绝对调相系统来说，有时会出现反相工作的情况。另外，为了取得良好的跟踪、窄带滤波和记忆性能，图 7.2.4 中的窄带滤波器和限幅器常用锁相环来代替，这时的平方变换法就称为平方环法。

2. 反调制环法

反调制环法常用于相移键控信号的载波提取，其原理如图 7.2.5 所示。可以看出，由解调器恢复的数字信号，一方面作为输出，一方面又返回去对延时 τ_0 的接收信号进行反调制。这样，在原抑制载波的双边带信号或二相调相信号中，载波相位因调制而引起的变化就被解除。也就是说，原来经基带信号调制后，载波相位保持不变的那些码元（如对 2PSK），再用原基带信号调制一次，载波相位仍应保持不变；而原来经基带信号调制后载波相位反了相的那些码元，再用原基带信号调制一次，使载波相位再反相一次，于是又恢复了载波的原始相位，这就是反调制的意义。由此可见，经过反调制器的作用消除了载波相位的变化，得到的就是单一频率的载波，用它作为锁相环的基准信号，从锁相环输出的就是所需的参考相干载波。

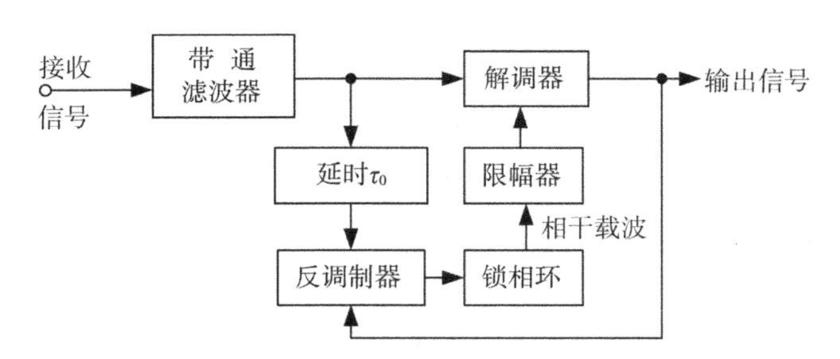

图 7.2.5　反调制环法提取载波

3. 判决反馈环法

以上介绍的反调制环法提取载波，其环路工作在载波频率上，当频率较高时，不太方便。如果载波提取环路工作在基带频率上，就会给信号处理带来很多方便。判决反馈环法就是工作在基带频率上的一种载波恢复环路，其原理如图 7.2.6 所示。

由图可看出，接收的输入信号经乘法器(相干解调)和低通滤波器后，分别输出 U_Q 和 U_I 。其中一路对 U_I 进行判决，得 $\pm m(t)$［一般 $m(t)=\pm 1$］。当输入信号与环路信号间相位差 θ 在一、四象限时，$m(t)$ 取正号；当 θ 在二、三象限时，$m(t)$ 取负号。此判决输出与 U_Q 相乘，经环路滤波之后得到控制电压 U_d ，用它控制压控振荡器，形成相干解调的本地参考载波信号。

图 7.2.6(b)为环路的鉴相特性。从图中可以看出，环路锁定相位可以是 0 或 π，因此存在相位模糊问题，这需要由差分编码来消除。

以上介绍了载波同步系统的两种载波提取方式，现在就这两种方式的主要性能做简单比较。载波同步系统的主要性能指标是高效率和高精度。所谓高效率是指在获得载波的情况下，尽量减少发送功率；所谓高精度是要求所提取的相干载波相位有最小的误差。这样看来，直接提取法不需另外发送导频，发射功率全部用来传送信息，没有功率损失，因此效率高。另外，直接提取法的构成原理决定了它不存在由于信道不均衡、不理想而引起的导频与信号载波之间的相位误差。因此，具有精度高之优点，这也是直接提取法得到广泛应用的原因。但它只适用于具有双边带频谱的信号，在单边带调制系统中不能被采用。

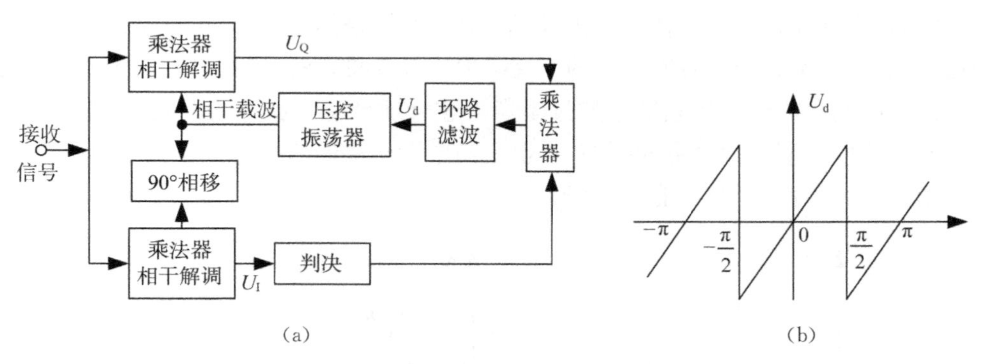

图 7.2.6　判决反馈环法

7.3　位同步(码元同步)

位同步也称为码元同步，是数字通信中最基本也是最重要的一种同步。在数字通信过程中，发送端发送数据脉冲序列是按一定的速率等间隔发送，接收端按相同速率逐个接收。由于信道特性不理想，因而有符号间干扰，并叠加有噪声的波形，必须经过取样判决和再生过程，才能恢复出与原来数据一样的矩形脉冲序列。因此，对控制这个过程的定时脉冲有两个要求：一是码元定时脉冲的重复频率必须与发送脉冲的重复频率一致；二是脉冲出现的时刻对准最佳判决时刻才能使误码减至最小。所以，为了使每个码元得到最佳的解调以及在准确的判决时刻进行接收码元的判决，必须知道码元准确的起止时刻。

与载波同步方式类似，位同步的实现方法也可分为插入导频法（外同步法）和直接提取法（自同步法）两类。

7.3.1 插入导频法

插入导频法就是在发送数字信息的同时，还发送位同步信号的一种同步方法，有时也称为外同步法。下面介绍两种实用的方法。

1. 插入位定时导频法

这种方法与载波同步的插入导频法类似，也是在基带信号频谱的零点处插入所需要的导频信号，如图 7.3.1 所示。其中图 7.3.1(a)是双极性全占空比基带信号插入导频信号的位置，且取 $f=\frac{1}{T}$（T 为码元周期）；图 7.3.1(b)是经过码型变换得到改进的双二进制基带信号插入导频的位置，$f=\frac{1}{2T}$。

导频提取的原理如图 7.3.2 所示。可以看出，解调以后的基带信号用窄带滤波器提取出导频信号，然后经过移相整形形成位定时脉冲，即位同步。但需说明的是，在加入导频后，接收端解调得到的基带信号与原来的不同，这是因为位定时导频分量不是原数字信号的成分，所以必须设法消除它，否则将引起判决错误。一个解决办法是在发送端加入位定时导频时，需要在相位上做特殊安排，使信息序列的取样判决时刻正好是位定时导频信号的过零点，这样不会产生对原信号的干扰。但这样安排，在信道群时延均衡不良时也会因接收信号的判决时刻与导频信号的过零点不重合而产生干扰。为此，另一个办法是在接收端同时采取抵消导频分量的措施，这也是图中设减法器的目的。在实际使用中，窄带滤波器用锁相环来代替，其性能会更好。

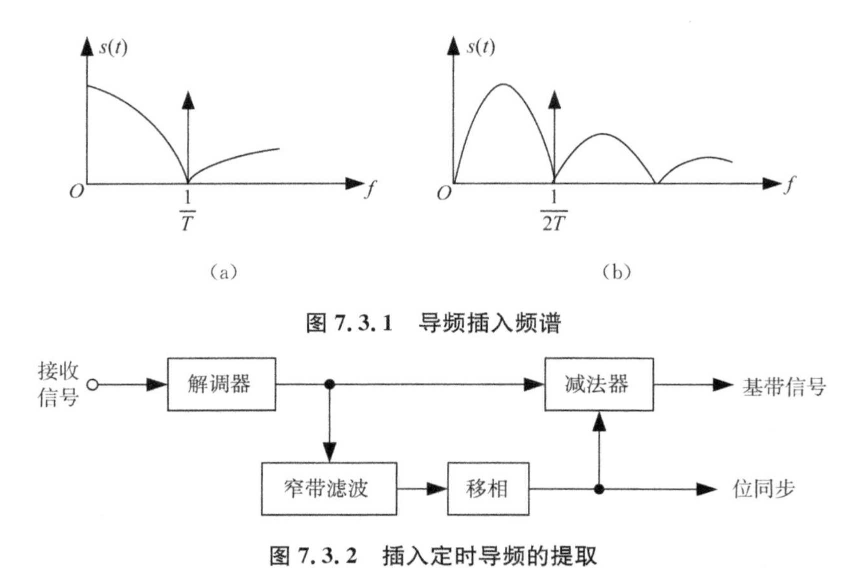

图 7.3.1 导频插入频谱

图 7.3.2 插入定时导频的提取

2. 双重调制导频插入法

在频移键控、相移键控的数字通信系统中，用位同步信号对已调信号再进行附加调幅，实现双重调制，在接收端进行包络检波，也可以形成位同步信号。

设调相信号为：

$$e(t)=\cos[\omega_0 t+\varphi(t)] \tag{7.3.1}$$

现在利用含有位同步信号的某种波形，如升余弦波 $m(t)$ 对调相载波进行调幅，则有：

$$e'(t)=m(t)e(t)=\frac{1}{2}(1+\cos\Omega t)\cos[\omega_0 t+\varphi(t)] \tag{7.3.2}$$

如果对 $e'(t)$ 进行包络解调，输出 $\frac{1}{2}(1+\cos\Omega t)$，滤除直流分量后，即得到位同步信号 $\cos\Omega t$。

7.3.2 直接提取法(自同步法)

直接提取法是指发送端不传送专门的位同步信息，而由接收端直接从被传信息序列中提取位同步信号，这种方法在数字通信系统中得到了广泛的应用。具体实现直接提取位同步的方法有三种：滤波法、脉冲锁相法和数字锁相法。

1. 滤波法

我们知道，非归零(NZR)脉冲信号广泛应用于数据通信和无线信道传输的数字通信系统中。但频谱分析表明，这种非归零脉冲序列的频谱中不包含位定时频率分量，因此不能直接用滤波器从中提取定时信号。但由于这种脉冲序列遵循码元的变化规律并按位定时的节拍而变化，因此，只要经过适当的非线性变换，还是能够从中提取出位定时信号的。图 7.3.3 就是用这种方法提取位定时信号的原理框图。其工作过程是：首先将经过解调得到的基带非归零信号进行变换(如放大、限幅、微分、整流)。由于变换后形成的脉冲信号中含有位定时频率分量，因此可以用窄带滤波器把位定时频率分量提取出来。移相器的任务是使得到的位定时脉冲出现在信号的最佳取样时刻，这样再经脉冲形成电路就可得到符合要求的位同步信号输出。

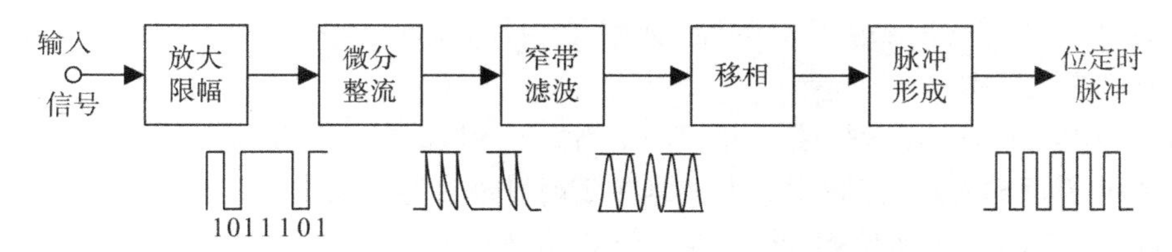

图 7.3.3 滤波法提取位定时信号的原理框图

用滤波法提取位定时信号的优点是电路简单，缺点是当数字信号中有长的连“0”或连“1”码时，信号中位定时频率分量衰减会使得到的位定时信号不稳定、不可靠，而且只要发生短时间的通信中断，系统就会失去同步。

2. 脉冲锁相法

为了克服滤波法提取位同步的缺点，可用锁相环来代替滤波器，图 7.3.4 为这种脉冲锁相法的方框图。各部分的工作原理是：解调恢复的基带非归零信号 $u(t)$ 通过过零检测和脉冲形成级，得到包含位定时频率分量的脉冲信号 u_d，这一信号反映了所接收的二进制脉冲序列的相位基准。这是因为，这些脉冲的间隔虽然是随机的，但过零点的间隔总是码元脉冲周期的整数倍，这样利用码元过零点时刻形成一个脉冲，就可作为控制锁相环的基准信号。过零检测的方法可以采用放大、限幅、微分和整流等方式来实现，也可以用幅度鉴别电路（如施密特电路）来实现。

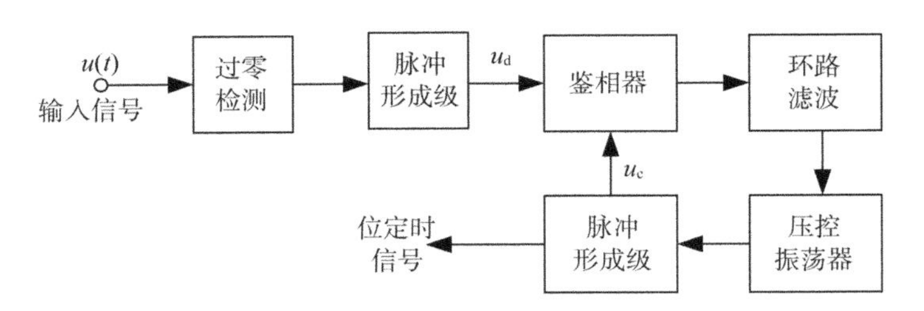

图 7.3.4　脉冲锁相法形成位定时信号

鉴相器、环路滤波、压控振荡器和脉冲形成级构成了一个简单的锁相环，其作用是产生本地位定时脉冲 u_c。具体工作过程是：在鉴相器中，将 u_d 与 u_c 进行比较，产生一个相位误差信号，即同相时输出一个幅度为 +1 的脉冲，反相时输出一个幅度为 −1 的脉冲，而输出基准脉冲 u_d 没有时，鉴相器无输出。如果本地定时脉冲 u_c 的周期和相位正确，则误差信号中的正负脉冲宽度相等，压控振荡器维持恒定的振荡，这时锁相环处于锁定状态。如果 u_c 的周期和相位不正确，则在输入基准信号的各个脉冲作用期间，误差信号中的正负脉冲宽度就会变化，其平均值自然随之变化，于是压控振荡器输出信号的周期和相位也跟着变化，这种变化的规律是逐渐向锁定状态靠近，最后达到锁定，完成锁相过程。

锁相环能够跟踪接收信号的相位变化，这是提高同步准确性的原因。当接收信号发生短暂中断时，由于环路滤波器的时间常数很大，使压控振荡器的输出基本保持不变，这样原来的定时信号会得到保持，就避免了同步中断时对系统造成的影响。

3. 数字锁相法

数字锁相法是在数字通信的位同步系统中得到广泛应用的一种提取位同步信号的方法，它的主要组成部件由过零检测器、数字鉴相器、高稳振荡器和可变分频器组成，图 7.3.5 是它的原理图。

数字锁相法的基本原理是：接收端有一个高稳定的振荡器，其输出通过分频得到本地位定时脉冲序列，然后输入基准定时脉冲与本地位定时脉冲在鉴相器中进行相位比较。若两者相位不一致（超前或滞后），则鉴相器输出误差信息，并去控制调整可变分频器的输出脉冲相位，直到使输出的位定时脉冲的频率和相位与输入信号的频率和相位一致时，才停止调整。

图 7.3.5 各部分的具体工作过程是：振荡器产生的高稳定振荡频率 F_0 是接收信号频率的 2^n 倍，即 $F_0=2^n f_0$（$f_0=1/T$ 是码元速率或称位定时频率），这也就是本地输出脉冲序列的频率，经二分频后，形成频率为 $\frac{F_0}{2}=\frac{2^{n-1}}{T}$ 的两路脉冲序列 a 和 b，且两路脉冲序列的时间差为 $\frac{T}{2^n}$ s（即相位差为 π）。

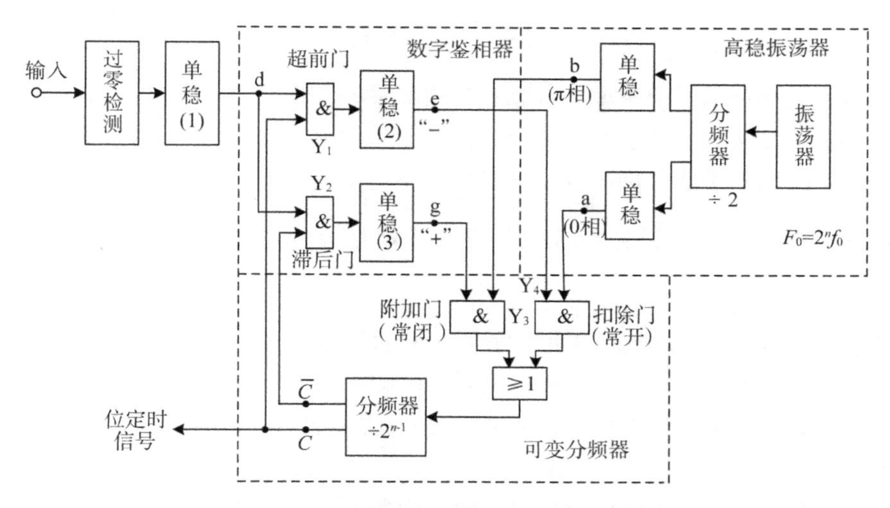

图 7.3.5 数字锁相法形成位定时信号的原理图

数字鉴相器由超前门 Y_1、滞后门 Y_2 和单稳电路组成。当本地定时与接收定时在鉴相器进行相位比较时,可产生超前或滞后脉冲,并控制可变分频器去调节本地定时的相位,使本地定时相位与接收定时相位一致。

可变分频器由 2^{n-1} 分频器、扣除门和附加门组成。当超前脉冲到来时,常开门 Y_4 扣除一个脉冲,使本地定时相位推后;当滞后脉冲到来时,常闭门 Y_3 打开,附加一个脉冲,使分频器输出的位定时信号相位提前。这样,根据鉴相器相位比较的结果不断调整,最后达到收、发定时信号一致。

鉴相调整过程有以下四种可能的情况:

(1) 当本地定时相位超前接收定时基准时,鉴相器由超前门 Y_1 和单稳(2)产生超前"减"脉冲,此脉冲加至扣除门 Y_4,利用它的脉宽正好扣除一个 a 脉冲(0 相),使本地定时输出相位向后推迟 $\dfrac{T}{2^{n-1}}$ s。

(2) 当本地定时相位滞后接收定时相位时,分频器输出的 c 脉冲与滞后门 Y_2 和单稳(3)产生滞后"加"脉冲加至附加门 Y_3 上,使分频器增加一个附加 b 脉冲(π 相),于是本地定时输出相位向前移位 $\dfrac{T}{2^{n-1}}$ s。

(3) 当本地定时与接收定时同相时,系统先产生滞后脉冲使分频器附加一个 b 脉冲,接着又产生超前脉冲,使分频器扣除一个 a 脉冲,于是本地定时相位保持不变。

(4) 当本地定时相位与接收基准相位相差 π 时,先由 c 脉冲封闭滞后门 Y_1,使其不输出滞后脉冲。而超前门不断产生超前脉冲,使本地定时相位提前,最后达到收、发同相。

总之,数字锁相法提取位定时信号的全过程是:每当输入脉冲信号出现一次过渡,就产生一个 d 脉冲,进行一次相位比较,其结果或者产生一个"加"脉冲,使位定时脉冲提前 $\dfrac{T}{2^{n-1}}$ s;或者产生一个"减"脉冲,使位定时脉冲滞后 $\dfrac{T}{2^{n-1}}$ s。这样,经过多次比较控制,在没有外加干扰的情况下,可以使本地形成的位定时脉冲与插入信号的过渡点间的时间误差

(或同步精度)保持在 $\frac{T}{2^{n-1}}$ s 以内,这时系统处于锁定状态。

衡量数字锁相环的一个重要指标是相位误差,考虑到它对误码的影响,一般用时差来表示相位误差。显然,为了减少位同步相位误差的影响,分频次数 n 应越大越好,但这与减小同步建立时间有矛盾。因为在同步建立过程中,本地位定时脉冲是每比较一次向输入信号过渡点靠近 $\frac{T}{2^{n-1}}$ s,n 越大,靠近的步子就越大,同步建立的速度就越慢。所以 n 值的选取要折中两者的要求。

除相位误差外,同步保持时间也是同步系统的一个重要指标。当系统已经建立同步的情况下,由于某种原因使信号中断或出现长连"0"、连"1"码时,因没有过渡点,也没有误差脉冲,因此分频器就不受控制。如再考虑接收、发送两端的振荡器,不可避免地存在小量的频率偏移,也会使接收端定时脉冲的相位逐渐偏离同步位置。对此,为保证码元检测的精度,应要求系统的位定时脉冲的相位偏移限制在一定的范围内。显然,这需要接收、发送两端振荡器的振荡频率有较高的频率稳定度。频率稳定度越高,同步保持时间就越长,也越有利于码元的同步。

7.4 群(帧)同步

7.4.1 设置帧同步的必要性

在时分复用多路传输系统中,需要将各路传输的码字或码句在时间上进行划分排列,组成码帧,并按帧的周期顺序传输各路信息。

当接收端建立了位同步和载波同步时,可保证各个码元的正确解调判决,但如果接收端无法区分码字、码句和码帧时,那么即使没有错误,收到的也只是一串没有意义的码元,也就不可能恢复所传信息。

为了能在接收端正确区分码字、码句和码帧,需要在信息传输中设置帧同步。但考虑到时间位置的确定往往要在建立了各码元的正确时间关系后才有可能,所以帧同步一般是在位同步的基础上实现的。由于在传输中每帧所包含的码元、码字、码句的数目和次序等都是预先约定好的,因此帧同步实际上就是确定每帧的起始位置。进一步说,在接收端,码字、码句和码帧的周期可以由已得的位定时脉冲序列经过不同次数的分频获得。在确定了帧的起始位置后,也就可根据预定的码帧结构来确定帧的长度和其中各字、各句的位置了。

7.4.2 对帧同步系统的要求

1. 帧同步的捕捉(同步建立)时间要短。一帧中往往包含很多信息,一旦失去帧同步,就会丢失很多信息,为此要求帧同步的捕捉(同步建立)时间要短,尽量避免假的捕捉(即同步到不正确位置)。也就是说,在系统开始工作后应很快建立同步(即引入同步的时间短)或失步后能很快恢复同步(即同步恢复时间短)。

2. 同步系统的工作要稳定可靠,一旦建立同步状态后,系统不应因信道的正常误码而失步。换言之，帧同步系统应具有一定的抗干扰能力。由于信道传输过程中不可避免地会出现误码，若只是偶然一次同步丢失就宣布失步并重新进行同步搜索（从同步态进入捕捉态），则正常的通信将会经常被中断。因此，一般规定帧同步信号丢失的时间超过一定限度时，才宣布同步丢失，然后再开始新的同步搜索（捕捉态），这段时间称作前方保护时间，它的长短因信道而异。另一方面，在信息码流中，随机地形成帧同步信号是完全可能的，因此也不能一经发现符合帧同步码组的信号就宣布进入同步态。只有当帧同步信号连续来了几帧或一段时间后，同步系统才可发出指令并进入同步态，这段时间称作后方保护时间。

3. 在一定的同步引入时间要求下，帧同步信号所占用的码组长度应越短越好。这一点，在一定程度上与上述要求相矛盾。如为减少同步恢复时间，帧同步码组应越长越好，但这样又会造成通信容量减小或码率增加；如使帧同步码组过短，必会增加同步恢复时间，这在有些情况下是不允许的。

7.4.3 实现帧同步的方法

实现群同步的方法有很多种，通常采用插入帧同步码法，通过在发送端插入同步脉冲或者群同步码，然后在接收端根据插入同步信号的特点进行接收，使得收、发双方能获得同步。具体插入帧同步码的方法有两种：一种是集中插入式，一种是间隔插入式。

1. 集中式插入特殊码元同步法

集中式插入法又称为连贯式插入法，就是将特定的群同步码组插入一群码元的前面，接收端一旦检测到这个特定的群同步码组就立刻找到了这一群信号的起始位置。这种方法的关键是需要接收端准确地找出群同步码组，这就要求群同步码组具有优良的自相关特性，以便能容易地从接收码元序列中被识别出来。通常采用巴克码作为群同步码组。

表 7.4.1 巴克码组

n	巴克码组
2	++
3	++−
4	+++−，++−+
5	+++−+
7	+++−−+−
11	+++−−−+−−+−
13	+++++−−++−+−+

巴克码是一种具有特殊规律的二进制码组，其构造方法没有规律，目前只找到 10 组巴克码，其最大长度为 13，如表 7.4.1 所示。其特点是：若一个 n 位的巴克码取值 +1 或者 −1，则它的局部自相关函数为：

$$R(j)=\sum_{i=1}^{n-j}x_i x_{i+j}=\begin{cases}n, & j=0\\ 0\text{ 或 }\pm 1, & 0<j<n\\ 0, & j\geq n\end{cases} \tag{7.4.1}$$

以 7 位巴克码+1+1+1−1−1+1−1 为例，由上式可求得其自相关函数为：

当 $j=0$ 时，$R(j)=\sum_{i=1}^{n-j}x_i^2=1+1+1+1+1+1+1=7$

当 $j=1$ 时，$R(j)=\sum_{i=1}^{n-j}x_ix_{i+1}=1+1-1+1-1-1=0$

根据这个公式，我们可以求出当 $j=2,3,4,5,6,7$ 时 $R(j)$ 的值分别为 −1，0，−1，0，−1，0。同样我们可以求得 j 为负值时的自相关函数，当 $j=-1,-2,-3,-4,-5,-6,-7$ 时 $R(j)$ 的值分别为 0，−1，0，−1，0，−1，0。根据这些计算可以得出，7 位巴克码的 $R(j)$ 与 j 之间的关系曲线如图 7.4.1 所示。从图中可以看出，自相关函数在 $j=0$ 时具有单峰特性，利用这种特性，可以将巴克码作为群同步码组。

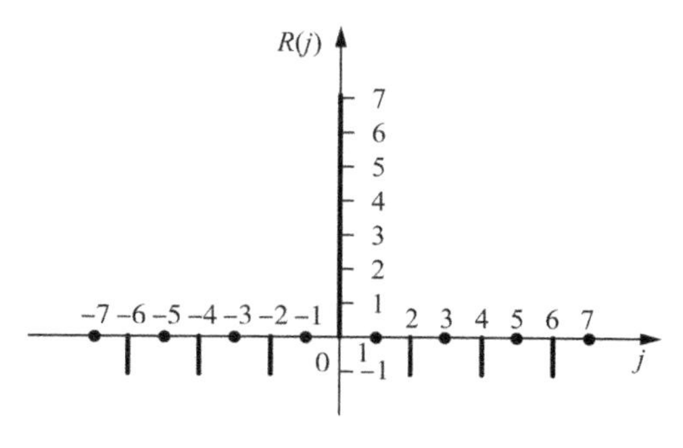

图 7.4.1　巴克码曲线

在用巴克码或 m 序列等特殊码组做帧同步码的集中插入方式中，从接收到的信号中捕捉或识别帧同步码的常用方法是移位寄存器识别法。它是将接收端恢复的数字信号加到移位寄存器上，移位寄存器的级数与帧同步码的位数相同，其输出按帧同步码的规律连接到相加器，最后经判决器输出帧同步信号。图 7.4.2 画出了 7 位巴克码识别器和识别示意图，其中相加器由电阻网络组成，相加器各输入端按 7 位巴克码规律连接到移位寄存器各触发器的对应端。当 7 位巴克码全部进入移位寄存器时，相加器输入端全为高电平，故有最大输出，从而确定了一帧的开始。判决器识别出这个最大电平时，输出一个脉冲，这就是帧定时脉冲。而当其他码输入时，相加器输出幅度大大降低，不会对帧同步造成影响，这种移位寄存器有时也叫数字匹配滤波器或数字相关器。

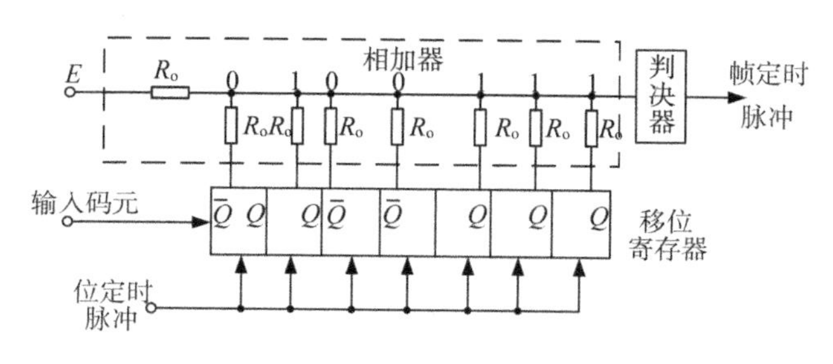

(a) 7 位巴克码识别器

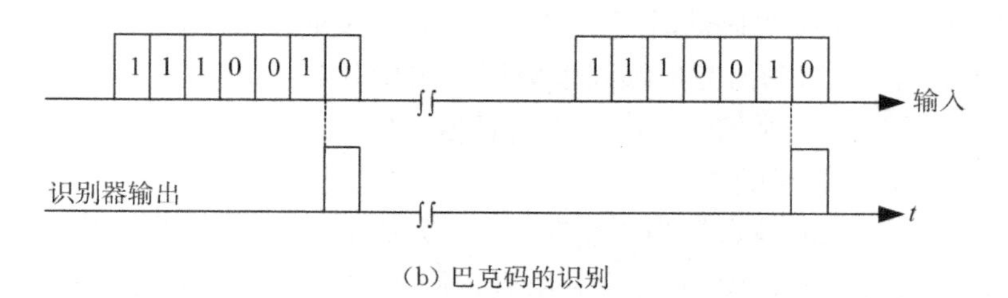

(b) 巴克码的识别

图 7.4.2 集中插入 7 位巴克码同步法

2. 间隔式插入同步法

帧同步码的间隔式插入是把帧同步码分散穿插在一帧或几帧的数字信号中，如图 7.4.3(a)所示。这种方式的优点是占用帧同步码位少，传输效率高，设备简单；缺点是当失步时，同步恢复时间较长，因为如果发生了群失步，则需要逐个码位进行比较检验，直到重新收到群同步的位置，才能恢复群同步。

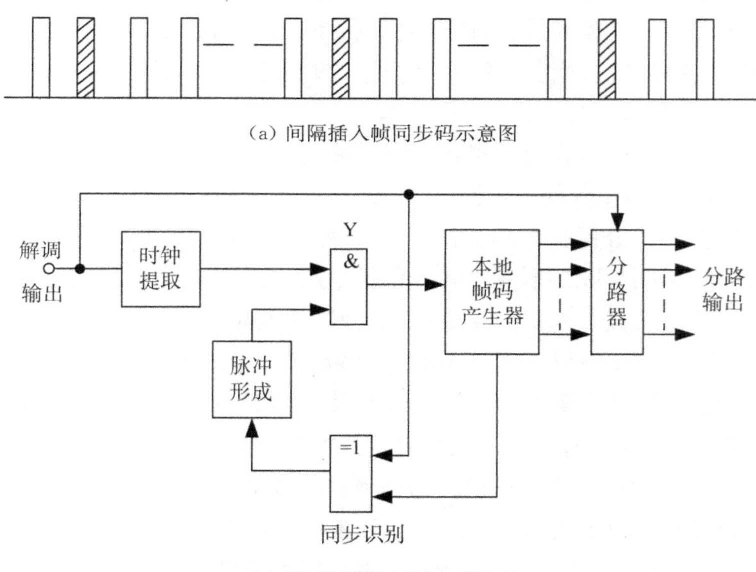

(a) 间隔插入帧同步码示意图

(b) 逐码移位法帧同步原理图

图 7.4.3 逐码移位法帧同步

间隔式插入方式的码型选择一般都采用简单的码型，如将“1”“0”交替码作为同步码。这样，在接收端为了确定此同步码的位置，就必须对接收总信码逐位进行检测，故称这种同步检测方法为逐码移位法，如图 7.4.3(b)所示。图中时钟提取电路的作用是从解调输出的信号中提取信号序列的基本时钟作为接收端的工作时钟，以保证收、发两端的时钟频率相同。时钟提取电路提取的时钟信号通过与门送入本地帧码产生电路，并将产生的本地帧码(帧同步码)在同步识别电路中与接收信号进行比较识别。比较识别实际上是靠模 2 和加法器完成的。当本地帧码与接收码在时间位置上不一致时，同步识别电路(或称不一致检测器)有误差校正信号输出，这个输出控制脉冲形成电路产生“不一致脉冲”去闭锁与门 Y，使提取的时钟脉冲不能输送到本地帧码产生器，于是使接收端电路处于停止状

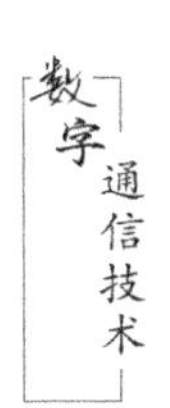

态。一直到本地帧码与接收码的时间位置一致，即收、发同步，使脉冲形成电路不产生“不一致脉冲”，才会将 Y 门打开，完成帧同步捕捉。在与门 Y 关闭时，每扣除一个时钟脉冲，本地帧码电路产生的帧定时信号在时间上就延迟一位，如此反复比较移位，直到实现帧同步，这就是“逐码移位”一说的由来。

间隔式插入同步法的缺点是当失步时，同步恢复时间较长，因为如果发生了群失步，则需要逐个码位进行比较检验，直到重新收到群同步的位置，才能恢复群同步。此法的另一个缺点是设备较复杂，因为它不像集中插入法那样，群同步信号集中插入在一起，而是要将群同步码在每一子帧里插入一位码，这样群同步码编码后还需要加以存储。

7.4.4　帧同步的保护

根据对帧同步系统的要求，为了减少因帧同步不完善而造成的信息损失，要求帧同步电路在帧同步建立前，能迅速可靠地捕捉同步状态，避免假同步。而在帧同步建立之后，则要求在干扰影响下能可靠地保护同步状态。为此需要采取一些措施来加以保证，这就是帧同步的保护问题。具体来说，帧同步的保护不是以一次比较结果作为是否失步的判断依据，而是连续观察几次，当都不能对准信号的时间位置时，才确认为是真的失步，系统再进行时钟扣除和移位调整。

常用的帧同步保护措施有误差累积法和脉冲复选法。

1. 采用误差累积的积分保护电路

采用误差累积的积分保护电路如图 7.4.4 所示，误差积累的积分保护电路可接在图 7.4.3(b)中的同步识别与脉冲形成之间。保护电路由展宽电路、积分器、鉴幅器和延时器组成。当误差脉冲经展宽送入积分器后，如积分器放电时间常数取得大于一帧，则积分器输出为一逐渐增加的直流电压。当失步时每帧输出一“误差脉冲”，在积分器上就累积一定的电压，这一电压积累送至鉴幅器，当超过其门限值时，鉴幅器输出矩形脉冲，如图 7.4.5 所示。这一脉冲与经过延时 τ 的误差脉冲相“与”，就形成移位脉冲，它使接收端电路停顿 1 bit，于是系统失步，开始捕捉。为达到同步保护目的，这里要求积分器上的电压从开始累积直到鉴幅器门限值的时间刚好等于前方保护时间。至于系统有起伏噪声或受到脉冲干扰，使帧同步信号偶然接收不到时，也会有误差脉冲输出，但不会是连续地输出。这时积分器输出电平也要升高，但不会达到鉴幅器的门限值，因此鉴幅器无输出，与门 Y 也无输出，系统保持在同步状态。当无误差脉冲后，积分器电平开始下降，直到低于鉴幅器的复原电平，与门 Y 被封锁。这段时间应选择和同步的后方保护时间相同(一般选

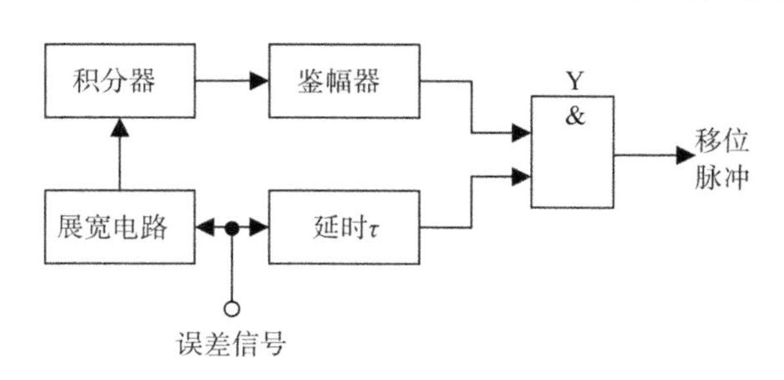

图 7.4.4　积分保护电路框图

几帧的时间),以确保不会出现误同步。由于一般信息码持续几帧都与帧同步码相同的概率极小,因此这段时间系统仍为捕捉状态。这时与门 Y 打开,误差脉冲可以通过,形成移位脉冲,从而加快了捕捉速度。

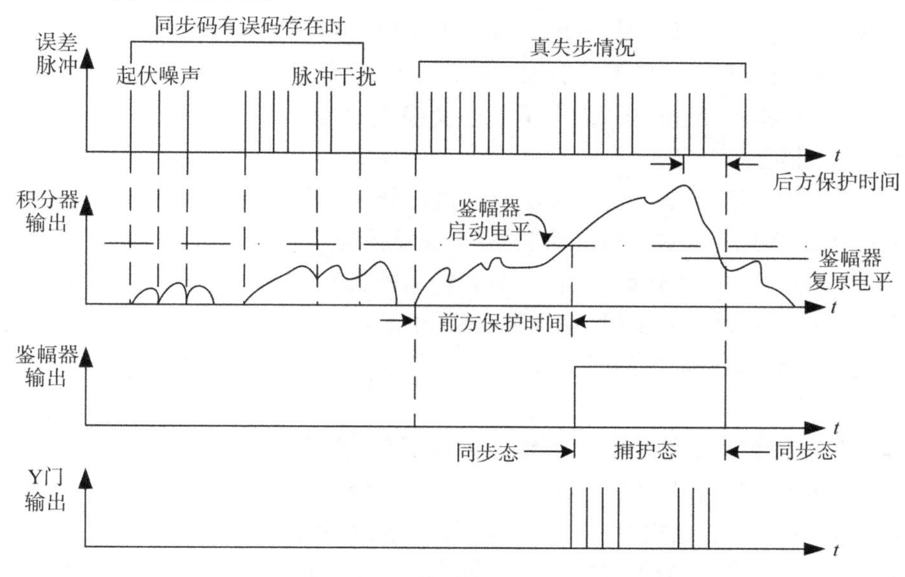

图 7.4.5 积分保护电路的波形图

2. 二次复选电路

图 7.4.6 是二次复选电路的原理框图。可以看出,帧同步码识别器输出的脉冲并不直接作为帧同步脉冲,只有按帧周期连续识别出的脉冲(一般连续识别 2 个或 3 个脉冲)才作为帧同步脉冲。帧同步码识别器输出的脉冲经过两个单稳态电路的延迟后,控制"复选脉冲形成电路"产生一个复选脉冲。两个单稳态的总延迟时间要正好使帧同步码识别器输出的下一个脉冲出现在复选脉冲的中间位置,这样,通过与门选出的第二个脉冲就可作为帧同步脉冲。如果输入的是虚假同步脉冲,则识别器输出的第二个脉冲与复选脉冲在时间上正好重合的可能性很小。不重合时,复选门就没有输出,这样就排除了虚假的同步脉冲,使假同步的可能性大大降低,达到了保护帧同步的目的。

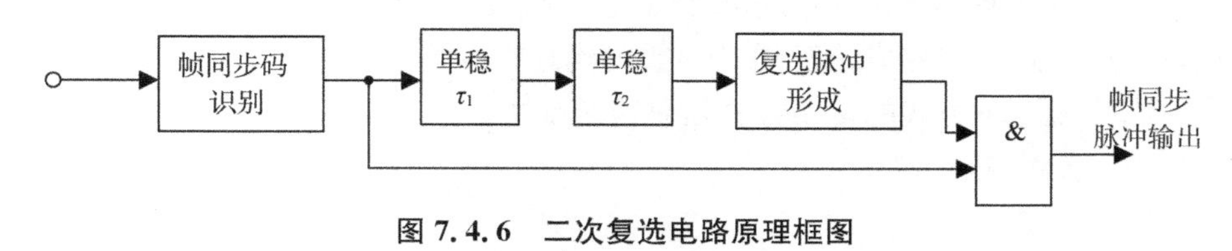

图 7.4.6 二次复选电路原理框图

7.5 通信网同步

当通信是在点对点之间进行时,完成了载波同步、位同步和帧同步之后就可以进行可靠的通信了。但现代通信往往需要在许多通信点之间实现相互连接而构成通信网。显然,为了保证通信网内各点之间可靠地通信,必须在网内建立一个统一的时间标准,称为网同步。

7.5.1 网同步的必要性及指标要求

前面我们讨论了数字信号传输的载波同步、码元同步和帧同步问题，这些同步的实现是点对点之间进行可靠通信的基本保证，除此之外，在数字通信网中，各交换点之间在进行分接、时隙互换和复接过程中，也会碰到各交换点时钟频率和相位统一协调的问题，即所谓的网同步问题。

数码率和相位不同的数字信号无法直接进行分接/复接和时隙互换操作，否则会产生信息丢失或错误信息插入的所谓滑动现象，即在复接合路时，若用较高速率对各支路进行取样，则对数码率偏低的支路就会出现增码；若用较低速率对各支路进行取样，则合路时，较高数码率的信息支路就会少码(信息丢失)。由此可见，为了保证整个网内信息能灵活、可靠地交换和复接，必须实现网同步，即必须使整个网的各转接点时钟频率和相位相互协调一致。

滑动现象除使被交换的信码发生增码或漏码外，严重时还将影响通信质量。例如在传真通信中，它可使扫描线发生位移，甚至使整个画面紊乱。可见，数字网不同步就无法保证正确地交换和通信，这也是我们必须研究网同步的原因。

衡量网同步性能的一个关键指标是滑动率，国际有关组织建议，对公共通信网，要求1次/5 h的滑动率；对每条中继线，要求1次/20 h的滑动率；对整个通信网，要求1次/70 d的滑动率。滑动率这一指标，也反映出对时钟频率稳定度的要求：对滑动率要求越高，对时钟频率稳定度要求也越高。例如，传输256 bit的信息，其基群速率为2 048 Kb/s，为了满足20 h只滑动一次的要求，则时钟应具有1.74×10^{-9}的频率稳定度，就是说为了防止滑动，通信网内的各时钟频率间的偏差应尽量小，也就是说要实现频率同步。

7.5.2 数字网的同步方式

实现网同步的方法主要有两大类：一类是全网同步系统，即在通信网中使各站的时钟彼此同步，各地的时钟频率和相位都保持一致，建立这种网同步的主要方法有主从同步法和相互同步法；另一类是准同步系统，也称独立时钟法，即在各站均采用高稳定性的时钟，相互独立，允许其速率偏差在一定的范围内，在转接设备中设法把各支路输入的数码流进行调整和处理之后，使之变成相互同步的数码流。在变换过程中要采取一定的措施使信息不致丢失，实现这种方式的常用方法是码速调整法。

1. 全网同步系统

(1) 主从同步法

在通信网内设立一个主站，它备有一个高稳定度的主时钟源，再将主时钟源产生的时钟逐站传送至网内的各个站，如图 7.5.1 所示。这样各站的时钟频率(即定时脉冲频率)都直接或间接来自主时钟源，所以网内各站的时钟频率通过各自的锁相环来保持和主站的时钟频率一致。由于主时钟到各站的传输线路长度不等会使各站引入不同的时延，因此，各站都需设置时延调整电路，以补偿不同的时延，使各站的时钟不仅频率相同，相位也一致。

这种主从同步方式比较容易实现,它依赖单一的时钟,设备比较简单。此法的主要缺点是,主时钟源发生故障会使全网各站都因失去同步而不能工作。

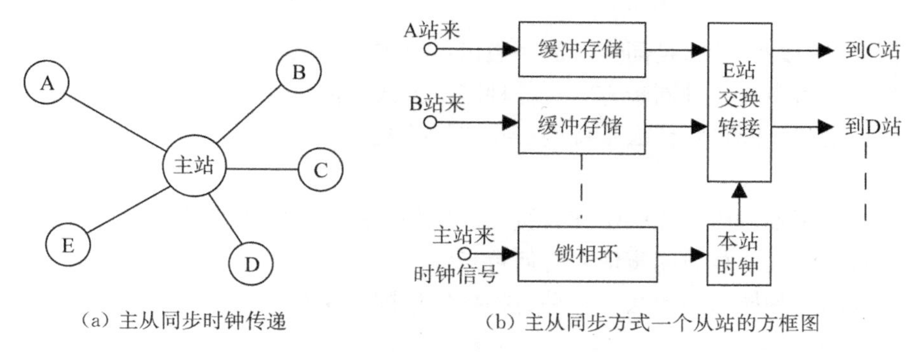

(a) 主从同步时钟传递　　(b) 主从同步方式一个从站的方框图

图 7.5.1 主从同步方式示意图

(2) 相互同步法

为了克服主从同步法过分依赖主时钟源的缺点,让网内各站都有自己的时钟,并将数字网高度互连实现同步,从而消除仅有一个时钟可靠性差的缺点。各站的时钟频率都锁定在各站固有振荡频率的平均值上,这个平均值称为网频频率,从而实现了网同步。这是一个相互控制的过程,当网中某一站发生故障时,网频频率将平滑地过渡到一个新的值。这样,除发生故障的站外,其余各站仍能正常工作,因此提高了通信网工作的可靠性。这种方法的缺点是每一站的设备都比较复杂。

2. 准同步系统

准同步系统又称独立时钟同步复接,基本原理已在前面模块中作了介绍。这种同步系统是在数字通信网内各站都采用独立的时钟源,各站的时钟不一定完全相同,但一般要采用高精度(10^{-11} 以上)的原子钟作为振荡源,而且时钟的频率稍大于信码的数码率,以保证即使信码速率波动也不会高于时钟频率。这样,便可利用数字复接技术中的正码速调整办法完成交换转接。

实际的数字通信网同步方式可把上述各种方式综合起来应用。例如,国际局间采用准同步;国内局、省中心间采用相互同步方式;而对每个站来说,也可采用几种备用方案等。

【重点拓扑】

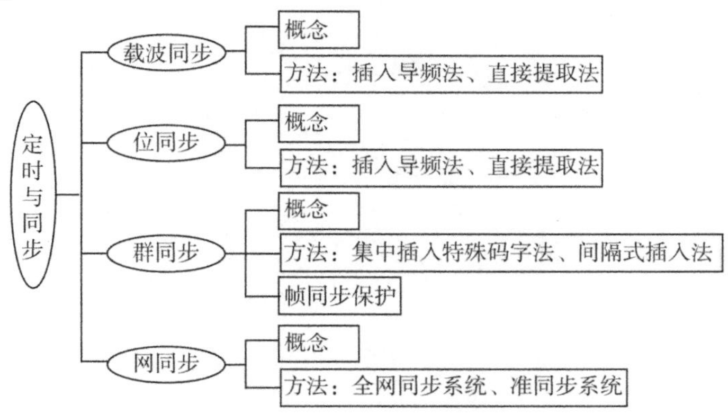

【基础训练】

1. 什么是定时？什么是同步？数字通信系统中为什么要有定时和同步？

2. 数字通信中有几种同步方式？各种同步方式在数字通信中的作用是什么？

3. 什么是载波同步？什么是位同步？有了位同步，为什么还要群同步？对同步的要求是什么？

4. 试简述用频域插入导频法和时域插入导频法提取载波同步信号的异同点。

5. 用直接法提取载波同步信号有何特点？

6. 分别用一种插入导频法和一种直接提取位同步法说明提取码元同步信号的原理，并比较其优缺点。

7. 数字锁相环法提取码元同步信号是如何实现的？数字锁相环法的相位误差对提取码元同步信号有什么影响？如何克服？

8. 在数字信息传输系统中为什么要设置帧同步？

9. 对帧同步系统有什么要求？

10. 集中插入特殊码字同步法提取帧同步信号有何特点？间隔式插入同步法如何实现同步信号的提取？

11. 简述巴克码识别器的工作原理。

12. 什么是假帧同步？什么是假失步？它们是如何引起的？怎样克服？

13. 对于一个时分多路复用的数字通信系统，是否只提取帧同步信号而不用位同步信号？试说明。

【技能实训】

技能实训 7.1　帧同步信号的提取

技能实训 7.2　载波信号的提取

模块八

数字通信系统应用

【教学目标】

知识目标：

1. 了解微波通信的特点、中继方式及数字微波通信系统的组成和应用；
2. 了解光纤通信的特点、数字光纤通信系统的组成及传输方式。

能力目标：

1. 熟练掌握解读系统原理框图的方法；
2. 能够根据原理框图了解系统的功能。

教学重点：

1. 数字微波通信系统的组成及应用；
2. 数字光纤通信系统的组成及应用。

8.1 数字微波通信系统

数字微波是用微波作载波传送数字信号的一种通信手段。微波是指频率为 300 MHz 至 300 GHz 范围内的电磁波。

8.1.1 微波通信的特点

1. 微波波段的载波工作频率高(相对于短波波段而言)，在相对带宽相同的情况下，其信道的绝对带宽比短波要大得多，因而可传送较多的信息量。

2. 由于微波波段波长短，因此容易制成高增益天线，天线增益可达几十分贝。

3. 天电干扰、工业干扰及太阳黑子的变化在微波波段基本不起作用。

4. 与有线通信相比，微波中继通信有较大的灵活性。

5. 在微波波段，电磁波的传播是直线视距的传播方式，要进行远距离通信，必须采用中继通信方式，即每隔 50 km 左右设置一个中继站，将前一站的信号接收下来，经过放大，再向下一站传输。

8.1.2 数字微波通信系统的组成

数字微波通信系统方框图如图 8.1.1 所示。微波站分为两大类：终端站和中继站。终端站是可以分出和插入传输信号的站，因而站上配有多路复接及调制解调设备；中继站是既不分出也不插入传输信号，只起信号放大和转发作用的站。

8.1.3 中继方式

数字微波的中继方式(即中继站的形式)可以分为三种：再生转接(基带式)、中频转接和微波转接。

(1) 再生转接(基带式)

接收信号经混频变换成中频，经中频放大后送往解调再生电路还原出信息码元脉冲

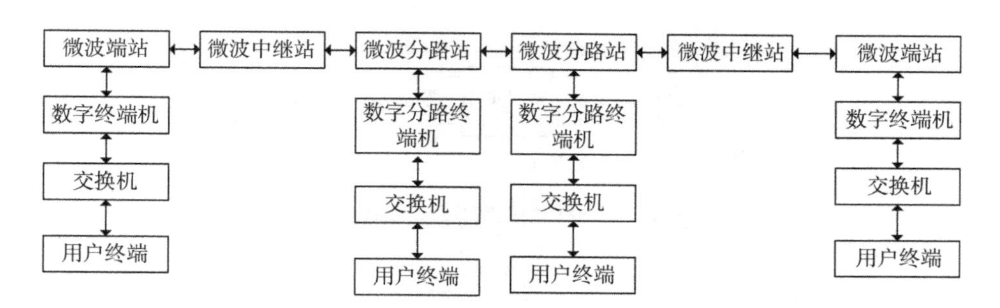

图 8.1.1 数字微波通信系统方框图

序列，此脉冲序列又对发射机的载波进行数字调制，并经微波功率放大后发射出去。这种转接方式采用数字接口，是目前数字微波通信中常用的一种中继方式，这时，微波端站和微波中继站设备可以通用。

(2) 中频转接

接收信号经混频、中频放大后得到一定电平的中频调制信号，将此信号进行功率放大，然后和本振信号经上变频得到微波调制信号，再经微波功放放大后发射出去。中频转接采用中频接口，是模拟微波中继通信系统常用的一种中继方式。由于省去了调制、解调器，因而设备比较简单、电源功率消耗较少。中频转接的最大缺点是不能上、下话路，不能消除噪声积累，因此，它实际上只起增加通信跨距的作用。

(3) 微波转接

微波转接采用微波接口，这种转接方式和中频转接很类似，只不过一个在微波放大，一个在中频放大。总的来说，微波转接的设备较为简单，体积小，中继站的电源功耗也可做得较低，因而当不需上、下话路时也是中继站的一种实用的方案。

8.2 数字光纤通信系统的组成与特点

8.2.1 数字光纤通信概述

现代通信方式是将各类信息转换为数字信号，传输的主要设备是“数字光纤通信系统”。数字光纤通信系统与一般通信传输系统一样，它由发送设备、传输信道和接收设备三大部分构成。

现在普遍采用的数字光纤通信系统是采用数字编码信号，经“强度调制—直接检波”形成的数字通信系统。这里的“强度”是指光强度，即单位面积上的光功率。“强度调制”是利用数字信号直接调制光源的光强度，使之与信号电流成线性变化。“直接检波”是指在光接收机的光频上“直接”检测出数字光脉冲信号并转换成数字电信号的过程。光纤通信系统组成原理方框图如图 8.2.1 所示。

在发送设备中，“光电转换器件”把数字脉冲电信号转换为光信号(E/O 变换)，送到光纤中进行传输。在接收端，设有“光信号检测器件”，将接收到的光信号转换为数字脉冲信号(O/E 变换)。在其传输的路途中，当距离较远时，采用光中继设备，把通信信号经过再生处理后传输。实际应用的系统是双方向的，其结构图如图 8.2.2 所示。

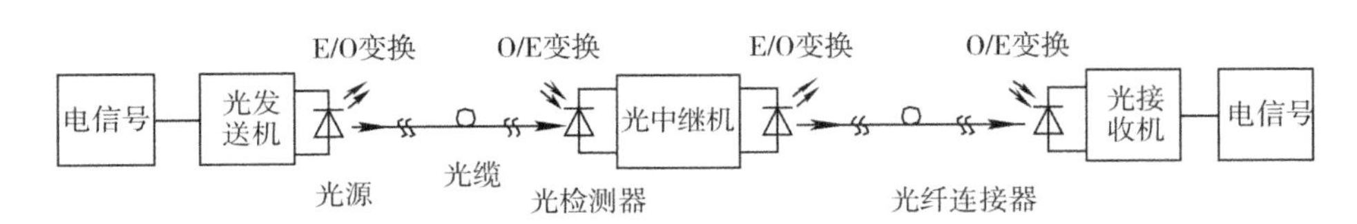

图 8.2.1　光纤通信系统组成原理方框图

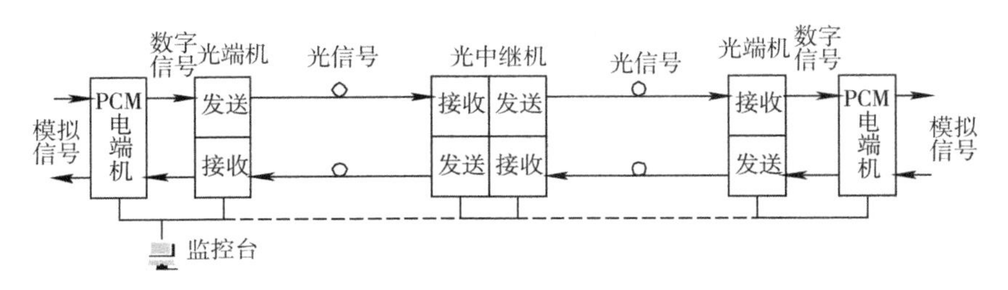

图 8.2.2　数字光纤通信传输系统结构方框图

8.2.2　数字光纤通信系统

图 8.2.2 是基本的"数字光纤通信传输系统结构"，分为模拟/数字信号转换部分（数字端机）、电/光信号转换部分（光端机）、传输光缆和光信号再生中继器四大部分，其中数字端机的主要作用是把用户各种信号转换成数字信号，并通过复用设备组成一定的数字传输结构（通常是 2 Mb/s 的 PCM 帧结构）的编码信号（通常是"HDB_3 码"等），然后将该数字信号流送至光端机。光端机把数字端机送来的数字信号再次进行编码转换处理，主要以普通的二进制编码（NRZ 或 RZ 编码）的形式，转换成光脉冲数字信号，送入光纤进行远距离传输；到了接收端则进行相反的变换。

光端机主要由光发送系统、光接收系统、信号处理及辅助电路组成。在光发送部分，"光电转换器件"是光发送电路的核心器件，目前主要使用的有"发光二极管（LED）"和"激光二极管（LD）" 两种，负责把数字脉冲电信号转换为光信号（E/O 变换）。在光接收部分，核心的光检测器件主要有"光电二极管（PIN）"和"雪崩二极管（APD）"，将接收到的光信号转换为数字脉冲电信号，也就是将光信号重新转化为电信号（O/E 变换）。信号处理系统则主要把数字端机送来的 HDB_3 码等数字脉冲信号转换为 NRZ 或 RZ 编码的普通二进制数字信号，使之适应光传输的信号转换的需要。辅助电路主要包括告警、公务、监控及区间通信等。

光再生中继机的作用是将光纤长距离传输后受到衰耗及色散畸变的光脉冲信号恢复成标准的数字光信号进行再次传输，以达到延长传输距离的目的。目前，数字光信号的再生中继方式主要有两种，较常用的是"电中继"方式：它将微弱变形的光信号先转变为电信号，经放大整形后，变成标准的数字电信号，再调制成光信号，继续沿光纤传输；另一种是发展十分迅速的"光信号放大＋再生中继"方式：首先使用光放大器，将接收到的微弱光信号放大并整形，然后再将其转换为电信号，进行第二次信号转换与放大整形。这种类型的光放大器目前有两种，最成熟的是掺铒光纤放大器（EDFA），另外，拉曼光纤放大器也是一种很有前途的光放大器。

8.2.3 数字载波光缆传输系统

数字载波光缆传输系统的一般组成如图 8.2.3 所示。

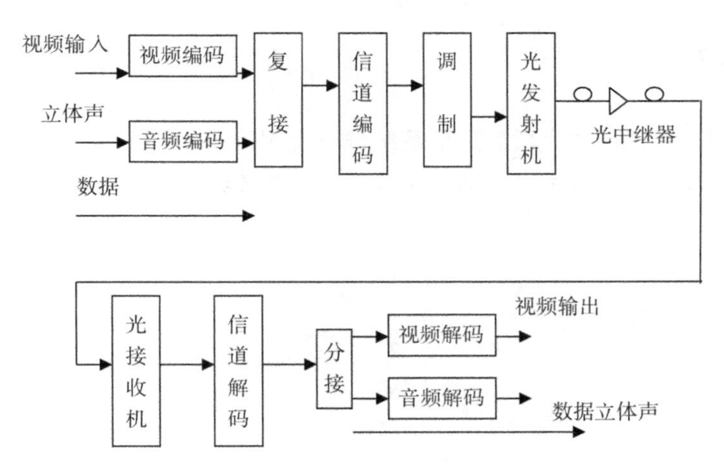

图 8.2.3 数字载波光缆传输系统

视频编码器部分完成对视频信号的编码、数字化处理及数据压缩，输出恒定码率的视频数据。音频编码器部分完成对输入立体声信号的 A/D 转换及数字压缩，输出恒定码率的声音数据。复接部分将视频数据、声音数据和其他输入数据复接组成帧。信道编码部分完成前向纠错。数字电视中普遍采用 RS 码。调制部分将二进制信号调制在正弦载波上传输，其目的是进行频率匹配。解码器的工作过程是编码器的逆过程。

【重点拓扑】

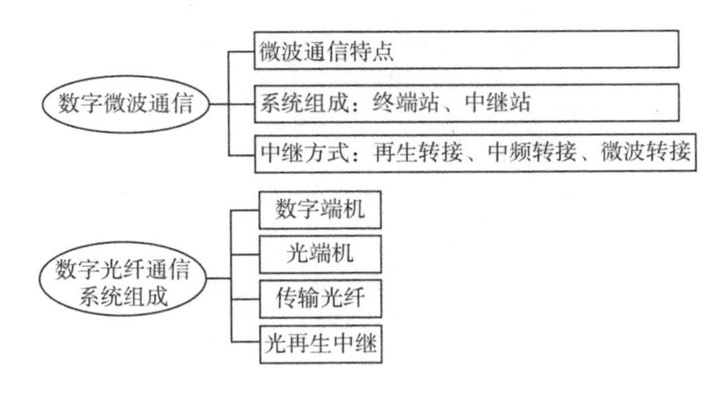

【基础训练】

1. 什么是微波通信？微波通信有何特点？
2. 在数字微波通信系统中，终端站和中继站如何区分？

3. 数字微波通信的中继方式有哪些?
4. 画出光纤通信系统组成原理方框图,简述各部分框图作用。
5. 试说明光再生中继机在光纤通信系统中所起的作用。
6. 数字载波光缆传输系统与数字光纤通信传输系统有哪些相同和不同之处?

【技能实训】

技能实训 8.1　使用数字微波通信系统进行音频传输
技能实训 8.2　使用数字光纤通信系统进行音频传输

参考文献

[1] 郝建军,桑林,刘丹谱,等.数字通信[M].2版.北京:北京邮电大学出版社,2010.
[2] 刘连青.数字通信技术[M].北京:机械工业出版社,2008.
[3] 李志箐.数字通信技术[M].北京:机械工业出版社,2005.
[4] 马海武.通信原理[M].3版.北京:北京邮电大学出版社,2020.
[5] 赵寒梅.数字通信[M].北京:北京邮电大学出版社,2005.
[6] 周炯槃,庞沁华,续大我,等.通信原理[M].3版.北京:北京邮电大学出版社,2008.
[8] 徐文燕.通信原理[M].北京:北京邮电大学出版社,2008.
[9] 蒋青,吕翊,周非,等.通信原理与技术[M].2版.北京:北京邮电大学出版社,2007.
[10] 王秉钧.通信原理基本教程[M].北京:北京邮电大学出版社,2006.
[11] 樊昌信.通信原理教程[M].5版.北京:电子工业出版社,2023.